零点起飞

零点起飞学
Xilinx FPGA

高敬鹏　武超群　白锦良◎编著

清华大学出版社

北　京

U0311756

内 容 简 介

本书以 Verilog HDL 语言为蓝本，结合 ISE 与 ModelSim，通过丰富的实例，从实验、实践、实用的角度，详细叙述了 FPGA 在电子系统中的应用。全书共 13 章，主要内容包括 FPGA 系统设计基础、ISE 与 ModelSim 软件安装、ISE 软件操作基础、Verilog HDL 语言概述、Verilog HDL 程序结构、Verilog HDL 语言基本要素、面向综合的行为描述语句、可综合状态机开发、面向验证和仿真的行为描述语句、系统任务和编译预处理语句、Verilog HDL 语言基础程序设计、扩展接口设计和系统设计实例，全面详细地阐述了 FPGA 的设计方法和开发过程。

本书内容安排由浅入深，从易到难，各章节既相对独立又前后关联。本书最大的特点是打破了传统书籍的讲解方法，以图解方式讲解基本功能的操作与应用，并通过提示、技巧和注意的方式指导读者加深对重点内容的理解，从而使读者能够真正将所学运用到实际产品的设计和生产中去。本书各章配有习题，以指导读者进行深入学习。

本书既可作为高等学校电子系统设计课程的教材，也可作为电路设计及相关行业工程技术人员的技术参考书。

本书封面贴有清华大学出版社防伪标签，无标签者不得销售。

版权所有，侵权必究。侵权举报电话：**010-62782989　13701121933**

图书在版编目（CIP）数据

零点起飞学 Xilinx FPGA / 高敬鹏，武超群，白锦良编著. —北京：清华大学出版社，2019
（零点起飞）

ISBN 978-7-302-51594-4

Ⅰ. ①零… Ⅱ. ①高… ②武… ③白… Ⅲ. ①现场可编程阵列–系统设计 Ⅳ. ①TP331.2

中国版本图书馆 CIP 数据核字（2018）第 257343 号

责任编辑：袁金敏
封面设计：刘新新
责任校对：徐俊伟
责任印制：沈　露

出版发行：清华大学出版社
　　　　网　　址：http://www.tup.com.cn, http://www.wqbook.com
　　　　地　　址：北京清华大学学研大厦 A 座　　　　邮　　编：100084
　　　　社 总 机：010-62770175　　　　　　　　　　邮　　购：010-62786544
　　　　投稿与读者服务：010-62776969，c-service@tup.tsinghua.edu.cn
　　　　质量反馈：010-62772015，zhiliang@tup.tsinghua.edu.cn
印 刷 者：北京富博印刷有限公司
装 订 者：北京市密云县京文制本装订厂
经　　销：全国新华书店
开　　本：185mm×260mm　　　印　　张：20.75　　　字　　数：518 千字
版　　次：2019 年 4 月第 1 版　　　　　　　　　　印　　次：2019 年 4 月第 1 次印刷
定　　价：79.80 元

产品编号：079815-01

前　言

电子工业的飞速发展和电子计算机技术的广泛应用，促进了电子设计自动化技术日新月异的发展。FPGA 是英文 Field Programmable Gate Array 的缩写，即现场可编程门阵列，它是在可编程阵列逻辑（Programmable Logic Array，PAL）、通用阵列逻辑（Generic Array Logic，GAL）、复杂可编程逻辑器件（Complex Programmable Logic Devices，CPLD）等器件的基础上进一步发展的产物。它是作为专用集成电路（Application Specific Integrated Circuit，ASIC）领域中的一种半定制电路出现的，既解决了定制电路的不足，又克服了原有可编程器件门电路数有限的缺点，广泛应用于航空、航天、汽车、造船、通用机械和电子等工业的各个领域。

本书结合 Verilog HDL 硬件描述语言，以 Xilinx 公司的 ISE 14.7 和 Model Technology 公司的 ModelSim 作为 FPGA 软件设计工具，详细阐述了使用 FPGA 设计的方法和开发过程。

本书以 ISE 14.7 和 ModelSim 开发环境为背景，介绍 FPGA 产品开发的完整解决方案。全书共 13 章，主要内容包括 FPGA 系统设计基础、ISE 与 ModelSim 的安装、ISE 操作基础、Verilog HDL 语言概述、Verilog HDL 程序结构、Verilog HDL 语言基本要素、面向综合的行为描述语句、可综合状态机开发、面向验证和仿真的行为描述语句、系统任务和编译预处理语句、Verilog HDL 语言基础程序设计、扩展接口设计和系统设计实例等，最后通过工程实例，将 FPGA 开发语言、开发思想和实际工程完美结合。

为了使初学者迅速入门，提高对电子系统设计的兴趣与爱好，并能在短时间内掌握电子系统设计开发的要点，作者在编写过程中注重内容的选取，使本书具有以下特点。

由浅入深，循序渐进：在内容编排上遵循由浅入深、由易到难的原则，将基础知识与大量实例结合，使读者可以边学边练。

实例丰富，涉及面广：提供了丰富的 FPGA 程序设计实例，内容涉及电子系统的多个领域。

兼顾原理，注重实用：侧重于实际应用，精炼理论讲解内容。考虑到基本原理和基本应用一直是学习 FPGA 技术的基本要求，为了紧随 FPGA 技术的发展，在编写过程中作者注重知识的新颖性和实用性，因而在书中讲解了 ISE 14.7 与 ModelSim 联合仿真等内容。

本书第 1～3 章与第 9～12 章由哈尔滨工程大学高敬鹏编写，第 4 章、第 5 章由黑龙江大学的曹立文编写，第 6～8 章由黑龙江工程学院武超群编写，第 13 章由北京航天长征飞行器研究所白锦良编写。参加本书编写工作的人员还有管殿柱、宋一兵、王献红、李文秋。

感谢您选择了本书，希望我们的努力对您的工作和学习有所帮助，也希望您把对本书的意见和建议告诉我们。

零点工作室网站地址：www.zerobook.net
零点工作室联系信箱：syb33@163.com

零点工作室
2019 年 1 月

目　　录

第1章 FPGA 系统设计基础

FPGA 是 Field Programmable Gate Array 的缩写，译为现场可编程门阵列，是在 PAL、GAL、EPLD 等可编程器件的基础上进一步发展的产物。FPGA 是作为专用集成电路（ASIC）领域中的一种半定制电路而出现的，既解决了定制电路的不足，又克服了原有可编程器件门电路数有限的缺点。

1.1 FPGA 技术的发展历史和动向

FPGA 器件自问世以来，已经经历了几个发展阶段。驱动每个阶段发展的因素都是工艺技术的发展和应用的需求。正是这些驱动因素，导致器件的特性和工具发生了明显的变化。本节将介绍 FPGA 技术的发展历史及发展动向。

1.1.1 FPGA 技术的发展历史

数字集成电路的发展历史经历了从电子管、晶体管、小规模集成电路到大规模以及超大规模集成电路等不同的阶段。发展到现在，主要有 3 类电子器件：存储器、处理器和逻辑器件。

存储器保存随机信息（电子数据表或数据库的内容）；处理器执行软件指令，以便完成各种任务（运行数据处理程序或视频游戏）；而逻辑器件可以提供特殊功能（器件之间的通信和系统必须执行的其他所有功能）。

逻辑器件分成两类：

❑ 固定的或定制的。

❑ 可编程的或可变的。

其中，固定的或定制的逻辑器件通常称为专用芯片（ASIC）。ASIC 是为了满足特定用途而设计的芯片，例如 MP3 解码芯片等。其优点是通过固化的逻辑功能和大规模的工业化生产，降低了芯片的成本，同时提高了产品的可靠性。随着集成度的提高，ASIC 的物理尺寸也在不断缩小。但是，ASIC 设计的周期长，投资大，风险高，一旦设计结束后，功能就固化了，以后的升级改版工作困难比较大。电子产品的市场正在逐渐细分，为了满足快速产品开发的需要，产生了现场可编程逻辑器件。

自 1984 年 Xilinx 公司推出第一个现场可编程逻辑器件至今，FPGA 已经历了三十多年的快速发展历程。特别是近几年来，更是发展迅速。FPGA 的逻辑规模已经从最初的数千个可用门发展到现在的数千万个可用门。

FPGA 技术之所以具有巨大的市场吸引力，其根本原因在于：FPGA 不仅可以解决电子系统小型化、低功耗、高可靠性等问题，而且其开发周期短、投入少，芯片价格不断下降。FPGA 正在越来越多地取代传统的 ASIC，特别是在小批量、个性化的产品市场上。

1.1.2　FPGA 技术的发展动向

随着芯片设计工艺水平的不断提高，FPGA 技术呈现出以下 4 个主要发展动向：

1．基于FPGA的嵌入式系统（SoPC）技术正在成熟

System on Chip（SoC）技术在芯片设计领域被越来越广泛地采用，而 SoPC 技术是 SoC 技术在可编程器件领域的应用。这种技术的核心是在 FPGA 芯片内部构建处理器。Xilinx 公司主要提供基于 Power PC 的硬核解决方案，而 Altera 提供的是基于 NIOSII 的软核解决方案。Altera 公司为 NIOSII 软核处理器提供了完整的软硬件解决方案，可以让客户短时间内完成 SoPC 系统的构建和调试工作。

2．FPGA芯片朝高性能、高密度、低压和低功耗方向发展

随着芯片生产工艺不断提高，FPGA 芯片的性能和密度都在不断提高。早期的 FPGA 主要是完成接口逻辑设计，比如 AD/DA 和 DSP 的黏合逻辑。现在的 FPGA 正在成为电路的核心部件，完成关键功能。在高性能计算和高吞吐量 I/O 应用方面，FPGA 已经取代了专用的 DSP 芯片，成为最佳的实现方案。因此，高性能和高密度也成为衡量 FPGA 芯片厂家设计能力的重要指标。随着 FPGA 性能和密度的提高，功耗也逐渐成为了 FPGA 应用的瓶颈。虽然 FPGA 比 DSP 等处理器的功耗低，但是要明显高于专用芯片（ASIC）。FPGA 的厂家也在采用各种新工艺和技术来降低 FPGA 的功耗，并且已经取得了明显效果。例如，Xilinx 公司的 Virtex-7 FPGA 产品与 Virtex-6 器件相比，系统性能提高一倍，功耗降低一半。

3．基于IP库的设计方法

未来的 FPGA 芯片密度不断提高，传统的基于 HDL 的代码设计方法很难满足超大规模 FPGA 的设计需要。随着专业的 IP 库设计公司不断增多，商业化的 IP 库种类会越来越全面，支持的 FPGA 器件也会越来越广泛。作为 FPGA 的设计者，主要的工作是找到适合项目需要的 IP 库资源，然后将这些 IP 整合起来，完成顶层模块设计。由于商业的 IP 库都是经过验证的，因此整个项目的仿真和验证工作主要就集中在验证 IP 库的接口逻辑设计的正确性方面。

目前，由于国内知识产权保护相关法律法规还不尽完善，基于 IP 库的设计方法还没有得到广泛应用。但是随着 FPGA 密度不断提高和 IP 库的价格逐渐趋于合理化，这种设计方法将会成为 FPGA 设计技术的主流。

4．FPGA的动态可重构技术

FPGA 动态重构技术主要是指，对于特定结构的 FPGA 芯片，在一定的控制逻辑的驱动下，对芯片的全部或部分逻辑资源实现高速的功能变换，从而实现硬件的时分复用，节省逻辑资源。由于密度不断提高，FPGA 能实现的功能也越来越复杂。FPGA 全部逻辑配置一次需要的时间变长了，降低了系统的实时性。局部逻辑的配置功能可以实现"按需动

态重构"，大大提高了配置的效率。动态可重构的 FPGA 可以在系统运行中对电路功能进行动态配置，实现硬件的时分复用，节省了资源，主要适用于以下两个系统设计：

❑ FPGA 的动态重构特性可以适应不同体制和不同标准的通信要求，满足软件无线电技术的发展和第四代（4G）移动通信系统的需要。

❑ FPGA 具有并行处理能力和动态配置能力，可自动改变硬件适应正在运行的程序，产生了基于这种软硬件环境的全新概念的计算机。

1.2　FPGA 的典型应用领域

FPGA 因具备接口、控制、功能 IP 和内嵌 CPU 等特点而有条件实现一个构造简单、固化程度高、功能全面的系统。FPGA 可以实现各种复杂的逻辑功能，具有在线可编程特性，因而应用范围非常广，如数据采集、接口逻辑、电平接口、数字信号处理等众多领域。

1.2.1　数据采集和接口逻辑领域

1. FPGA在数据采集领域的应用

由于自然界的信号大部分是模拟信号，因此一般的信号处理系统中都要包括数据采集功能。对于数据采集通常的实现方法是利用 A/D 转换器将模拟信号转换为数字信号后，传输给处理器，例如利用单片机（MCU）或者数字信号处理器（DSP）进行运算和处理。

对于低速的 A/D 和 D/A 转换器，可以采用标准的 SPI 接口与 MCU 或者 DSP 通信。但是，对于高速的 A/D 和 D/A 转换芯片，例如视频 Decoder 或者 Encoder，则不能与通用的 MCU 或者 DSP 直接连接。在这种场合下，可由 FPGA 完成数据采集的黏合逻辑功能。

2. FPGA在接口逻辑领域的应用

在实际的产品设计中，很多情况下产品需要与 PC 机进行数据通信。例如，将采集到的数据传输给 PC 机处理，或者将处理后的结果传输给 PC 机进行显示等。PC 机与外部系统通信的接口比较丰富，有 ISA、PCI、PCI Express、PS/2、USB 等。

传统的设计中往往需要用到专用的接口芯片，例如 PCI 接口芯片。如果需要的接口比较多，就得有较多的外围芯片，这样产品的体积、功耗都比较大。采用 FPGA 方案后，接口逻辑都可以在 FPGA 内部实现，大大简化了外围电路的设计。

在现代电子产品设计中，存储器得到了广泛的应用，例如 SDRAM、SRAM、Flash 等。这些存储器都有各自的特点和用途，合理地选择存储器类型可以实现产品的最佳性价比。由于 FPGA 的功能可以完全由自己设计，因此可以实现各种存储接口的控制器。

3. FPGA在电平接口领域的应用

除了 TTL、COMS 接口电平之外，LVDS、HSTL、GTL/GTL+、SSTL 等新的电平标准逐渐被很多电子产品采用。例如，液晶屏驱动接口一般都是 LVDS 接口，数字 I/O 一般是 LVTTL 电平，DDR SDRAM 电平一般是 HSTL 的。

在这样的混合电平环境里面，如果用传统的电平转换器件实现接口会导致电路复杂性提高。而利用 FPGA 支持多电平共存的特性，可以大大简化设计方案，降低设计风险。

1.2.2　高性能数字信号处理领域

无线通信、软件无线电、高清影像编辑和处理等领域，对信号处理所需要的计算量提出了极高的要求。传统的解决方案一般是采用多片 DSP 并联构成多处理器系统来满足需求，但是多处理器系统带来的主要问题是设计复杂度和系统功耗都大幅度提升，系统稳定性受到影响。FPGA 支持并行计算，而且密度和性能都在不断提高，已经可以在很多领域替代传统的多 DSP 解决方案。FPGA 的实现流程和 ASIC 芯片的前端设计相似，有利于导入芯片的后端设计。

1.2.3　其他应用领域

除了上面一些应用领域外，FPGA 在其他领域同样具有广泛的应用：
- 汽车电子领域，如网关控制器/车用 PC 机、远程信息处理系统等。
- 军事领域，如安全通信、雷达和声纳、电子战等。
- 测试和测量领域，如通信测试和监测、半导体自动测试设备、通用仪表等。
- 消费产品领域，如显示器、投影仪、数字电视和机顶盒、家庭网络等。
- 医疗领域，如软件无线电、电疗、生命科学等。

1.3　FPGA 的工艺结构

随着 FPGA 的生产工艺不断提高，各种新技术被广泛应用到 FPGA 芯片设计生产的各个环节。其中，生产工艺结构决定了 FPGA 芯片的特性和应用场合。

1.　基于SRAM结构的FPGA

目前最大的两个 FPGA 厂商 Altera 公司和 Xilinx 公司的 FPGA 产品都是基于 SRAM 工艺来实现的。这种工艺的优点是可以用较低的成本实现较高的密度和较高的性能；缺点是掉电后 SRAM 会失去所有配置，导致每次上电都需要重新加载。

重新加载配置需要外部的器件实现，不仅增加了整个系统的成本，而且引入了不稳定因素。加载过程容易受到外界干扰而导致加载失败，也容易受到"监听"而被破解加载文件的比特流。

虽然基于 SRAM 结构的 FPGA 存在这些缺点，但是由于其实现成本低，因而被广泛应用在各个领域，尤其是民用产品方面。

2.　基于反融丝结构的FPGA

目前 FPGA 厂商 Actel 公司的 FPGA 产品都是基于反融丝结构的工艺来实现的。这种结构的 FPGA 只能编程一次，编程后和 ASIC 一样成为了固定逻辑器件。Quick Logic 公司也有类似的 FPGA 器件，主要面向军品级应用市场。

基于反融丝结构的 FPGA 失去了反复可编程的灵活性，但大大提高了系统的稳定性，比较适合应用在环境苛刻的场合，如高振动、强电磁辐射等航空航天领域；同时，系统的保密性也得到了提高。这类 FPGA 因为上电后不需要从外部加载配置，所以上电后可以很快进入工作状态，即"瞬间上电技术"。这个特性可以满足一些对上电时间要求苛刻的系统。由于是固定逻辑，这类器件的功耗和体积也低于 SRAM 结构的 FPGA。

3．基于Flash结构的FPGA

Flash 具备可反复擦写和掉电后内容非易失的特性，因而基于 Flash 结构的 FPGA 同时具备了 SRAM 结构的灵活性和反融丝结构的可靠性。这种技术是最近几年发展起来的新型 FPGA 的实现工艺，目前实现的成本还偏高，没有得到大规模应用。

从系统安全的角度看，基于 Flash 结构的 FPGA 具有更高的安全性，硬件出错的概率更小，并能够通过公共网络实现安全性远程升级，经过现场处理即可实现产品的升级换代。这种性能减少了现场解决问题所需的昂贵开销。

基于 Flash 结构的 FPGA 在加电时没有像基于 SRAM 结构的 FPGA 那样大的瞬间高峰电流，并且基于 SRAM 结构的 FPGA 通常具有较高的静态功耗和动态功耗。因此，基于 SRAM 结构的 FPGA 功耗问题往往迫使系统设计者不得不增大系统供电电流，并使得整个设计变得更加复杂。

1.4　典型的 Xilinx FPGA 芯片

Xilinx 公司的主流 FPGA 分为两大类，一类侧重低成本应用，容量中等，性能可以满足一般的逻辑设计要求，如 Spartan 系列；还有一类侧重于高性能应用，容量大，性能可以满足各类高端应用，如 Virtex 系列。用户可以根据实际要求进行选择，在性能可以满足的情况下，优先选择低成本器件。

1．面向高性能的Virtex系列FPGA

Virtex 系列是 Xilinx 公司的高端产品，也是业界的顶级产品，Xilinx 公司正是凭借 Vitex 系列产品赢得了市场，从而获得 FPGA 供应商领头羊的地位。可以说，Xilinx 公司以其 Virtex 系列 FPGA 产品引领了现场可编程门阵列行业。该系列主要面向电信基础设施、汽车工业、高端消费电子等应用，目前的主流芯片包括：Vitrex-2、Virtex-2 Pro、Vitex-4、Virtex-5、Vitex-6 和 Virtex-7 等。

Virtex-2 系列于 2002 年推出，采用 0.15nm 工艺，1.5V 内核电压，工作时钟可高达 420MHz，支持 20 多种 I/O 接口标准，具有完全的系统时钟管理功能，且内置 IP 核硬核技术，可以将硬 IP 核分配到芯片的任何地方，具有比 Virtex 系列更多的资源和更高的性能。

Virtex-2 Pro 系列是在 Virtex-2 系列的基础上，增强了嵌入式处理功能，内嵌了 PowerPC 405 内核，还包括了先进的主动互联（Active Interconnect）技术，以解决高性能系统所面临的挑战。此外该系列还增加了高速串行收发器，提供了千兆以太网的解决方案。

Virtex-4 系列基于高级硅片组合模块（ASMBL）架构，逻辑密度高，时钟频率高达

500MHz；具备 DCM 模块、PMCD 相位匹配时钟分频器、片上差分时钟网络；采用了集成 FIFO 控制逻辑的 500MHz SmartRAM 技术，每个 I/O 都集成了 ChipSync 源同步技术的 1 Gb/s I/O 和 Xtreme DSP 逻辑片。设计者可以根据需求选择不同的 Virtex-4 子系统，如面向逻辑密集的设计选择 Virtex-4 LX，面向高性能信号处理应用选择 Virtex-4 SX，面向高速串行连接和嵌入式处理应用选择 Virtex-4 FX。Virtex-4 系列的各项指标均比 Virtex-2 有很大提高，从 2005 年年底开始批量生产，已取代 Virtex-2，Virtex-2Pro，是当今 Xilinx 公司在高端 FPGA 市场中最重要的产品。

Virtex-5 系列以最先进的 65nm 铜工艺技术为基础，采用第二代 ASMBL（高级硅片组合模块）列式架构，包含 5 种截然不同的平台（子系列）。每种平台都包含不同的功能配比，以满足诸多高级逻辑设计的需求。除了最先进的高性能逻辑架构，Virtex-5 FPGA 还包含多种硬 IP 系统级模块，包括强大的 36 Kb Block RAM/FIFO、第二代 25x18 DSP Slice、带有内置数控阻抗的 SelectIO 技术、ChipSync 源同步接口模块、系统监视器功能、带有集成 DCM（数字时钟管理器）和锁相环（PLL）时钟发生器的增强型时钟管理模块以及高级配置选项。其他基于平台的功能包括针对增强型串行连接的电源优化高速串行收发器模块、兼容 PCI Express 的集成端点模块、三态以太网 MAC（媒体访问控制器）和高性能 PowerPC 440 微处理器嵌入式模块。这些功能使高级逻辑设计人员能够在其基于 FPGA 的系统中体现最高档次的性能和功能。

Virtex-6 系列为 FPGA 市场提供了具有最新、最高级特性的产品。Virtex-6 FPGA 提供了软硬件组件的目标测试平台，可帮助设计人员在开发工作启动后集中精力于创新工作。Virtex-6 系列采用第三代高级硅片组合模块（ASMBL）柱式架构，包括了多个不同的子系列，如 LXT、SXT 和 HXT 子系列。每个子系列都包含不同的特性组合，可高效满足多种高级逻辑设计需求。除了高性能逻辑结构之外，Virtex-6 FPGA 还包括许多内置的系统级模块。上述特性能使逻辑设计人员在 FPGA 系统中构建最高级的性能和功能。Virtex-6 FPGA 采用了尖端的 40nm 铜工艺技术，为定制 ASIC 技术提供了一种可编程的选择方案，还为满足高性能逻辑设计人员、高性能 DSP 设计人员和高性能嵌入式系统设计人员的需求提供了最佳解决方案，带来前所未有的逻辑、DSP、连接和软微处理器功能。

Virtex-7 系列是 2011 年推出的超高端 FPGA 产品，工艺为 28nm，它使得客户在功能方面收放自如，既能降低成本和功耗，又能提高性能和容量，从而降低低成本和高性能系列产品的开发部署投资。此外，与 Virtex-6 相比，Virtex-7 可确保将成本降低 35%，且无须增加转换或工程投资，进一步提高了生产率。

2. 面向低成本的Spartan系列FPGA

Spartan 系列适用于普通的工业、商业等领域，目前主流的芯片包括 Spartan-2、Spartan-2E、Spartan-3、Spartan-3A、Spartan-3E 以及 Spartan-6 等。

Spartan-2 在 Spartan 系列的基础上继承了更多的逻辑资源，达到了更高的性能，芯片密度高达 20 万系统门。由于其采用了成熟的 FPGA 结构，支持流行的接口标准，具有适量的逻辑资源和片内 RAM，并提供灵活的时钟处理，因而可以运行 8 位的 PicoBlaze 软核，主要应用于各类低端产品中。

Spartan-2E 系列基于 Virtex-E 架构，具有比 Spartan-2 更多的逻辑门、用户 I/O 和更高的性能。Xilinx 公司还为其提供了包括存储器控制器、系统接口、DSP、通信及网络等 IP 核，并可以运行 CPU 软核，对 DSP 有一定的支持。

Spartan-3 系列基于 Virtex-2 FPGA 架构，采用 90nm 技术，8 层金属工艺，系统门数超过 500 万，内嵌了硬核乘法器和数字时钟管理模块。从结构上看，Spartan-3 将逻辑、存储器、数学运算、数字处理器、I/O 以及系统管理资源完美地结合在一起，使之有更高层次、更广泛的应用，获得了商业上的成功，在中低端市场中占据了较大的份额。

Spartan-3E 系列是在 Spartan-3 的基础上进一步改进的产品，提供了比 Spartan-3 更多的 I/O 端口和更低的单位成本，是 Xilinx 公司性价比最高的 FPGA 芯片。由于该系列更好地利用了 90nm 技术，在单位成本上实现了更多的功能和处理带宽，因此是 Xilinx 公司新的低成本产品代表，是 ASIC 的有效替代品，主要面向消费电子应用，如宽带无线接入、家庭网络接入以及数字电视设备等。

Spartan-3A 系列是在 Spartan-3 和 Spartan-3E 平台的基础上，整合各种创新特性来帮助客户极大地削减系统总成本。该系列利用独特的器件 DNA ID 技术，实现了业内首款 FPGA 电子序列号；提供了经济、功能强大的机制来防止发生窜改、克隆和过度设计的现象。具有集成式看门狗监控功能的增强型多重启动特性；支持商用 Flash 存储器，这有助于削减系统总成本。

Spartan-6 系列不仅拥有业界领先的系统集成能力，同时还能实现适用于大批量应用的最低总成本。该系列由 13 个成员组成，可提供的密度从 3840 个逻辑单元到 147443 个逻辑单元不等。与上一代 Spartan 系列相比，该系列功耗仅为其 50%，且速度更快、连接功能更丰富全面。Spartan-6 系列采用成熟的 45nm 低功耗铜制程技术制造，实现了性价比与功耗的完美平衡，能够提供全新且更高效的双寄存器 6 输入查找表（LUT）逻辑和一系列丰富的内置系统级模块，其中包括 18kB Block RAM、第二代 DSP48A1 Slice、SDRAM 存储器控制器、增强型混合模式时钟管理模块、SelectIO 技术、功率优化的高速串行收发器模块、PCI Express®兼容端点模块、高级系统级电源管理模式、自动检测配置选项，以及通过 AES 和 Device DNA 保护功能实现的增强型 IP 安全性。这些优异特性以前所未有的易用性为定制 ASIC 产品提供了低成本的可编程替代方案。Spartan-6 FPGA 可为大批量逻辑设计、以消费类为导向的 DSP 设计以及成本敏感型嵌入式应用提供最佳解决方案。Spartan-6 FPGA 奠定了坚实的可编程芯片基础，非常适用于可提供集成软硬件组件的目标设计平台，以使设计人员在开发工作启动之初即可将精力集中到创新工作上。

Spartan-7 FPGA 系列采用小型封装却拥有高比例的 I/O 数量，这对成本敏感型市场至关重要。该系列的单位功耗性价比相较前代产品提升高达 4 倍，可提供灵活的连接能力、接口桥接和辅助芯片等功能。该最新系列器件将提供以 IP 和系统为中心的开发环境，以应对各种成本敏感市场常见的更短开发周期的需求和严格的产品上市时间的压力。Spartan-7 FPGA 系列的推出，将进一步壮大采用台积公司（TSMC） 28nm HPL 工艺的现有 Xilinx 7 系列产品阵营。

考虑到成本等多方面因素，在学习使用 Xilinx 系列 FPGA 时，选用 Spartan-6 系列足以满足研究需求。

1.5　FPGA 芯片的应用

FPGA 可以实现各种复杂的逻辑功能，提供在线可编程特性，因而应用范围非常广。目前 FPGA 广泛应用于通信、信号处理、嵌入式处理器、图像处理和工业控制等领域。

- 在通信领域，可以使用 FPGA 实现数字调制解调、编码解码。因为 FPGA 中各种功能由硬件并行执行，所以在实现调制解调和编解码时具有比软件更快的速度。可以使用 FPGA 实现通信系统中的各种接口。目前的 FPGA 接口中一般都有实现 DDR 的专用电路，可以使用 FPGA 实现 DDR 控制器，还可以实现 PCI 总线、SPI 总线等。

- 在数字信号处理领域 FPGA 的应用也相当广泛。现在的 FPGA 内部都包含专门的乘法器电路、乘累加电路。这些电路都是实现数字信号处理必不可少的，而且都是以并行的方式运行，所以特别适合用于实现信号处理。FPGA 在数字信号处理领域的应用包括频率合成、FIR 滤波器、FFT、RS 编解码等。

- 在图形处理应用中，FPGA 可实现 JPEG 图像处理、检测视频信号、图像数据采集等功能。

- 使用 FPGA 实现的片上系统可以运行操作系统，使得用户的应用软件省去了专用处理器，大大减小了电路板面积，降低了硬件电路的复杂性。

1.6　工程项目中 FPGA 芯片的选择策略和原则

由于 FPGA 具备设计灵活、可以重复编程的优点，因此在电子产品设计领域得到了越来越广泛的应用。选择 FPGA 芯片时可以参考以下几个策略和原则。

1.6.1　尽量选择成熟的产品系列

FPGA 芯片工艺一直走在芯片设计领域的前列，产品更新换代速度非常快。其稳定性和可靠性是产品设计需要考虑的关键因素。各 FPGA 厂家最新推出的 FPGA 系列产品一般都没有经过大批量应用的验证，选择这样的芯片会增加设计风险。而且，最新推出的 FPGA 芯片因为产量比较小，一般供货情况都不会很理想，价格也会偏高一些。如果已有的成熟产品能满足设计指标要求，那么最好选择这样的芯片来完成设计。

1.6.2　尽量选择兼容性好的封装

FPGA 系统设计一般采用硬件描述语言（HDL）完成设计，这与基于 CPU 的软件开发又有很大不同。特别是算法实现的时候，在设计之前，很难估算这个算法需要占用多少 FPGA 的逻辑资源。

代码设计者通常希望算法实现之后再选择 FPGA 的型号。但是，现在的设计流程一般都是软件和硬件并行设计。也就是说，在 HDL 代码设计之前，就要开始硬件板卡的设计。这就要求硬件板卡具备一定的兼容性，可以兼容不同规模的 FPGA 芯片。

幸运的是，FPGA 芯片厂家考虑到了这一点，同系列的 FPGA 芯片一般可以做到相同物理封装兼容不同规模的器件。正是因为这一点，将来的产品就具备了非常好的扩展性，可以不断增加新的功能或者提高性能，而不需要修改电路板的设计文件。

1.6.3　尽量选择一个公司的产品

如果在整个电子系统中需要多个 FPGA 器件，那么尽量选择一个公司的产品。这样做的好处是不仅可以降低采购成本，而且可以降低开发难度。因为开发环境和工具是一致的，芯片接口电平和特性也一致，便于互联互通。

很多第一次接触 FPGA 的设计师在芯片选型的时候都有过选择 Altera 公司产品还是选择 Xilinx 公司产品的疑问，其实这两个最大的 FPGA 厂家位于美国的同一座城市，人员和技术交流都很频繁，因此产品各有优势和特色，很难说清楚谁好谁坏。在全球不同的地区，这两家公司的 FPGA 芯片产品的市场表现会有所差别。在中国市场，这两家公司可以说是平分秋色，高校里面 Altera 公司的客户会略多一些。针对特定的应用，在这两个厂家的产品目录里都可以找到适合的系列及型号。

比如，针对低成本应用，Altera 公司的 Cyclone 系列和 Xilinx 公司的 Spartan 系列是对应的。针对高性能应用，Altera 公司的 Stratix 系列和 Xilinx 公司的 Virtex 系列是对应的。所以，最终选择哪个公司的产品还是得看开发者的使用习惯。

1.7　FPGA 的设计流程

一般来说，完整的 FPGA 设计流程包括电路设计与输入、功能仿真、综合优化、综合后仿真、布局布线、布局布线后仿真、板级仿真与验证、加载配置与在线调试等主要步骤。

1. 电路设计与输入

电路设计与输入是指通过某些规范的描述方式，将电路构思输入给 EDA 工具。常用的设计输入方法有硬件描述语言和原理图设计输入方法等。原理图设计输入法在早期应用得比较广泛，它根据设计要求选用器件、绘制原理图、完成输入过程，这种方法的优点是直观、便于理解、元器件库资源丰富。但是在大型设计中，这种方法的可维护性较差，不利于模块构造与重用。目前进行大型工程设计时，常用的设计方法是硬件描述语言设计输入法，其中影响最为广泛的 HDL 语言是 VHDL 和 Verilog HDL。它们的共同特点是利于由顶向下设计，利于模块的划分与复用，可移植性好，通用性好，设计不因芯片的工艺与结构的不同而变化，更利于向 ASIC 移植。波形输入和状态机输入方法是两种常用的辅助设计输入方法：使用波形输入法时，只要绘制出激励波形和输出波形，EDA 软件就能自动根据响应关系进行设计；使用状态机输入法时，设计者只需画出状态转移图，EDA 软件就能生成相应的 HDL 代码或者原理图，使用十分方便。

2. 功能仿真

电路设计完成后，要用专用的仿真工具对设计进行功能仿真，验证电路功能是否符合设计要求。功能仿真有时也称为前仿真。

3. 综合优化

综合优化是指将 HDL 语言、原理图等设计输入翻译成由与门、或门、非门、RAM、触发器等基本逻辑单元组成的逻辑连接（网表），并根据目标与要求（约束条件）优化所生成的逻辑连接，输出 EDF 和 EDN 等标准格式的网表文件，供 FPGA 厂家的布局布线器来实现。

4．综合后仿真

综合完成后需要检查综合结果是否与原设计一致，做综合后仿真。在仿真时，把综合生成的标准延时文件反标注到综合仿真模型中，可估计门延时带来的影响。综合后仿真虽然比功能仿真精确一些，但是只能估计门延时，不能估计线延时，仿真结果与布线后的实际情况还有一定的差距，并不十分准确。这种仿真的主要目的是检查综合器的综合结果是否与设计输入一致。目前主流的综合工具日益成熟，对于一般性设计，如果设计者确信自己表述明确，没有综合歧义发生，则可以省略综合后仿真这一步。但是如果在布局布线后仿真发现有电路结构与设计意图不符的现象，则常常需要回溯到综合后仿真步骤以确认是否是综合歧义造成的问题。

5．布局布线

综合结果的本质是一些由与门、或门、非门、触发器、RAM 等基本逻辑单元组成的逻辑网表，它与芯片实际的配置情况还有较大差距。此时，应该使用 FPGA 厂商提供的软件工具，根据所选芯片的型号，将综合输出的逻辑网表适配到具体的 FPGA 器件上，这个过程就叫实现过程。因为只有器件开发商最了解器件的内部结构，所以实现步骤必须选用器件开发商提供的工具。在实现过程中最主要的过程是布局布线。所谓布局是指将逻辑网表中的硬件或者底层单元合理地适配到 FPGA 内部的固有硬件结构上。布局的优劣对设计的最终实现结果影响很大。所谓布线是指根据布局的拓扑结构，利用 FPGA 内部的各种连线资源，合理正确地连接各个元件的过程。FPGA 的结构相对复杂，为了获得更好的实现结果，特别是保证能够满足设计的时序条件，一般采用时序驱动的引擎进行布局布线。所以对于不同的设计输入，特别是不同的时序约束，获得的布局布线结果一般有较大差异。一般情况下，用户可以通过设置参数指定布局布线的优化准则。优化目标主要有面积和速度两个方面，通常根据设计的主要矛盾选择面积和速度或者平衡两者作为优化目标，但是当两者冲突时，满足时序约束要求更重要一些，此时选择速度或时序作为优化目标效果更好。

6．布局布线后仿真

将布局布线的时延信息反标注到设计网表所进行的仿真就叫布局布线后仿真或时序仿真，简称后仿真。布局布线之后生成的仿真时延文件包含的时延信息最全，不仅包含门延时，还包含实际布线延时，所以布线后仿真最准确，能较好地反映芯片的实际工作情况。一般来说，布线后仿真这一步骤必须进行，通过布局布线后仿真能检查设计时序与 FPGA 实际运行情况是否一致，确保设计的可靠性和稳定性。布局布线后仿真的主要目的在于发现时序是否违规，即是否满足时序约束条件或者器件固有的时序规则。

7．板级仿真与验证

在有些高速设计中还需要使用第三方的板级验证工具进行仿真与验证。

8. 加载配置与在线调试

设计开发的最后步骤是在线调试或者将生成的配置文件写入芯片进行测试。示波器和逻辑分析仪是逻辑设计的主要调试工具。传统的逻辑功能板级验证手段是用逻辑分析仪分析信号，设计时要求 FPGA 和 PCB 设计人员保留一定数量的 FPGA 引脚作为测试引脚，编写 FPGA 代码时需要观察的信号作为模块的输出信号，在综合实现时再把这些输出信号锁定到测试引脚上，然后将逻辑分析仪的探头连接到这些测试脚，设定触发条件，进行观测。逻辑分析仪的优点是专业、高速、触发逻辑可以相对复杂，缺点是价格昂贵、灵活性差。PCB 布线后测试脚的数量有限，不能灵活增加，当测试脚不够用时会影响测试，如果测试脚太多又影响 PCB 布局布线。

ChipScope Pro 是 ISE 下一款功能强大的在线调试工具，对以上问题 ChipScope Pro 都可以有效地解决。它的主要功能是通过 JTAG 口在线实时读取 FPGA 的内部信号。ChipScope Pro 的基本原理是利用 FPGA 中未使用的 Block RAM，根据用户设定的触发条件将信号实时地保存到这些 Block RAM 中，然后通过 JTAG 口传送到计算机，最后在计算机屏幕上显示出时序波形。

1.8　思考与练习

（1）简述 FPGA 技术的发展方向。
（2）简述 FPGA 的设计流程。
（3）简述 FPGA 芯片的选择策略和原则。
（4）简述 FPGA 的应用领域。

第 2 章　ISE 与 ModelSim 的安装

ISE 是一个集成环境，可用于完成整个 FPGA 的开发。ISE 集成了很多著名 FPGA 设计工具，根据设计流程合理应用这些工具，可以大大提高产品设计效率。其中 ModelSim 是一个专业的仿真工具，提供了更强大和完善的功能。因此，本章主要介绍 ISE 14.7 和 ModelSim 10.1 的安装及其联合设置方法。

2.1　ISE 的安装

Xilinx 公司已经停止对 ISE 软件的更新，所以版本 14.7 为 ISE 开发环境的最高版本，安装完 ISE 14.7 就可以一劳永逸打开不同 ISE 版本的工程。下面介绍 ISE 的安装方法。

（1）运行 Xilinx_ISE_DS_14.7_1015_1 目录下的 xsetup.exe 应用程序，如图 2-1 所示。

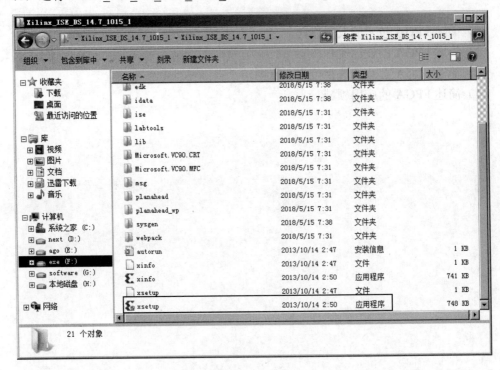

图 2-1　文件位置

（2）在弹出的 Welcome 对话框中单击 Next 按钮，如图 2-2 所示，安装正式开始。

（3）勾选对话框中的两个复选框，再单击 Next 按钮，如图 2-3 所示，软件提示用户接受条款。

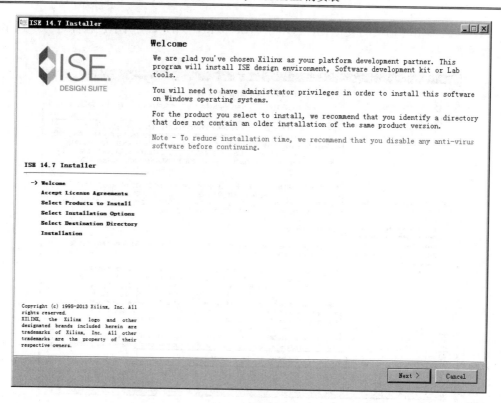

图 2-2　欢迎界面

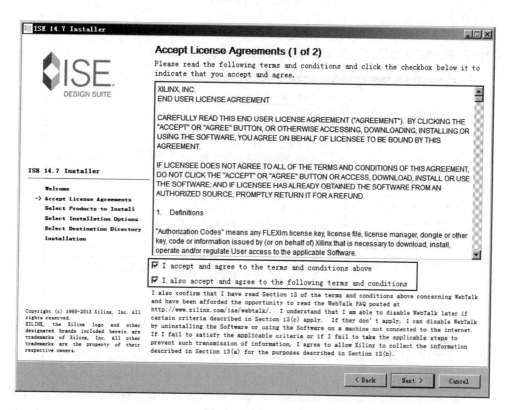

图 2-3　许可界面 1

（4）勾选弹出对话框的复选框，再单击 Next 按钮，如图 2-4 所示，软件进一步提示用户接受条款。

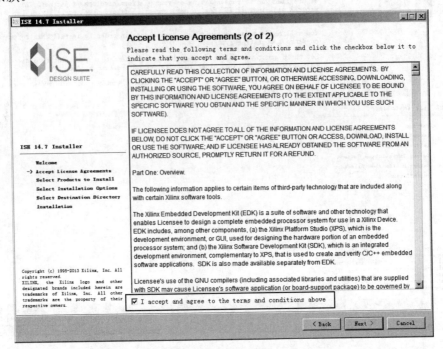

图 2-4　许可界面 2

（5）选择弹出对话框中的 ISE Design Suite System Edition（默认），再单击 Next 按钮，如图 2-5 所示，即安装的产品为 ISE Design Suite System Edition。

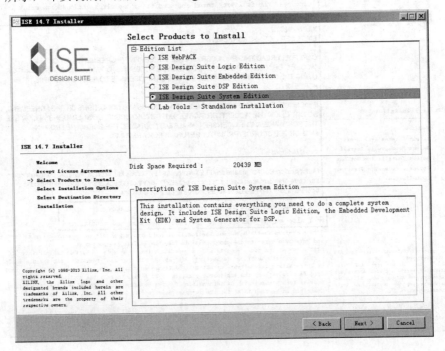

图 2-5　产品选择界面

（6）保持默认选择的安装选项，其中有一项 Install Cable Drivers，注意勾选此选项，单击 Next 按钮，如图 2-6 所示。这个选项用于安装下载器的驱动，用户一定要安装该驱动。

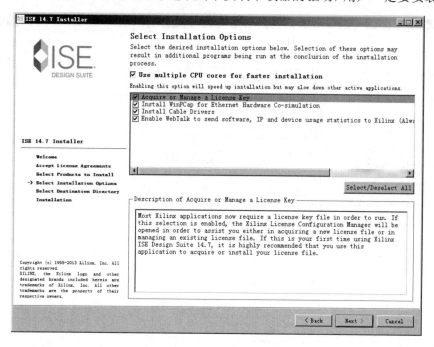

图 2-6　安装设置界面

（7）在弹出的对话框中选择安装路径，默认选择为 C:\Xilinx，单击 Next 按钮，如图 2-7 所示。

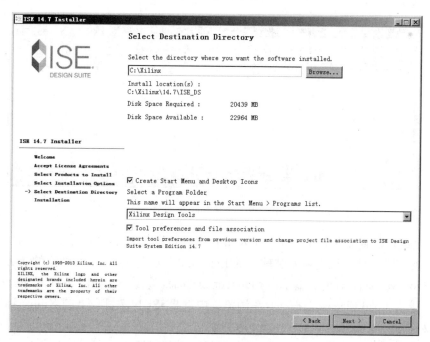

图 2-7　安装目录设置界面

（8）单击 Install 按钮开始安装，如图 2-8 所示。安装期间会弹出如图 2-9 所示的 MATLAB
安装对话框，单击 OK 按钮即可。

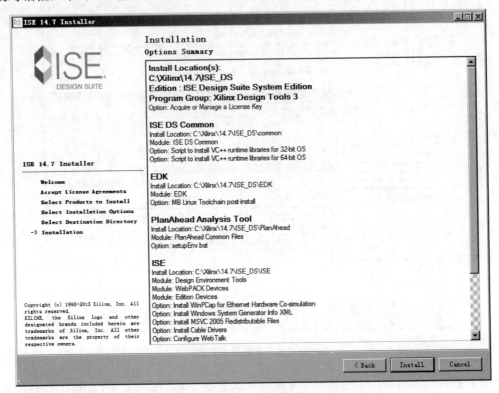

图 2-8　安装界面

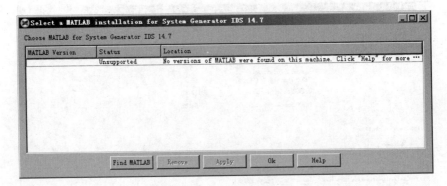

图 2-9　关联 Matlab 设置

（9）至此，软件安装好了，单击 Finish 按钮即可，如图 2-10 所示。

（10）安装完软件后还需要安装软件的 License，否则无法编译。在弹出的 Xilinx License
Configuration Manager 对话框里单击 Manager Licenses 选项卡，如图 2-11 所示。

（11）单击 Load License…按钮，在浏览框中选择 ISE14.7 目录下的 Xilinx_ise.lic 文件，
如图 2-12 所示。

（12）如果弹出提示 Xilinx_ise.lic 文件已经存在的对话框，单击 Yes 按钮将之覆盖，如
图 2-13 所示。

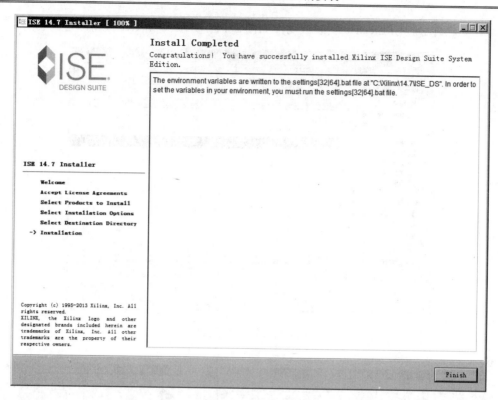

图 2-10　安装完成界面

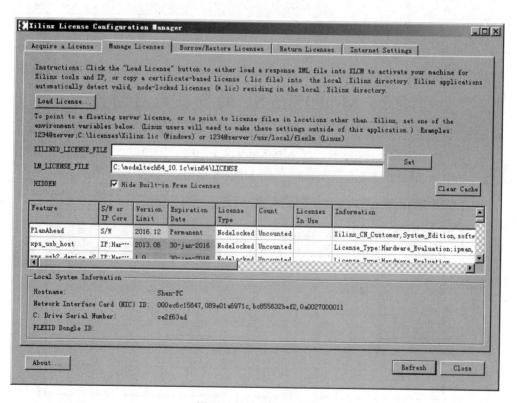

图 2-11　软件激活界面

（13）软件会提示 License 安装成功，如图 2-14 所示，单击 OK 按钮即可。

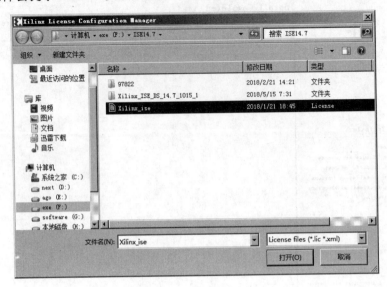

图 2-12　软件激活文件

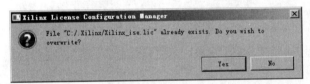

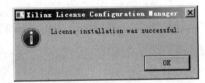

图 2-13　激活界面　　　　　　　　　　　　　　　图 2-14　激活完成

2.2　ModelSim SE 的安装与启动

ISE 14.7 对应的 ModelSim 软件版本是 ModelSim 10.1，用户可以根据自己计算机的操作系统选择安装 Win32 位或者是 Win64 位的 ModelSim SE，如图 2-15 所示。

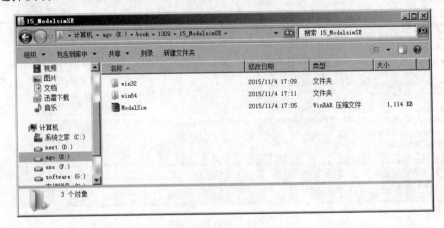

图 2-15　文件位置

下面介绍 ModelSim 的安装方法。

（1）这里以 64 位操作系统为例，双击运行 modelsim-win64-10.1c-se.exe 文件，开始安装。首先出现安装界面，单击 Next 按钮继续安装，如图 2-16 所示。

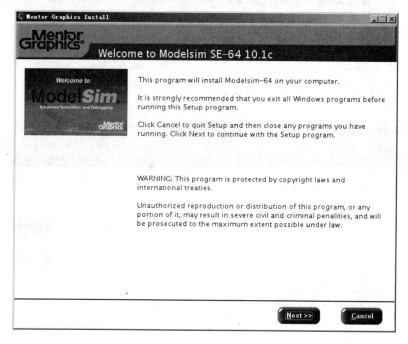

图 2-16　欢迎界面

（2）随后弹出如图 2-17 所示界面，可以选择安装目录，建议使用默认的路径 C:\modeltech_10.1c，单击 Next 按钮继续。

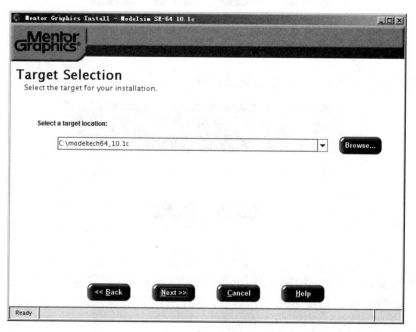

图 2-17　位置选取界面

（3）弹出如图 2-18 所示界面，提示安装目录不存在，建议创建新目录，单击 Yes 按钮继续，随后弹出如图 2-19 所示界面，单击 Agree 按钮继续。

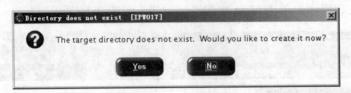

图 2-18　新建目录

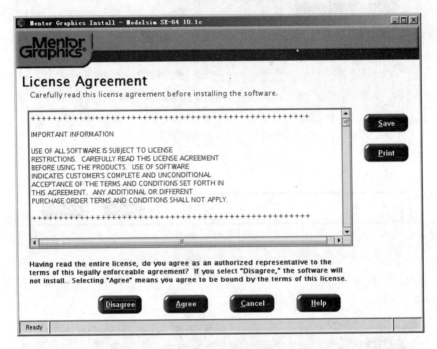

图 2-19　许可界面

（4）安装过程中会弹出如图 2-20 所示的窗口，单击 Yes 按钮继续。

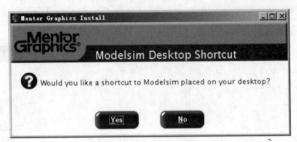

图 2-20　安装设置

（5）继续安装，会弹出如图 2-21 所示的窗口，单击 Yes 按钮继续。

（6）安装完成，弹出如图 2-22 所示界面，单击 Yes 按钮，虽然这一步骤安装的 Hardware Security Key 可能用不到，但也应该安装。

（7）提示重启计算机，单击 Yes 按钮，如图 2-23 所示。

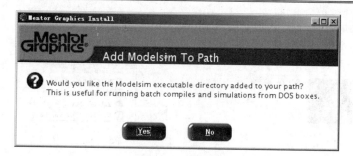

图 2-21　安装设置

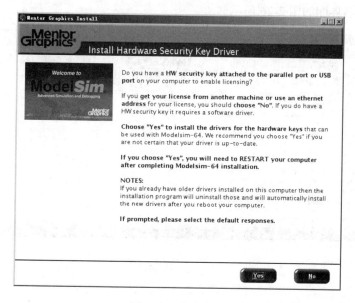

图 2-22　安全密钥

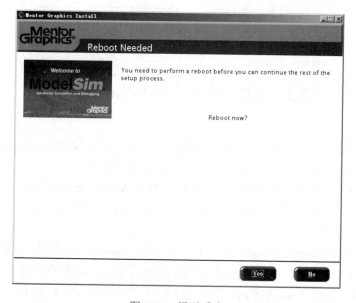

图 2-23　提示重启

重启计算机后，计算机桌面上出现 ModelSim 图标，如图 2-24 所示。在开始程序菜单中也出现了 ModelSim 文件夹，如图 2-25 所示。

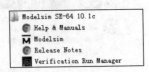

图 2-24　桌面快捷方式　　　　　　　　　　　图 2-25　开始菜单

之后 ModelSim 就能正常打开了。可以再次尝试双击桌面上的 ModelSim SE 10.1c 图标。打开 ModelSim 后界面如图 2-26 所示。

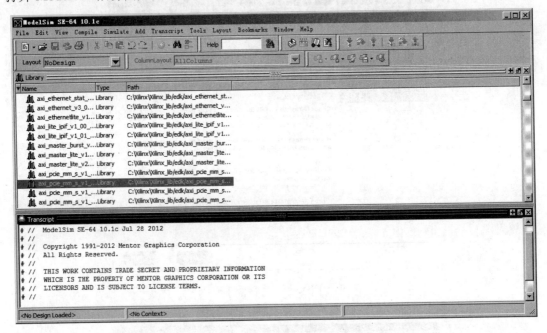

图 2-26　软件主界面

2.3　ISE 联合 ModelSim 设置

本节介绍 ISE 工具调用 ModelSim 工具进行仿真的方法，以及在 ModelSim 工具中调用 ISE 工具中仿真库文件的方法。ISE 联合 ModelSim 设置步骤如下。

（1）产生 ISE 仿真库文件。在开始菜单中，找到 Xilinx Design Tools→ISE Design Suite 14.7→ISE Design Tools→64-bit Tools→Simulation Library Complication Wizard 选项，单击打开，如图 2-27 所示。

（2）在 Select Simulator 选项框选中用户安装好的 ModelSim 版本，这里选择 ModelSim SE。在 Simulator Executable Location 输入框填入 ModelSim.exe 所在的文件夹（单击 Browse 按钮添加也行）。这里的 ModelSim SE 安装路径是 C:\modeltech64_10.1c\win64，如图 2-28 所示。

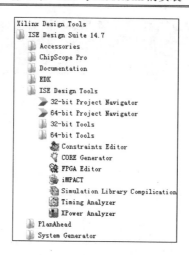

图 2-27 开始菜单

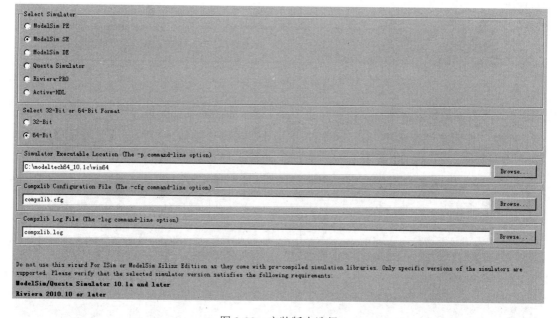

图 2-28 安装版本选择

（3）选择需要编译的语言。一般选用默认选项 Both VHDL and Verilog，如图 2-29 所示，然后单击 Next 按钮。

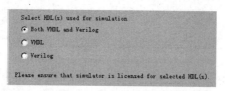

图 2-29 选择编译语言

（4）接着选择需要编译的 Xilinx FPGA 和 CPLD 器件库。这里默认是都选择，单击 Next 按钮继续即可，如图 2-30 所示。

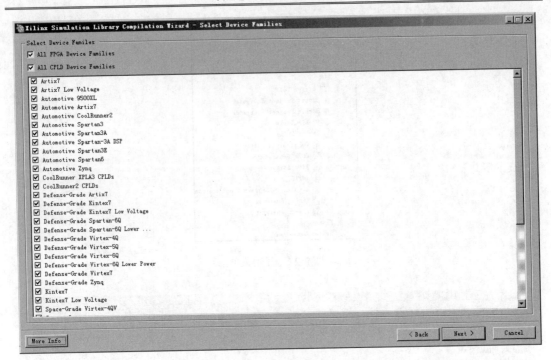

图 2-30　器件库

（5）应用弹出对话框的默认设置即可。对话框下面的两个输入框是用来添加额外库的，第一个输入框用来设置路径，第二个输入框用来设置命令参数，用不到就无须填写。单击Next 按钮继续，如图 2-31 所示。

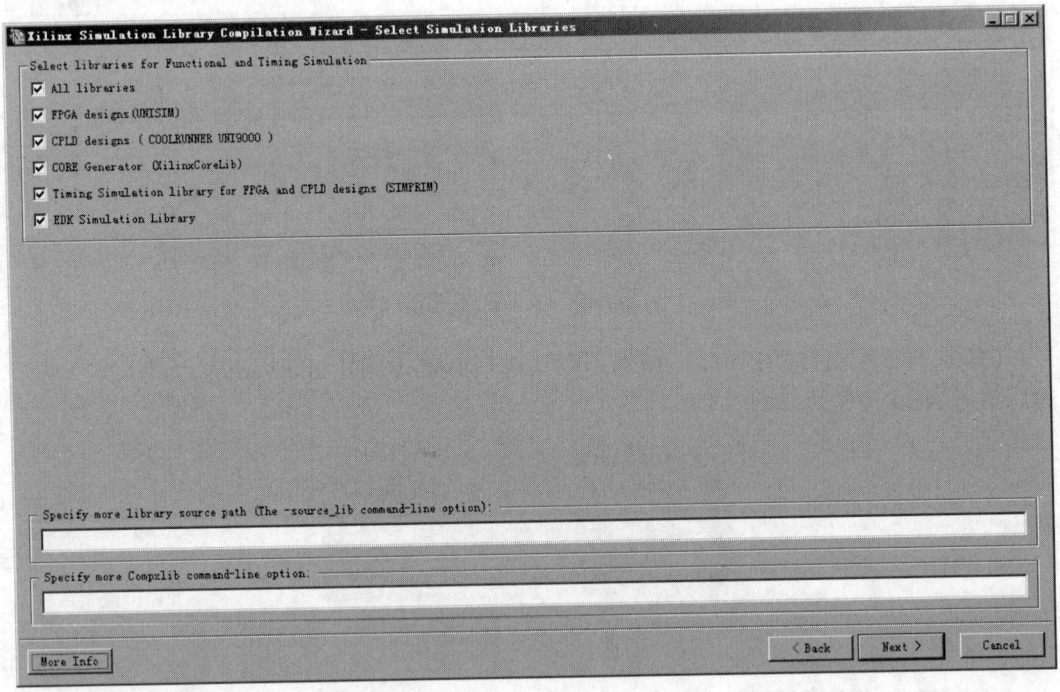

图 2-31　选择仿真目录

（6）在 Output directory for compiled libraries 输入框填入输出已编译库的路径，这里输入 C:\Xilinx\Xilinx_lib。注意这里需要在 C:\Xilinx 目录下新建 Xilinx_lib 文件夹。其他选项使用默认值便可，单击 Launch Compile Process 按钮，如图 2-32 所示。

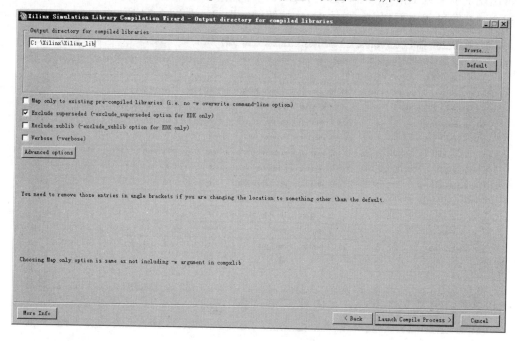

图 2-32　输入已编译库路径

（7）整个编译时间会有一些长（1～2 个小时甚至更长，这取决于个人计算机的性能），尤其是有很长一段时间编译进度会停留在 0%，需要耐心等待，如图 2-33 所示。

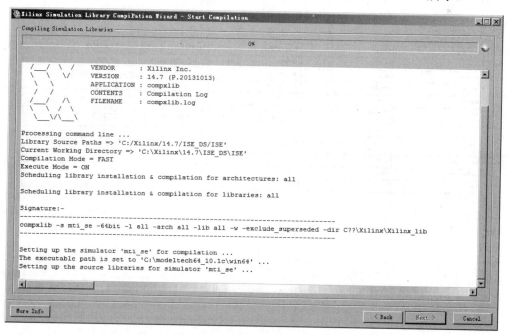

图 2-33　启动编译过程

（8）当编译进度值到 100%后，会跳转到报告界面以报告编译过程中的 error 和 warning，warning 可以忽略，error 就必须看一下。若出现 error 最好返回到前面的步骤看看相关路径是否出现了中文或空格、版本设置是否正确。笔者编译 EDK 时出现了 error，这个可以不用理会，开发过程用不到它。单击 Next 按钮继续即可，如图 2-34 所示。

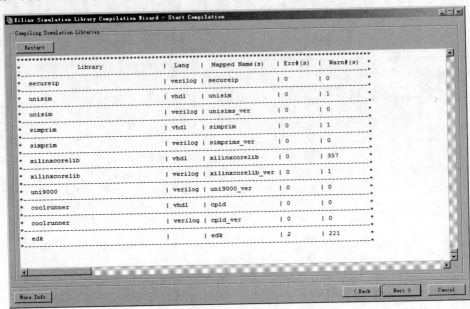

图 2-34　编译结果

（9）最后一个界面是编译报告的总结，单击 Finish 按钮完成整个器件库的编译，如图 2-35 所示。

Library	Lang	Mapped Name(s)	Err#(s)	Warn#(s)
secureip	verilog	secureip	0	0
unisim	vhdl	unisim	0	1
unisim	verilog	unisims_ver	0	0
simprim	vhdl	simprim	0	1
simprim	verilog	simprims_ver	0	0
xilinxcorelib	vhdl	xilinxcorelib	0	357
xilinxcorelib	verilog	xilinxcorelib_ver	0	1
uni9000	verilog	uni9000_ver	0	0
coolrunner	vhdl	cpld	0	0
coolrunner	verilog	cpld_ver	0	0
edk		edk	2	221

图 2-35　编译总结

（10）待库生成后，回到 ISE 的安装目录就会看见 modelsim.ini 文件，如图 2-36 所示。

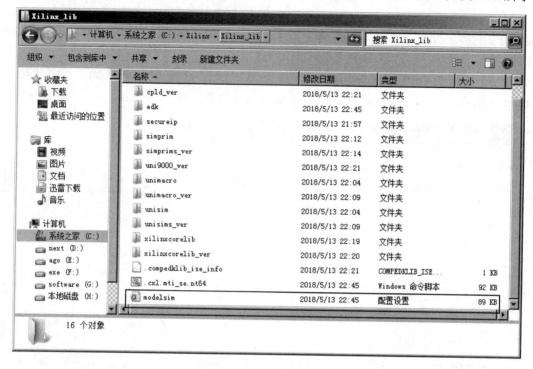

图 2-36　modelsim.ini 位置

（11）打开 modelsim.ini，复制 modelsim.ini 文件的第 47 行到[vcom]上面的一行，即第 308 行，如图 2-37 所示。

图 2-37　复制代码

（12）接着在 ModelSim 的安装目录下，即 C:\modeltech64_10.1c，找到文件 modelsim.ini 后打开（注意：要去掉这个文件的只读属性）。在第 12 行的行尾，回车换行，然后将前面复制好的内容粘贴上去，如图 2-38 所示。原有的内容不要删除，粘贴后保存 modelsim.ini 文件。

（13）接下来对 ISE 软件进行设置。打开 ISE 14.7，然后单击 ISE 的菜单中 Edit→Preferences 命令，如图 2-39 所示，打开 Preferences 设置窗口。

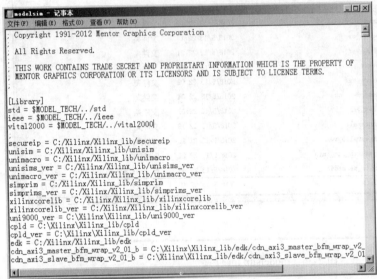

图 2-38　粘贴代码

图 2-39　设置界面

（14）在窗口左边的 Category 窗格选中 ISE General→Integrated Tools。在 Integrated Tools 设置项的 Model Tech Simulator 输入框输入 Modelsim.exe 的文件路径 C:\modeltech64_10.1c\win64\modelsim.exe，如图 2-40 所示。完成设置后，单击 OK 按钮。

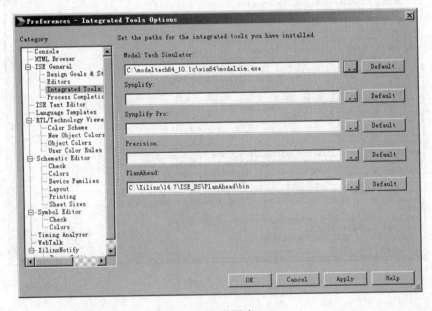

图 2-40　设置窗口

到此，软件的安装全都完成了，接下来就可以进入 FPGA 的开发和设计阶段了。

2.4　思考与练习

1．概念题

（1）简述下载器驱动的安装过程。

（2）简述建立 ISE 与 ModelSim 关联的设置过程。

2．操作题

（1）动手安装 ISE 14.7，熟悉其安装过程。

（2）动手安装 ModelSim 10.1，熟悉其安装过程。

（3）动手联合设置 ISE 14.7 和 ModelSim 10.1，熟悉其设置过程。

第 3 章　ISE 操作基础

本章将介绍从新建一个工程到把结果下载到 FPGA 的全过程，让初次接触 FPGA 的读者对使用 FPGA 进行简易工程的开发有个直接的认识。初学者通过学习本章的内容，可以对 FPGA 技术有一个初步了解。

3.1　ISE 的基本使用方法

使用 ISE 的设计流程主要包括创建工程、设计输入、设计编译、设计仿真、引脚分配、编程下载等。本节将针对 ISE 的各个过程进行详细介绍，通过对本节内容的学习，初学者可以掌握 ISE 的基本使用技巧。

3.1.1　新建工程

使用 ISE 设计 FPGA，首先要新建一个工程。ISE 集成开发环境提供了对整个工程的集成管理和开发，设计者可以在 ISE 环境中完成所有的 FPGA 设计环节。

【例 3-1】　创建工程。

（1）选择 File→New Project 命令，弹出 New Project Wizard 对话框，如图 3-1 所示。在 Name 输入框中输入工程名称，在 Location 输入框中指定工程位置，在 Top-level source type 下拉列表中指定顶层设计的类型，然后单击 Next 按钮。

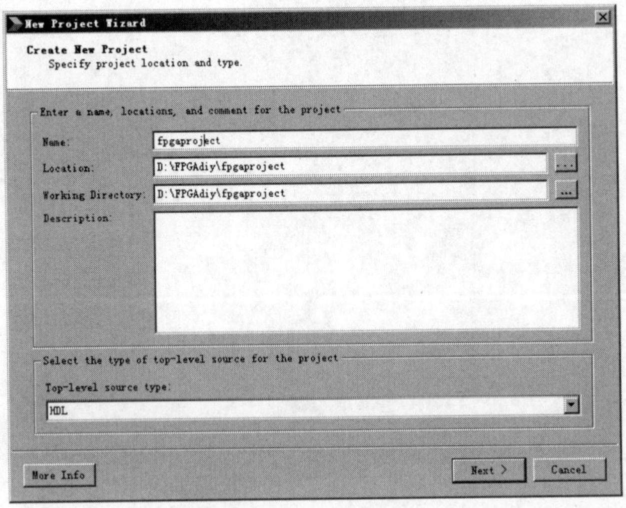

图 3-1　创建新工程

（2）在 Project Settings 界面中，选择要使用的 FPGA 器件的型号、综合工具、仿真工具以及所使用的硬件描述语言，单击 Next 按钮，如图 3-2 所示。

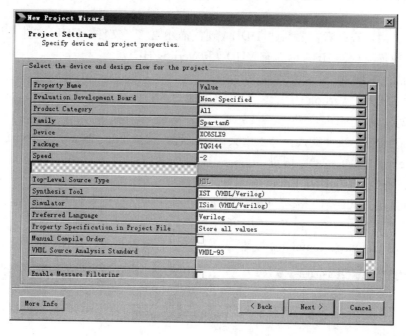

图 3-2　工程设置

（3）可以在建立好 ISE 工程以后再建立设计文件，所以这里单击 Next 按钮，直到 Project Summary 界面出现，单击 Finish 按钮完成新建的工程，如图 3-3 所示。

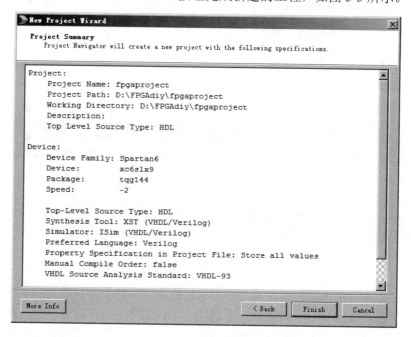

图 3-3　工程概要

3.1.2 新建 HDL 文件

建好工程后，设计者需要新建 HDL（硬件描述语言）文件，HDL 文件是设计 FPGA 的基础。目前最流行的 HDL 语言有 VHDL 和 Verilog HDL。

ISE 集成的 HDL 编辑器是 HDL Editor，它有一个 Language Templates 语法设计辅助模板，提供了 VHDL、Verilog HDL 语言和 UCF 用户约束的语法说明及例子。

【例 3-2】 新建 HDL 文件。

（1）启动 ISE，软件默认打开上次关闭的工程。选择 File→New，在弹出的 New 对话框中选择 Text File，单击 OK 按钮。

（2）接下来会打开 HDL Editor 编辑器，允许编写用户的 HDL 代码。

（3）输入用户代码后，选择 File→Save，在弹出的对话框中输入文件名，选择要保存文件的类型，单击🖫按钮。保存后的文件会以不同的颜色显示关键字。

（4）单击 Language Templates 按钮💡，打开语言辅助模板，如图 3-4 所示。

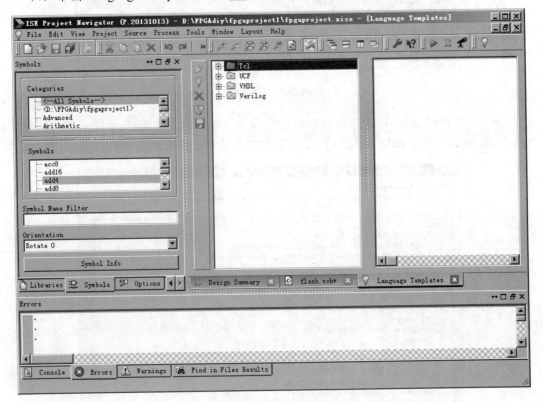

图 3-4　语言辅助模板

（5）从左边的窗格选择模板的类型，右边窗格会显示模板的具体内容。

（6）在用户设计的 HDL 代码中，将光标定位到需要使用模板的位置，然后回到选择模板窗格，选择好需要使用的模板，单击 use in file 命令，将范例插入到用户的代码中，最后根据需要修改模板范例即可。

3.1.3　添加 HDL 文件

使用 HDL 语言进行设计的好处之一就是便于重用其他设计者的代码，所以可以在已有的工程中添加 HDL 代码。

【例 3-3】　添加 HDL 文件。

（1）如果只是添加文件，而不需要将文件复制到用户自己的工程中，单击 Project→Add Source 命令。

如果需要将添加的文件复制到用户自己的工程中，单击 Project→Add Copy of Source 命令。

（2）在弹出的 Add Existing Sources 对话框中选择需要添加的文件，单击打开命令，即可完成添加文件的操作。

3.1.4　新建原理图设计

以原理图方式设计工程具有直观清晰的特点，几乎所有的 FPGA 设计软件都提供原理图设计输入方法。ISE 集成了原理图输入工具 ECS（Engineering Capture System）。

设计者可以采用原理图方式来进行工程顶层设计，而底层设计则采用 HDL 代码。这样的设计结构清晰，便于工程的设计和维护。

【例 3-4】　新建原理图。

（1）启动 ISE，默认会打开上次关闭的工程，选择 File→New，在弹出的 New 对话框中选择 Schematic，如图 3-5 所示，单击 OK 按钮。

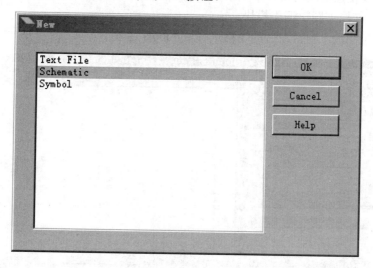

图 3-5　文件类型

（2）接下来会出现一个空白的原理图输入界面。在 ISE 中，该界面默认嵌入在 ISE 集成环境中，为了获得更大的编辑空间，可以将窗口悬浮，以便更加方便地编辑原理图。右击窗口下侧文件名，单击 Float 命令，可以将原理图编辑窗口悬浮，如图 3-6 所示。

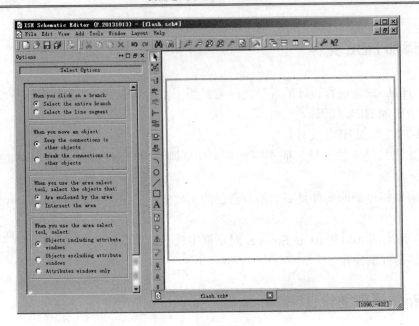

图 3-6　原理图编辑窗口

3.1.5　在原理图中调用模块

在 ISE 中提供了很多模块供设计者使用，这些模块都是经过验证的、功能正确的设计，设计者调用这些模块可以大大加快设计进程。同时，设计者还可以自己设计具有特定功能的模块，以便在后续的设计中使用。

【例 3-5】　在原理图中调用模块。

（1）在原理图输入窗口左边的窗格选择 Symbols 选项卡，如图 3-7 所示。

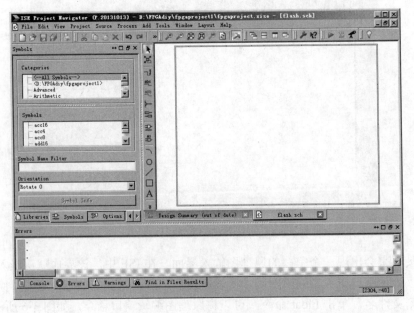

图 3-7　Symbols 选项卡

（2）在 Categories 窗格中选择模块所属的类型，例如选择 Arithmetic 算术类型模块。

（3）在 Symbols 窗格中选择需要的模块，例如选择 add4，将鼠标指针移动到原理图编辑窗口，会看到出现一个 4 位的加法器。

（4）将模块移动到合适的位置，单击鼠标左键，放置模块，如图 3-8 所示。

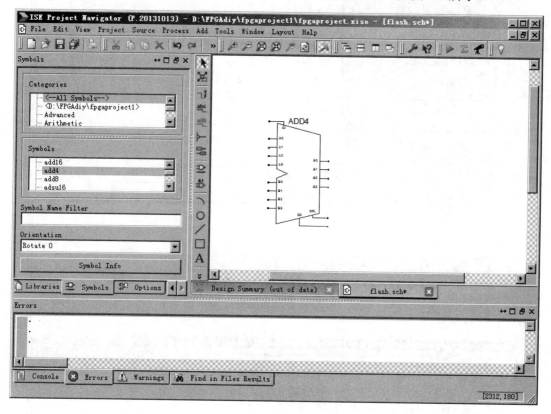

图 3-8 模块放置

3.1.6 编辑原理图

ISE 的原理图输入工具提供了许多实用的技巧，方便设计者快速编辑原理图，包括自动连线、快速添加端口等。

【例 3-6】 编辑原理图。

（1）首先在原理图中添加设计模块，并将模块放置到适当的位置。

（2）单击绘图工具栏中的 按钮，出现十字指针，移动十字指针连接原理图中的信号端口。

（3）单击 按钮，在窗口左边 Options 选项卡下，Name 输入框中输入网络名称，如图 3-9 所示。然后单击需要命名的网络，该网络会被命名为指定的名称。

（4）完成设计后，需要添加 I/O 端口引脚。单击 按钮，在 Options 选项卡中，指定 I/O 类型，然后在原理图中需要添加引脚的端口上，按住鼠标左键拖出一个框，该框内的信号端口会自动添加 I/O 引脚，如图 3-10 所示。

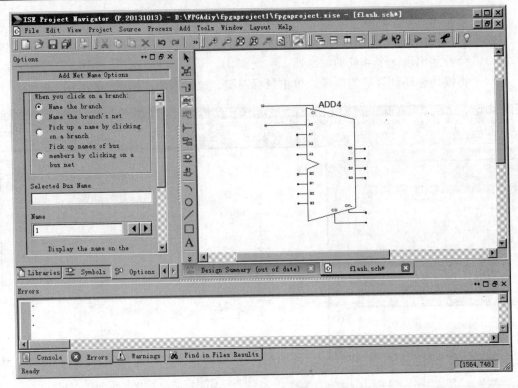

图 3-9　原理图编辑窗口

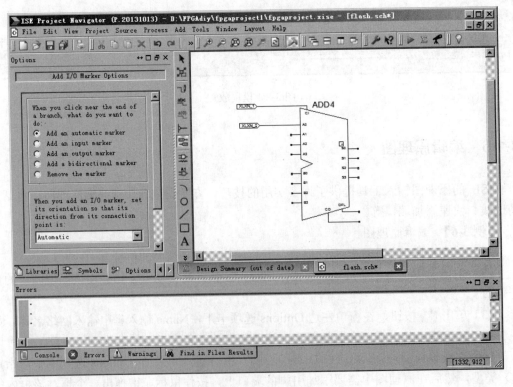

图 3-10　添加 I/O 引脚

（5）完成设计后，可以将设计生成用户器件，以便将来调用。在资源管理窗口中选择
需要生成器件的文件，这里选择 flash，在 Process：flash 窗格中打开 Design Utilities，双击
Create Schematic Symbol 选项生成相应的用户模块，如图 3-11 所示。

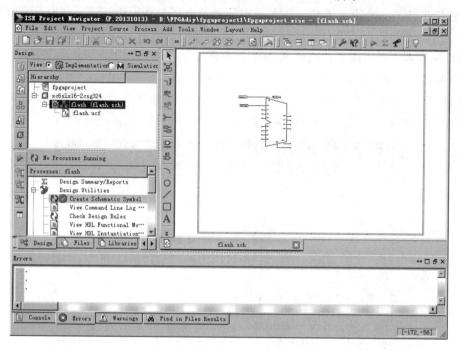

图 3-11　生成用户模块

（6）在原理图设计窗口的左边窗格，选择 Symbols 选项卡，在 Categories 窗格中选择
用户工程目录，然后选择用户模块，如图 3-12 所示。

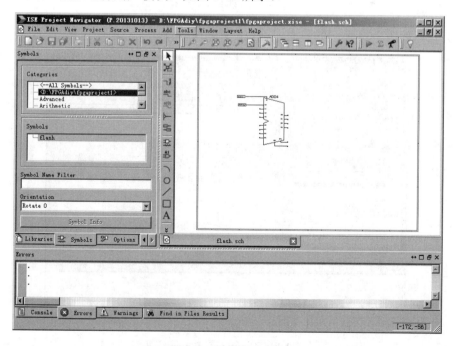

图 3-12　选择用户模块

3.1.7 用 Constraints Editor 设置约束

ISE 提供的 Constraints Editor 工具可以简单地进行时钟周期、输入延迟、端口和分组等约束设置，并将约束结果自动保存到 UCF 文件中。设计者可以通过修改生成的 UCF 文件完成约束设置，而不需要特别研究 UCF 文件的语法。

【例 3-7】 使用 Constraints Editor 设置时钟周期约束。

（1）在 ISE 的资源管理窗口中，选择需要添加约束的顶层文件，在 Processes 窗口中，展开 User Constraints，双击 Create Timing Constraints 选项，如图 3-13 所示。

图 3-13　创建时序约束

（2）打开如图 3-14 所示的界面，首先设置系统时钟周期约束。

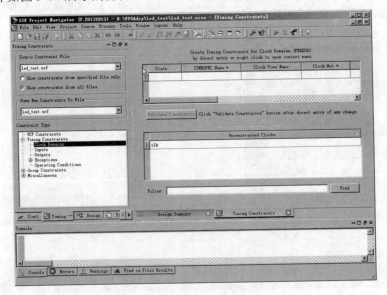

图 3-14　Constraints Editor 界面

（3）在 Constraints Editor 界面的左边窗格打开 Timing Constraints，单击【Clock Domains】，设置时钟周期的界面出现。双击该界面右侧 Period 标签下边的空白处，会弹出 Clock Period 对话框。

（4）如图 3-15 所示，设置时钟周期的图形界面能够帮助设计者方便地进行约束设置，其中最上方是图形说明，说明各个约束的含义。这里设置时钟周期为 10ns，即 100MHz，占空比为 1∶1。

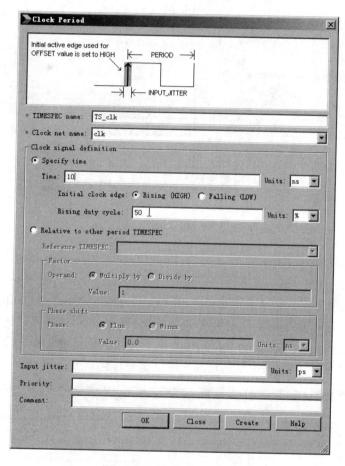

图 3-15　Clock Period 界面

3.1.8　使用 XST 进行综合

Xilinx 公司在 ISE 中提供了自带的综合工具 XST（Xilinx Synthesis Technology），XST 相对于专业的综合工具而言并没有多大优势，但是对于 Xilinx 公司的器件而言，使用 XST 进行综合还是相当方便的，因为可以从 ISE 中直接调用 XST。

【例 3-8】　使用 XST 进行综合。

（1）在 ISE 的资源管理窗口中，选择需要综合的顶层文件。

（2）在 Processes 窗口中，右击 Synthesize-XST，在弹出的菜单中选择 Process Properties，如图 3-16 所示。

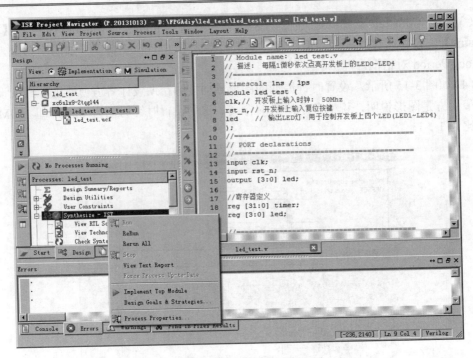

图 3-16　选择 Synthesize-XST 项

（3）打开 Process Properties 对话框后，可以看到在 Category 窗格中有 3 个选项：Synthesis Options、HDL Options 和 Xilinx Specific Options。选择 Synthesis Options，可以看到如图 3-17 所示的界面，在这里主要需要设置 Optimization Goal 和 Optimization Effort 这两个选项。其中，Optimization Goal 用于设置优化目标，可以选择是以速度为优化目标，还是以面积为优化目标；Optimization Effort 用于设置优化难度，即综合器工作的难度。如果设计者对时序或者面积约束要求较高，可以选择优化难度为 High。

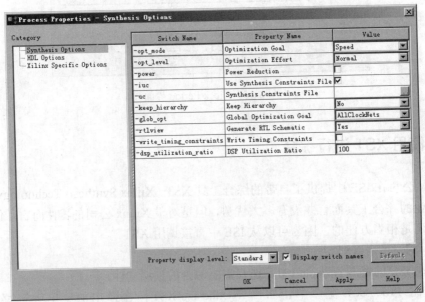

图 3-17　Process Properties 对话框

（4）设计者还可以对 HDL Options 选项进行设置，选择 Category 窗格中的 HDL Options 选项，出现如图 3-18 所示的界面。

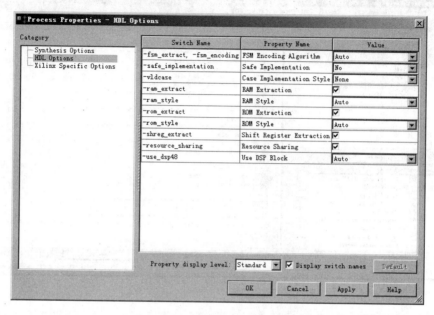

图 3-18　HDL Options 选项设置界面

（5）在 HDL Options 选项中，设计者需要设置与 HDL 语言编写规则和编译方式相关的属性。其中以下常用属性需要设计者注意。

❑ FSM Encoding Algorithm：表示状态机的编码方式，包括 One-Hot 编码、格雷码等。设计者可以根据设计要求选择，对于初学者，可以选择 Auto 选项让 ISE 自动选择编码方式。

❑ RAM Style 表示 RAM 的类型，可以选择使用 Block RAM 或者 Distribute RAM。如果设计中使用的 RAM 对时序要求不高，而且 RAM 容量也比较小，可以选择 Distribute RAM 选项，以节约 FPGA 中的 BlockRAM 资源，反之选择 Block RAM。

❑ Resource Sharing：表示是否允许 XST 综合工具复用一些逻辑模块。因为在设计中有的模块是重复的，如果能够按照时分复用的方式进行综合，可以大大降低资源的消耗。

（6）Category 窗格中的最后一个选项用于设置 Xilinx 专用参数。

（7）双击 Process 窗格中的 Synthesize-XST 选项，开始执行综合操作。完成后，会在 Transcript 窗口中显示报告信息，设计者可以根据这些信息对设计进行分析。如图 3-19 所示，在完成综合以后，展开 Synthesize-XST 选项，可以对综合结果进行分析。

❑ View RTL Schematic：双击该选项，可以查看 RTL 级的综合结果，该结果应该与设计相同。

❑ View Technology Schematic：双击该选项，可以看到和器件相关的综合结果，该结果表示了设计被映射到 FPGA 中的结果。

❑ Generate Post-Synthesis Simulation Model：双击该选项，可以生成综合后仿真的 HDL 文件。在该 HDL 文件中包含器件的延迟信息，可以调用这个 HDL 文件来进行后仿真，以验证时序的正确性。

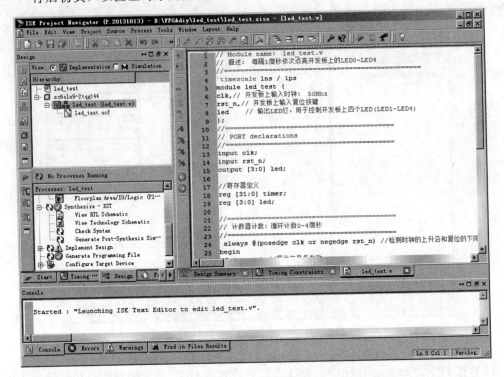

图 3-19   Synthesize-XST

以查看 RTL 综合结果为例，双击 View RTL Schematic，ISE 会打开 RTL 查看窗口，在该窗口中可以看到综合后生成的顶层接口，如图 3-20 所示。

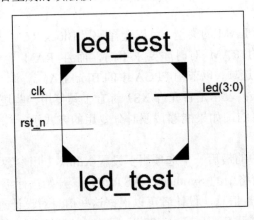

图 3-20   RTL 综合结果

3.1.9   设计实现

完成综合以后，需要将设计映射到 FPGA 中，对应于 ISE 中的操作就是 Implement Design。这一步完成后会生成用于生成下载文件的 NCD 文件。

在 ISE 中设计实现分为 3 步，分别是 Translate、Map 和 Place & Route。

（1）Translate：读取综合生成 EDIF 和 NGC 格式的网表文件，生成 Xilinx 的 NGD 格式文件。NGD 文件是用逻辑元件表示的网表，包括触发器、逻辑门和 RAM 等逻辑元件。

（2）Map：输入文件是 Translate 生成的 NGD 格式的网表文件，输出为 NCD（Native Circuit Description）格式的文件。Map 的功能是将 NGD 文件中的逻辑元件映射成 Xilinx FPGA 中的元件，例如 Logic Cell、I/O cells 或者是 Block RAM 等。

（3）Place & Route：接收 Map 生成的 NCD 文件，将各个元件放置到 FPGA 中适当的位置，并通过布线器连接各个元件，完成在 FPGA 中的设计实现。Place & Route 输出的 NCD 文件用于生成下载文件。

【例 3-9】 设计的实现。

（1）在 ISE 资源管理窗口的 Processes 窗格中右击 Implement Design，弹出 Process Properties 对话框。

（2）单击 Process Properties 对话框中的 Translate Properties 选项，设置 Translate 属性，如图 3-21 所示。如果没有出现图 3-21 所示的界面，则单击 Property display level 旁的下拉菜单，选择 Advanced。需要强调的是，如果设计中调用了其他设计，或者需要使用其他 IP 的网表文件进行布局布线，则需要在 Macro Search Path 项中指定存放这些网表文件的地址。

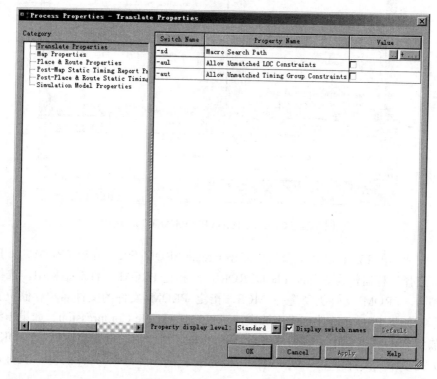

图 3-21　设置 Translate 属性

（3）依次设置好其他的参数，单击 OK 按钮。

（4）在 Processes 窗格中双击 Implement Design，即可完成 Translate、Map 和 Place & Route 的全部操作。设计者也可以单独执行各个步骤。

3.1.10　生成下载文件

Xilinx 的下载文件有两种主要的类型：后缀名为 bit 的文件，该类文件可直接下载到 FPGA；后缀名为 mcs 的文件，该类文件可下载到 PROM 中，上电后 PROM 中的内容会配置 FPGA。

【例 3-10】 生成下载文件。

（1）生成 BIT 文件的方法很简单，在 ISE 资源管理器窗口的 Processes 窗格中双击 Generate Programming File，就会在 ISE 工程目录下生成和顶层设计同名的 BIT 文件。

（2）要生成 MCS 文件，可在 Processes 窗格中展开 Configure Target Device，双击 Generate Target PROM/ACE File，如图 3-22 所示。

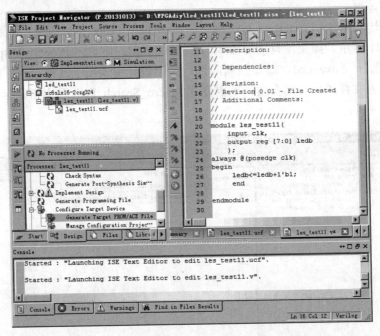

图 3-22　Generate Target PROM/ACE File 选项

（3）在弹出的 ISE iMPACT 窗口中双击 Create PROM File，弹出 PROM File Formatter 对话框，选择目标器件为 Xilinx Flash/PROM，在指定 PROM 器件对话框中，选择 PROM 类型和型号。PROM 文件类型选择 MCS，指定 PROM 文件的文件名和存储位置，如图 3-23 所示。如果 PROM 器件容量不够大，可以选择 Enable Compression。如果压缩后文件还不能放到 PROM 器件中，就需要考虑更换 PROM 器件了。设置完成后单击 OK 按钮。

（4）提示添加文件，单击 OK 按钮，会提示添加生成 MCS 文件的 BIT 文件，选中文件后打开。

（5）添加好 BIT 文件后，会出现图 3-24 所示的界面。从图中可以看到 PROM 器件的使用率以及关联的 BIT 文件。在 iMPACT Processes 窗格中双击 Generate File 生成 MCS 文件。文件生成成功后，会提示 Generate Succeeded。

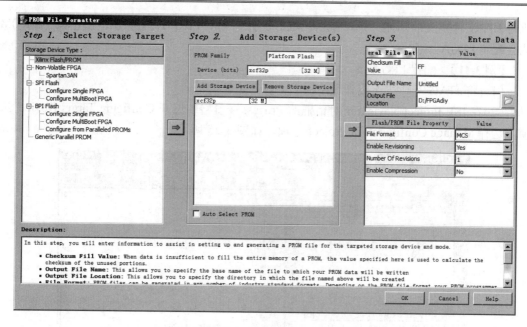

图 3-23　PROM File Formatter 对话框

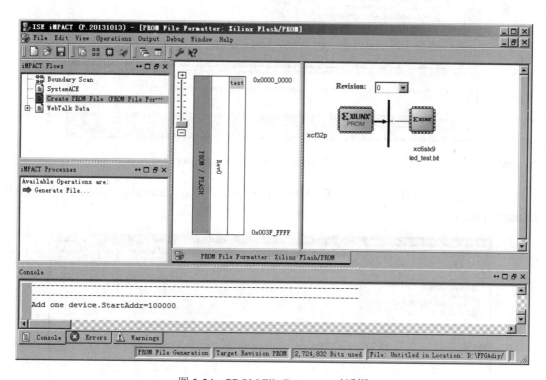

图 3-24　PROM File Formatter 对话框

3.1.11　下载 FPGA

生成下载文件后，需要下载到 FPGA，以便验证其功能的正确性。下载到 FPGA 有两种方式：一种是直接通过 JTAG 接口将 BIT 文件下载到 FPGA，下载完成后 FPGA 就开始

执行 BIT 文件定义的功能；另一种是将 MCS 文件下载到 PROM，这样每次上电以后，PROM
就会配置 FPGA。

【例 3-11】 配置 FPGA。

（1）将 JTAG 下载线连接到电路板上，打开电源。

（2）在 ISE Project Navigator 对话框的 Processes 窗格中展开 Configure Target Device 选
项，选择 Manage Configuration Project 选项，如图 3-25 所示。

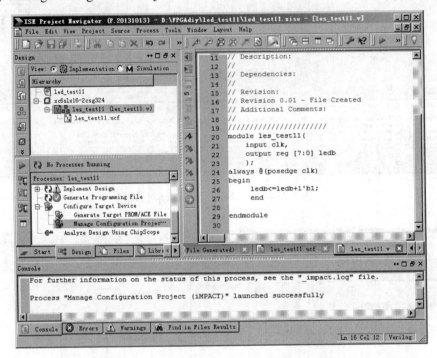

图 3-25　选择 Manage Configuration Project 选项

（3）弹出如图 3-26 所示的 ISE iMPACT 对话框，右击 Boundary Scan 选项，选择
Initialize Chain。

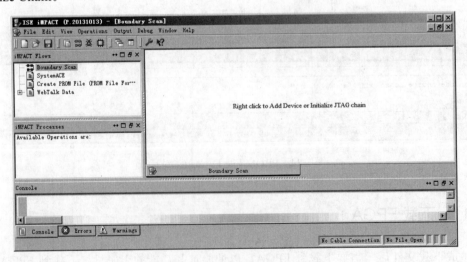

图 3-26　右击 Boundary Scan 选项

（4）接下来 ISE 会自动扫描连接在 JTAG 链上的器件，根据设计者电路板设计的不同，会出现如图 3-27 所示的界面。ISE 会要求设计者为连接在 JTAG 链上的器件指定配置文件，如果没有配置文件，可以单击 Bypass 按钮，跳到下一个器件。这里选择的是型号为 led_test 的 BIT 文件，现在已经准备好配置 FPGA 了。

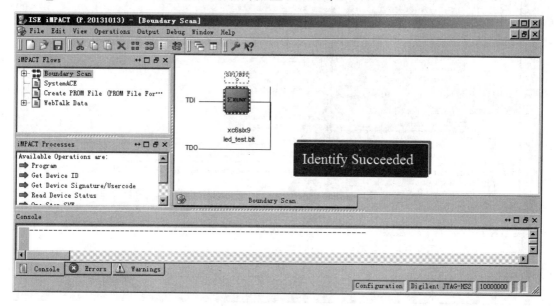

图 3-27　Initialize Chain

3.2　仿　真　验　证

ISE 中集成了测试激励生成器（HDL Bencher），在没有专业仿真工具的情况下，可以使用测试激励生成器产生激励信号，并调用 ISE 集成的仿真工具完成功能验证。此外，还可以联合 ModelSim 进行仿真验证。

3.2.1　在 ISE 中仿真验证

【例 3-12】　在 ISE 中进行仿真验证。

（1）在用 ISE 仿真前需要确认工程设置，单击菜单命令 Project→Design Properties，如图 3-28 所示。确认 Simulator 的选择为 ISim（VHDL/Verilog），这在新建工程时已经设定好了，为保万无一失，我们还是确认一下，如图 3-29 所示。

（2）接下来写测试脚本文件，单击 Project→New Source 命令，如图 3-30 所示。

（3）如图 3-31 所示，选择新建源文件类型为 Verilog Test Fixture，再输入测试脚本文件的名字 vtf_led_test 和存放目录。

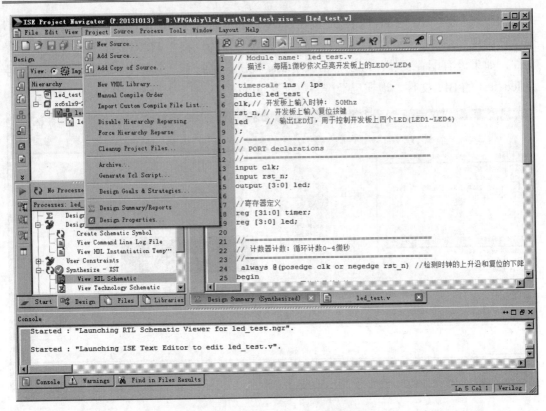

图 3-28　选择 Design Properties 命令

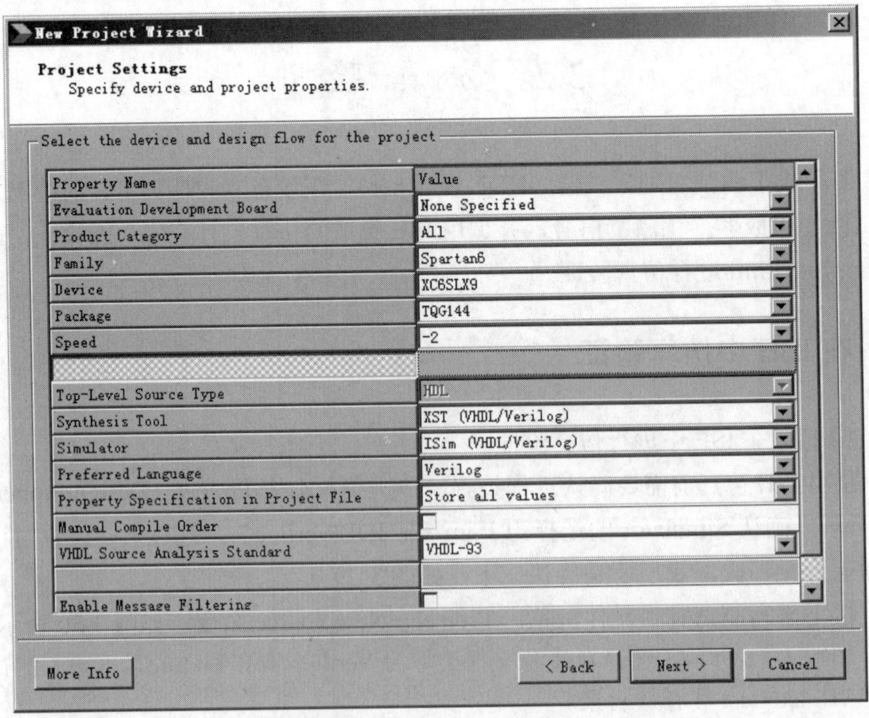

图 3-29　仿真器设置界面

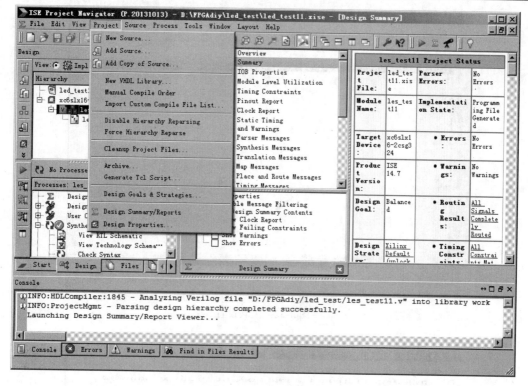

图 3-30 新建脚本文件

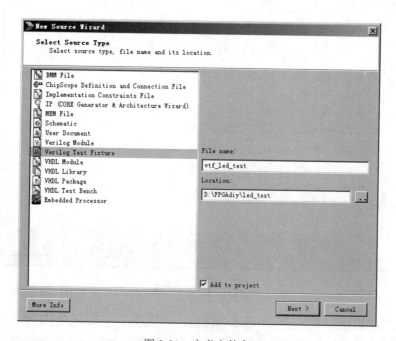

图 3-31 定义文件名

（4）这里 Associate Source 界面用于选择测试脚本对应的设计源文件，由于只有一个设计源文件，因此选中 led_test.v，然后单击 Next 按钮，如图 3-32 所示。

（5）单击 Finish 按钮完成设置，如图 3-33 所示。

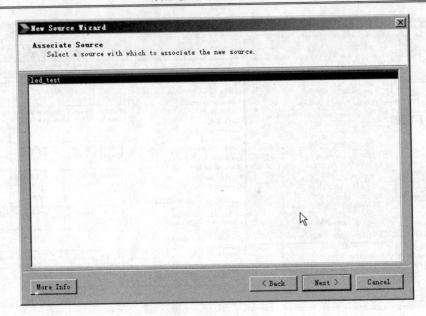

图 3-32　关联设置

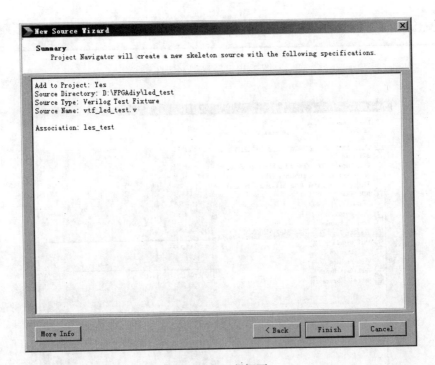

图 3-33　工程概要

（6）这里的测试脚本只是一个基本的模板，以流水灯为例，它把设计文件 led_test 的接口在这个模块里面例化声明了。我们还需要自己动手添加复位和时钟的激励设置，完成后的脚本文件如下。

```
`timescale 1ns / 1ps
module vtf_led_test;
//输入
reg clk;
```

```
reg rst_n;
//输出
wire [3: 0] led;
//实例化被测单元 (UUT)
led_test uut (
.clk(clk),
.rst_n(rst_n),
.led(led)
);
initial begin
//初始化输入
clk = 0;
rst_n = 0;
//等待 100 ns 来完成全局重置
#100;
rst_n = 1;
#2000;
 $stop;
end
always #10 clk = ~ clk; //产生 50MHz 时钟源
endmodule
```

（7）保存后 vtf_led_test.v 已经生成这个仿真 Hierarchy 的顶层了，下层是设计文件 led_test.v。选中 vtf_led_test.v 文件，随后启动仿真，如图 3-34 所示。

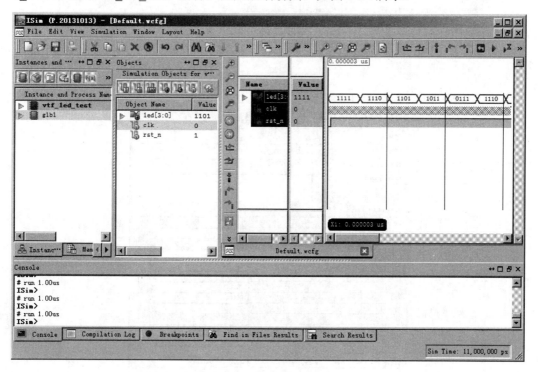

图 3-34　仿真图

3.2.2　在 ISE 中调用 ModelSim

ModelSim 是目前最流行的仿真工具，在 ISE 集成环境中有 ModelSim 的接口，可以调用 ModelSim 进行仿真。

【例 3-13】 在 ISE 中调用 ModelSim。

（1）在用 ISE 仿真前需要确认项目设置，单击菜单命令 Project→Design Properties，如图 3-35 所示。如图 3-36 所示，将 Simulator 的选择改为 ModelSim-SE Mixed。

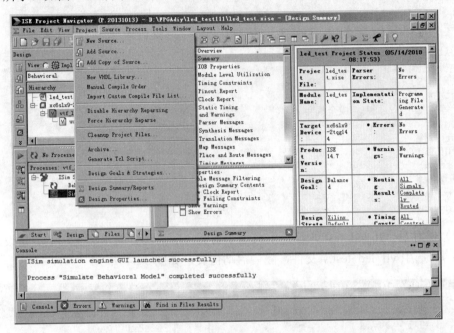

图 3-35　仿真器设置

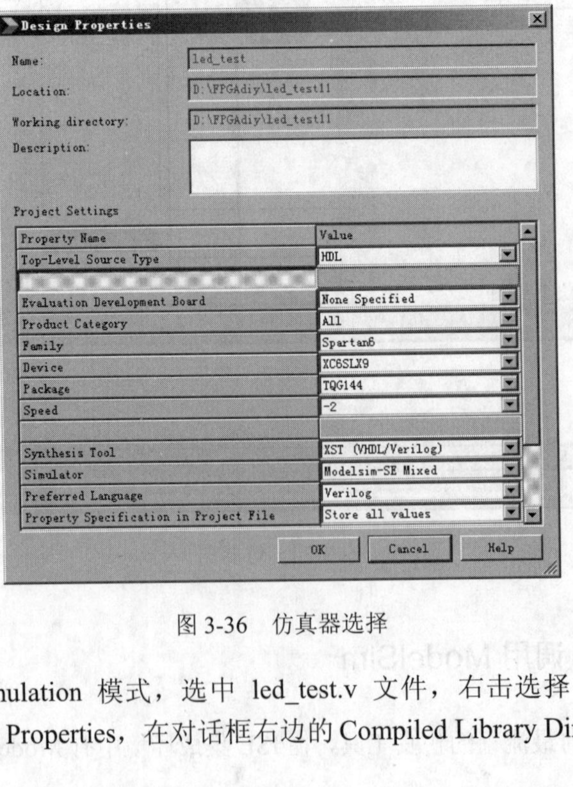

图 3-36　仿真器选择

（2）切换到 Simulation 模式，选中 led_test.v 文件，右击选择 Simulate Behavioral Model 后选择 Process Properties，在对话框右边的 Compiled Library Directory 输入框填入之

前编译库时设置的已编译库的路径 C:\Xilinx\Xilinx_lib。其他选项使用默认设置即可，单击 OK 按钮完成设置，如图 3-37 所示。

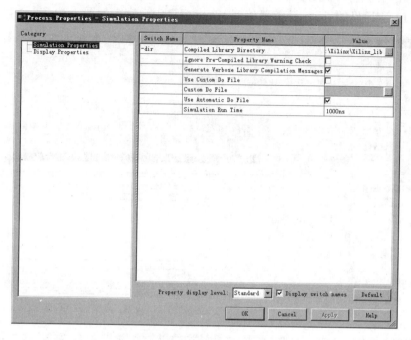

图 3-37 路径设置

本节（3）～（6）步与 3.2.1 节（3）～（6）步骤相同，这里不再重复。

（7）保存后 vtf_led_test.v 成为这个仿真 Hierarchy 的顶层，它下面是设计文件 led_test.v。选中 vtf_led_test.v 文件，随后启动仿真程序，如图 3-38 所示。

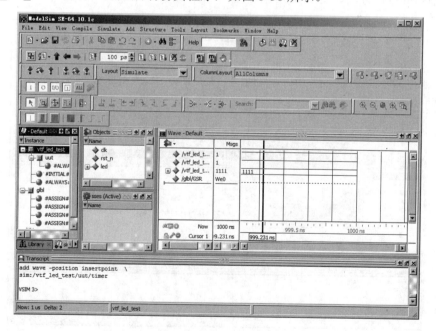

图 3-38 ModelSim 界面

（8）弹出 ModelSim 窗口后，可以打开 Wave 窗格查看仿真结果。ModelSim 的使用并不难，如何使用的资料网上也很多，大家要多动手，多尝试，相信很快就会上手。这里我们把 led_test.v 程序里的 timer 计数器放到 Wave 窗格中观察，如图 3-39 所示。

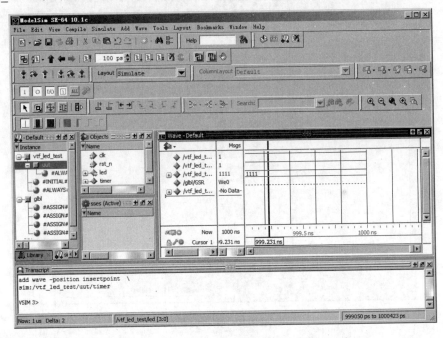

图 3-39　添加波形

（9）将时间单位设置为 1µs，单击 Restart 按钮复位，再多次单击 Run 按钮，ModelSim会运行到$stop 行地方，如图 3-40 所示。

图 3-40　运行界面

（10）在 Wave 格可以看到 timer 寄存器在复位信号 rst_n 变高后开始计数，如图 3-41 所示。

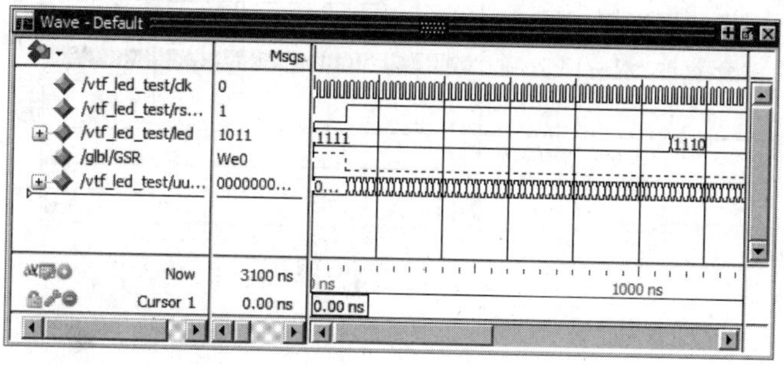

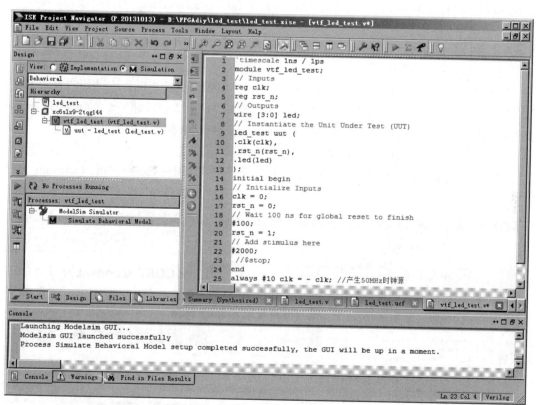

图 3-41　计数波形

（11）因为在仿真程序 vtf_led_test.v 里设置的仿真时间比较短，所以可以屏蔽掉 vtf_led_test.v 程序中的$stop 的语句，让程序一直运行。修改 vtf_led_test.v 文件后保存，如图 3-42 所示。

图 3-42　屏蔽语句

（12）重新打开 ModelSim 软件，单击 按钮和 按钮，ModelSim 开始运行程序，多次单击 按钮，可以看到 led 的信号会逐个变 0，说明 LED 灯会逐个点亮，如图 3-43 所示。

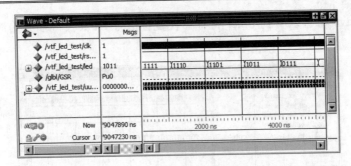

图 3-43　运行计数

3.3　CORE Generator 的使用方法

Xilinx 针对 FPGA 提供了大量成熟、高效、稳定的 IP 核为用户所用，使用 CORE Generator 可以生成 Xilinx 提供的各种 IP。本节介绍 CORE Generator 的使用技巧。

3.3.1　新建 CORE Generator 工程

CORE Generator 可新建和管理 Xilinx 的 IP，提供图形化的界面，方便用户设置 IP 参数，管理生成的 IP。为了能对用户的 IP 进行统一管理，首先需要新建一个 CORE Generator 工程，在工程中包含了用户 IP 的 HDL 文件、网表文件及 IP 的参数配置信息。

【例 3-14】　新建 CORE Generator 工程。

（1）首先需要启动 CORE Generator。在开始菜单单击 ISE→Tools→Core Generator，出现如图 3-44 所示的窗口。

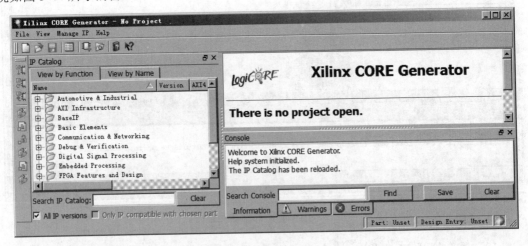

图 3-44　CORE Generator 界面

（2）可以单击 File→New Project 新建工程。

（3）如果已经有了 CORE Generator 工程，还可以打开已有工程。可以通过选择 Open project 命令，打开 Core Generator 已经识别的工程。

（4）单击新建工程后，在弹出的 New Project 对话框中输入工程名称，指定工程存放路径，然后单击"保存"按钮，如图 3-45 所示。

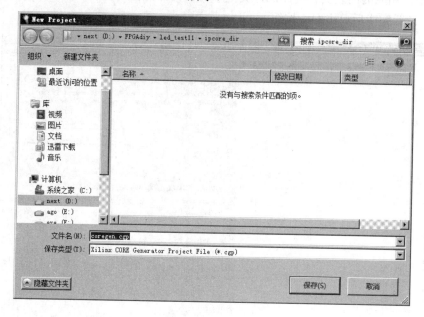

图 3-45　新建工程

（5）如果指定的目录不存在，会提示新建目录，此时单击"保存"按钮以新建目录。

（6）接下来会出现工程属性设置对话框，设计者需要指定器件类型等属性，如图 3-46 所示。

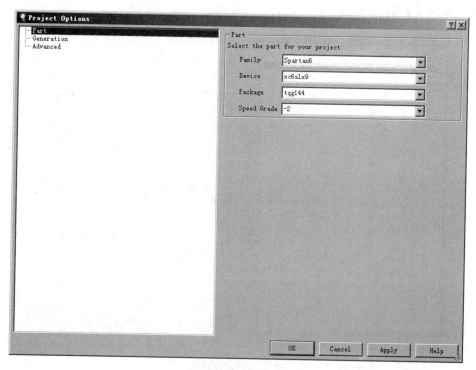

图 3-46　设置属性

（7）单击 Generation 选项，设置生成 IP 的属性，如图 3-47 所示。设置生成的文件为 VHDL 类型，相应的网表文件为 EDIF 类型，仿真文件为行为级仿真，设计使用的综合工具为 ISE，设置完毕后单击 OK 按钮。

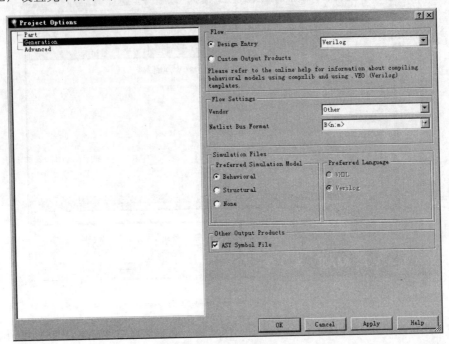

图 3-47　设置 IP 属性

（8）单击 Advanced 选项，可以设置高级选项，如图 3-48 所示。

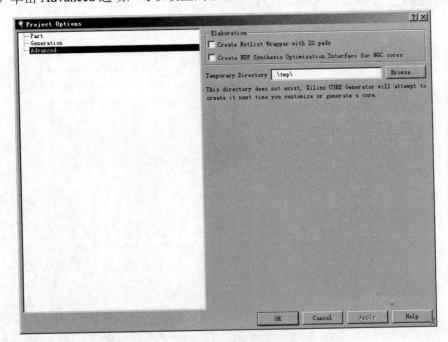

图 3-48　高级选项

❑ 如果需要将生成的 IP 的输入/输出信号添加 IO 引脚，勾选 Create Netlist Wrapper with IO pads 复选框。

❑ 如果生成的 IP 网表文件为 NGC 格式的文件，可以生成 NDF 综合优化文件。

❑ 还可以指定工程的临时目录。

（9）单击 OK 按钮完成新建工程。接下来可以看到 IP 列表窗口，设计者可以选择相应的 IP 设置参数，生成希望的 IP，如图 3-49 所示。

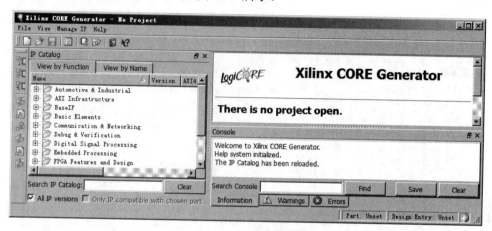

图 3-49　IP 列表窗口

3.3.2　新建 IP

建立好 CORE Generator 工程后，就可以创建 IP 了。CORE Generator 对 IP 进行了分类，方便设计者选择。

【例 3-15】　新建 IP。

（1）启动 CORE Generator，打开已有工程。

（2）在打开的工程窗口中选择 View by Function 选项卡，找到需要的 IP 版本，如图 3-50 所示。

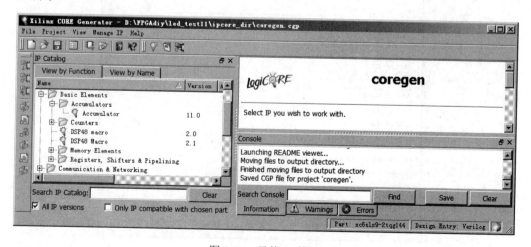

图 3-50　寻找 IP 模板

（3）新建 IP 后窗口中会显示最新版本的 IP。如果设计者希望使用其他版本的 IP，可以在窗口顶端的版本下拉菜单中选择。

（4）如果设计者希望了解 IP 的使用方法，可以在右边窗格中单击 View Data Sheet，打开相应 IP 的数据手册。

（5）当不知道 IP 所属的分类的时候，可以单击 View by Name 选项卡，IP 会以名称为顺序排列。

（6）找到目标 IP 版本后，可以双击 IP 名称设置 IP，如图 3-51 所示。

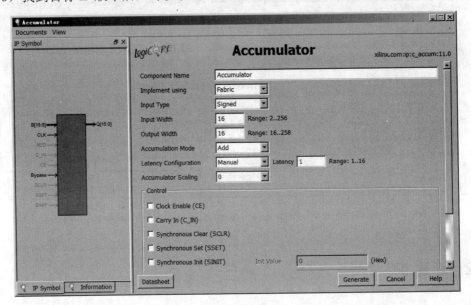

图 3-51　设置 IP

（7）定义好 IP 元件名称及参数后，单击 Generate 按钮，新的 IP 的文件在工程所在目录中生成，同时软件给出相应的报告，如图 3-52 所示。

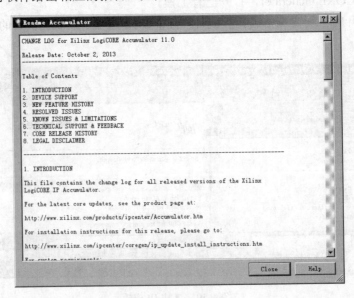

图 3-52　生成报告

3.3.3　修改已有 IP 的参数

每个设计中使用的 IP 都会不同，设计者可以为每个设计新建 IP，也可以在已有 IP 的基础上修改参数以满足特定设计的需求。

【例 3-16】　修改已有 IP 的参数。

（1）启动 CORE Generator，打开已有工程。

（2）在打开的工程窗口中选择 Project IP 窗格，会出现用户 IP 列表，如图 3-53 所示。选择需要改变参数的 IP，会弹出与新建 IP 时一样的参数设置对话框。

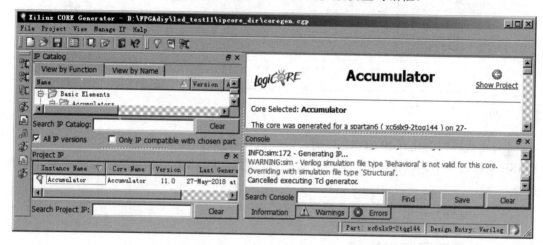

图 3-53　修改 IP 参数

（3）修改 IP 参数的方法与新建 IP 时设置 IP 参数的方法一样，设置好以后单击 Finish 按钮即可。

3.3.4　在设计中例化 IP

创建好 IP 后，就可以在设计中使用 IP 了。设计者可以调用 IP 的 HDL 文件，如果 IP 为 FPGA 的硬核，ISE 在布局布线的时候能够识别，则生成的 IP 不包含网表文件，否则生成的 IP 就包含网表文件。

【例 3-17】　在设计中例化 IP。

（1）在 CORE Generator 工程所在的目录下，会包含与用户新建 IP CORE 名字相对应的 HDL 文件。如果包含网表文件，则为 NGC 格式的网表文件。

（2）如图 3-54 所示，DCM CORE 是 FPGA 的硬核，在布局布线的时候只需要知道 HDL 的接口就可以了，所以只有 HDL 文件，没有网表文件。而 DDS CORE 则需要知道 IP CORE 内部实现的信息，所以包含了 NGC 格式的网表文件。

（3）设计者只需要在自己的设计中例化生成 IP CORE 的 HDL 文件就可以了。CORE Generator 还会生成一个例子文件，方便设计者例化，例如图 3-54 中的 Accumulator.veo 文件，只需要将该文件的相应部分复制到设计文件中修改。

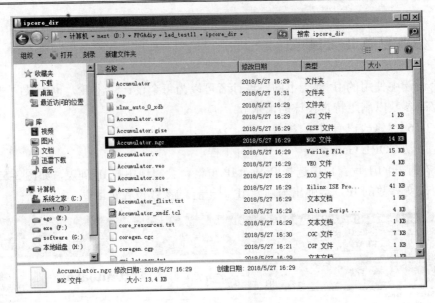

图 3-54　例化文件

（4）在代码中例化好 IP CORE 以后，需要将其对应的 HDL 文件和 NGC 网表文件复制到 ISE 工程目录下，以便进行综合与布局布线，也可以在 ISE 工程属性中指定网表文件的位置。

（5）进行综合、布局布线，生成下载文件。

3.3.5　选择不同版本的 IP

通常随着软件版本的升级和 FPGA 器件的更新，IP 也会更新，版本越新的 IP CORE，对应的功能也越强。但是如果只需要部分功能，或者老版本的 IP CORE 已经经过测试，则使用老版本的 IP CORE 即可。

【例 3-18】　选择不同版本的 IP CORE。

（1）启动 CORE Generator，打开已有工程，如图 3-55 所示。

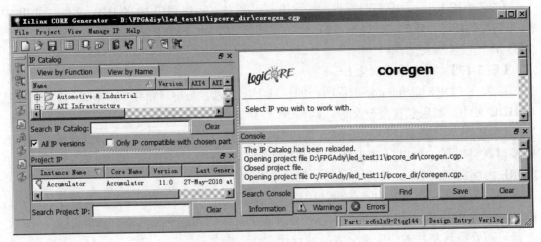

图 3-55　打开工程

（2）在打开的工程窗口中选择 All IP versions 复选框，在 View by Function 或者 View by Name 选项卡下，可以看到所有可以使用的 IP 版本。设计者选择相应的版本后进行参数设置。

（3）接下来的设置方法与新建 IP 的方法一样，不再赘述。

3.4　流水灯实例

本节将介绍从新建工程到仿真实现流水灯设计的全过程，即实现 4 个 LED 灯像流水一样轮流亮灭。

3.4.1　硬件介绍

本实例选用 Xilinx 公司推出的 Spartan-6 系列芯片。开发板上共有 8 个红色的 LED 灯，本实例涉及 4 个 LED 灯。

4 个 LED 灯对应的 FPGA 芯片管脚情况如下。

LED0——PIN：P17

LED1——PIN：P16

LED2——PIN：P15

LED3——PIN：P14

3.4.2　创建工程

完成流水灯实验的首要步骤是创建新工程，然后在该工程内进行编写代码、综合和仿真等工作。

【例 3-19】　创建流水灯工程。

（1）启动 ISE Project Navigator 开发环境，在开始菜单中选择 ISE Design Suite 14.7→ISE Design Tools→Project Navigator（这里选 32-bit 还是 64-bit 需要由用户的操作系统是 32 位还是 64 位决定），如图 3-56 所示。

图 3-56　开始菜单

（2）在 ISE Project Navigator 开发环境里选择菜单命令 File→New Project，如图 3-57

所示。

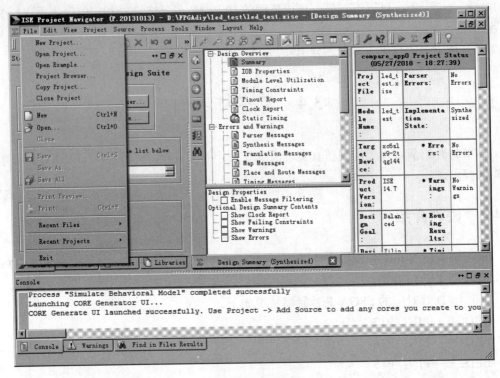

图 3-57　新建工程

（3）在弹出的对话框中输入工程名和工程存放的目录，这里指定 led_test 作为工程名，工程存放的路径可以自己选择，如图 3-58 所示，单击 Next 按钮。

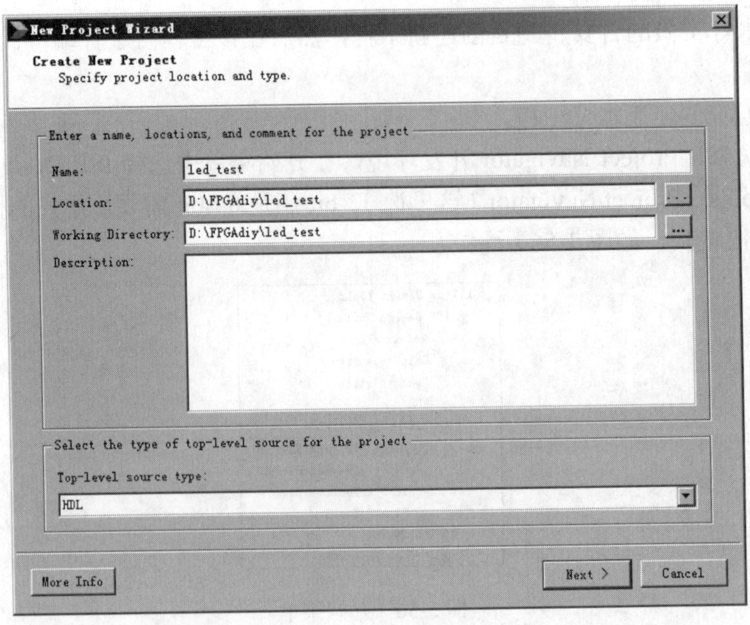

图 3-58　命名工程及工程存放路径

（4）在接下来的对话框中选择开发板所用的 FPGA 器件型号并进行工程参数配置。这里 Family 栏选择 Spartan6，Device 栏选择 XC6SLX9，Package（封装）为 TQG144，使用 Verilog 语言编程，单击 Next 按钮，如图 3-59 所示。

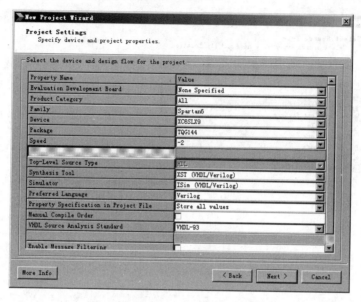

图 3-59　工程设置

（5）直接单击 Finish 按钮完成工程创建，如图 3-60 所示。

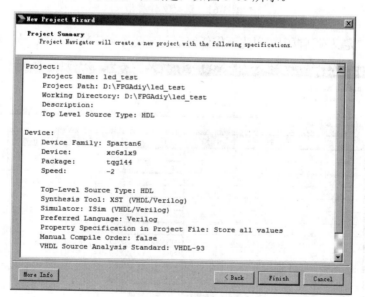

图 3-60　工程概要

3.4.3　编写 Verilog 代码

在工程创建完毕后，即可编写相应的 Verilog 代码。

【例 3-20】 创建流水灯工程。

（1）新建 led_test 文件（选择菜单命令 Project→New Source），在弹出的 New Source Wizard 对话框中选择 Verilog Module 并输入文件名 led_test，如图 3-61 所示。

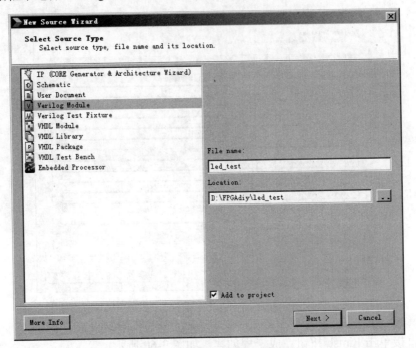

图 3-61　选择文件类型

（2）在端口定义对话框中可以先不作任何定义，直接单击 Next 按钮，如图 3-62 所示。

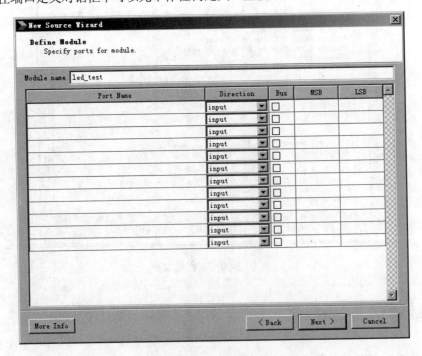

图 3-62　定义端口

（3）单击 Finish 按钮完成文件新建工作，如图 3-63 所示。

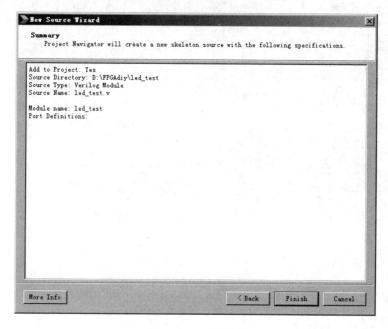

图 3-63　工程概要

（4）接下来编写 led_test.v 程序。这里定义了一个 32 位的寄存器 timer，用于循环计数 0～199（4μs），计数到 49（1μs）的时候，点亮 LED1；计数到 99（2μs）的时候，点亮 LED2；计数到 149（3μs）的时候，点亮 LED3；计数到 199（4μs）的时候，点亮 LED4，依次循环。具体的操作代码如下。

```verilog
//Module name: led_test.v
//描述： 每隔1μs 依次点亮开发板上的LED0～LED4
//=================================================
`timescale 1ns / 1ps
module led_test (
                clk,        //开发板上输入时钟： 50Mhz
                rst_n,      //开发板上输入复位按键
                led         //输出 LED 灯，用于控制开发板上的 4 个 LED(LED1～LED4)
);
//=================================================
//PORT declarations
//=================================================
input clk;
input rst_n;
output [3: 0] led;
//寄存器定义
reg [31: 0] timer;
reg [3: 0] led;
//=================================================
//计数器计数：循环计数 0～4μs
//=================================================
 always @(posedge clk or negedge rst_n) //检测时钟的上升沿和复位的下降沿
begin
  if (~rst_n)                 //复位信号低有效
    timer <= 0;               //计数器清零
```

```
    else if (timer == 32'd199)      //开发板使用的晶振为50MHz，4μs 计数(50*4-1=199)
        timer <= 0;                 //计数器计到 4μs，计数器清零
    else timer <= timer + 1'b1;     //计数器加 1
end
//================================================
//LED 灯控制
//================================================
always @(posedge clk or negedge rst_n) //检测时钟的上升沿和复位的下降沿
begin
    if (~rst_n)                        //复位信号低有效
        led <= 4'b1111;                //LED 灯输出全为高，4 个 LED 灯亮
    else if (timer == 32'd49)          //计数器计到 1μs
        led <= 4'b1110;                //LED1 点亮
    else if (timer == 32'd99)          //计数器计到 2μs
        led <= 4'b1101;                //LED2 点亮
    else if (timer == 32'd149)         //计数器计到 3μs
        led <= 4'b1011;                //LED3 点亮
    else if (timer == 32'd199)         //计数器计到 4μs
        led <= 4'b0111;                //LED4 点亮
end
endmodule
```

（5）编写好代码后保存，led_test.v 自动成为工程的顶层文件，如图 3-64 所示。

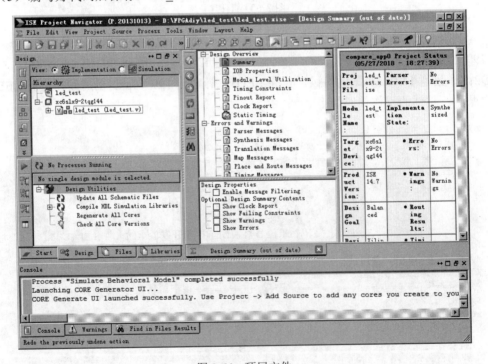

图 3-64　顶层文件

3.4.4　UCF 管脚约束

ISE 的 UCF 文件主要用于完成管脚、时钟以及组的约束。本例需要将 led_test.v 程序

中的输入/输出端口分配到 FPGA 的真实管脚上，为此要准备一个 FPGA 的引脚绑定文件 led_test.ucf 并添加到工程中。

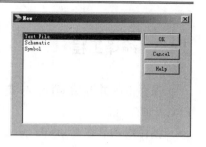

【例 3-21】 编写 UCF 管脚约束。

（1）单击 File→New，新建一个空白文件，在弹出的对话框中选择 Text File，如图 3-65 所示。

（2）在这个 Text 文件中添加以下引脚定义代码。

图 3-65　选择文件类型

```
#############################################################
#时钟和复位接口
NET "clk" LOC = P23;
NET "clk" IOSTANDARD = LVCMOS33;
NET "rst_n" LOC = P24;
NET "rst_n" IOSTANDARD = LVCMOS33;
#############################################################
#LED 指示灯接口，为 CMOS 电平 3.3V
NET "led[0]"        LOC=P17  | IOSTANDARD = LVCMOS33;
NET "led[1]"        LOC=P16  | IOSTANDARD = LVCMOS33;
NET "led[2]"        LOC=P15  | IOSTANDARD = LVCMOS33;
NET "led[3]"        LOC=P14  | IOSTANDARD = LVCMOS33;
```

需要注意的是，UCF 文件代码是大小敏感的，端口名称必须与源代码中的名字一致，且端口名字不能和关键字相同。但是关键字 NET 是不区分大小写的。

（3）将代码保存为文件 led_test.ucf，单击 Project→Add source 命令，把 led_test.ucf 文件添加到工程中，如图 3-66 所示。

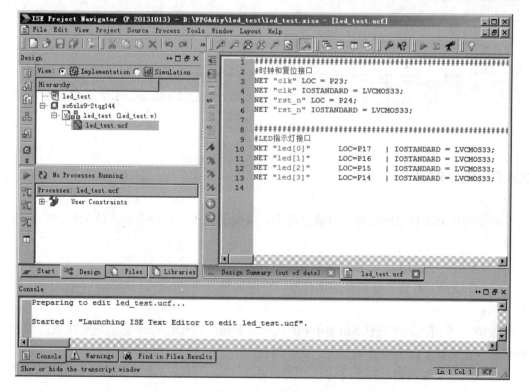

图 3-66　添加 UCF 文件

3.4.5 编译工程

保存工程并开始编译：单击 Generate Programming File 项软件自动生成 bit 文件，用于 FPGA 的配置。

编译成功后在 Console 窗格出现编译成功的信息，如图 3-67 所示。

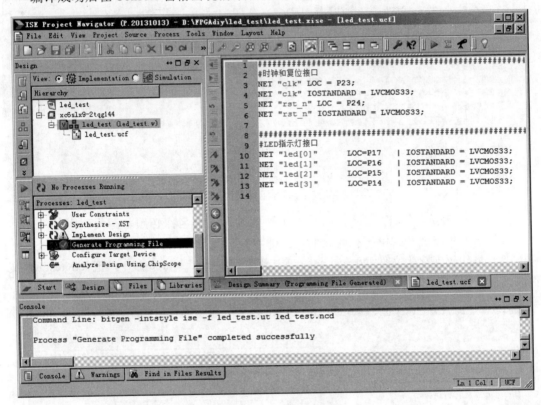

图 3-67　生成 bit 文件

3.4.6 ISE 仿真

接下来让 ISE 自带的仿真工具输出波形，以验证流水灯程序实现的结果和预想的是否一致。

【例 3-22】　使用 ISE 仿真验证流水灯设计。

（1）在使用 ISE 仿真前需要确认设置，单击菜单命令 Project→Design Properties，如图 3-68 所示。

如图 3-69 所示，先确认 Simulator 的选择为 ISim（VHDL/Verilog）。其实此项在新建工程时已经设定好了，为保万无一失，还是确认一下。

（2）接下来编写测试脚本文件。单击 Project→New Source 命令，如图 3-70 所示。

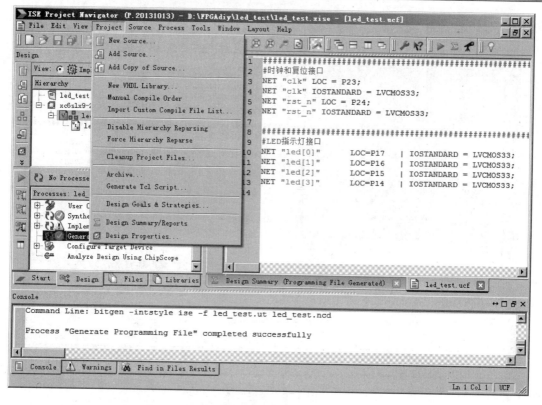

图 3-68　仿真设置

图 3-69　修改仿真器

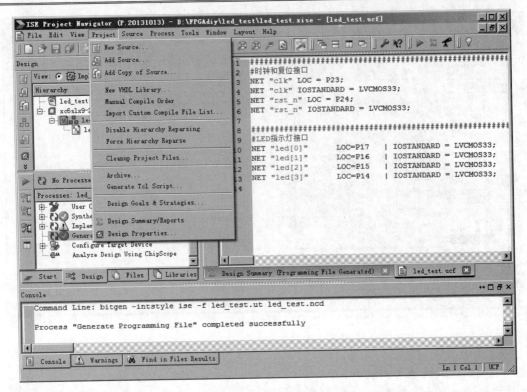

图 3-70　新建脚本

（3）如图 3-71 所示，选择新建源文件类型为 Verilog Test Fixture，输入测试脚本文件的名字 vtf_led_test 和存放路径。

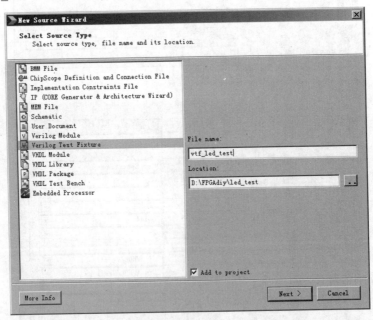

图 3-71　选择文件类型

（4）这里 Associate Source 是所选择测试脚本对应的设计源文件。由于只有一个设计源文件，因此选中 led_test.v，然后单击 Next 按钮，如图 3-72 所示。

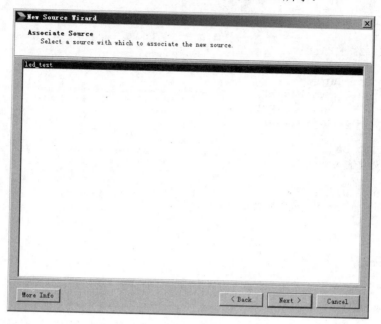

图 3-72　关联设置

（5）单击 Finish 按钮完成设置，如图 3-73 所示。

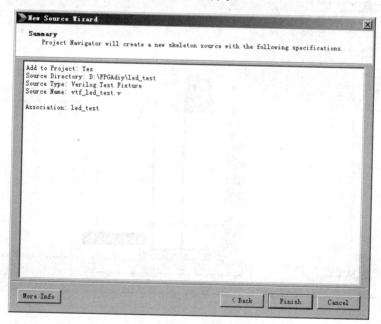

图 3-73　工程概要

（6）这里的测试脚本只是一个基本模板，它把设计文件 led_test 的接口在这个模块里例化声明了，接下来需要手动添加复位和时钟激励。完成后的脚本文件如下。

```
`timescale 1ns / 1ps
module vtf_led_test;
```

```
//输入
reg clk;
reg rst_n;
//输出
wire [3: 0] led;
//实例化被测单元 (UUT)
led_test uut (
            .clk(clk),
            .rst_n(rst_n),
            .led(led)
            );
initial begin
//初始化输入
clk = 0;
rst_n = 0;
//等待 100ns 来完成全局重置
#100;
rst_n = 1;
#2000;
 $stop;
end
always #10 clk = ~ clk; //产生 50MHz 时钟源
endmodule
```

（7）保存后 vtf_led_test.v 成为这个仿真 Hierarchy 的顶层文件了，选中 vtf_led_test.v 文件，然后双击 Simulation Behavioral Model，随后启动仿真程序，如图 3-74 所示。

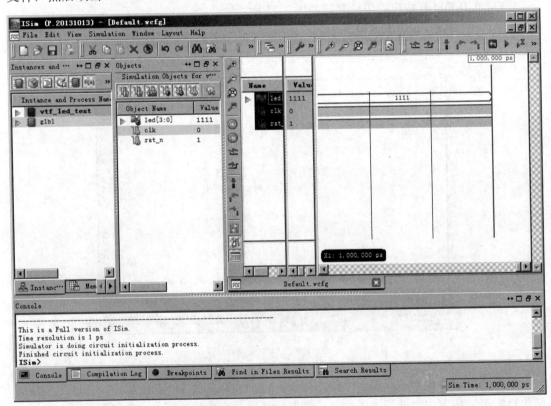

图 3-74　ISim 界面

（8）将时间单位设置为 1μs，多次单击 ⏭ 按钮运行，结果如图 3-75 所示。

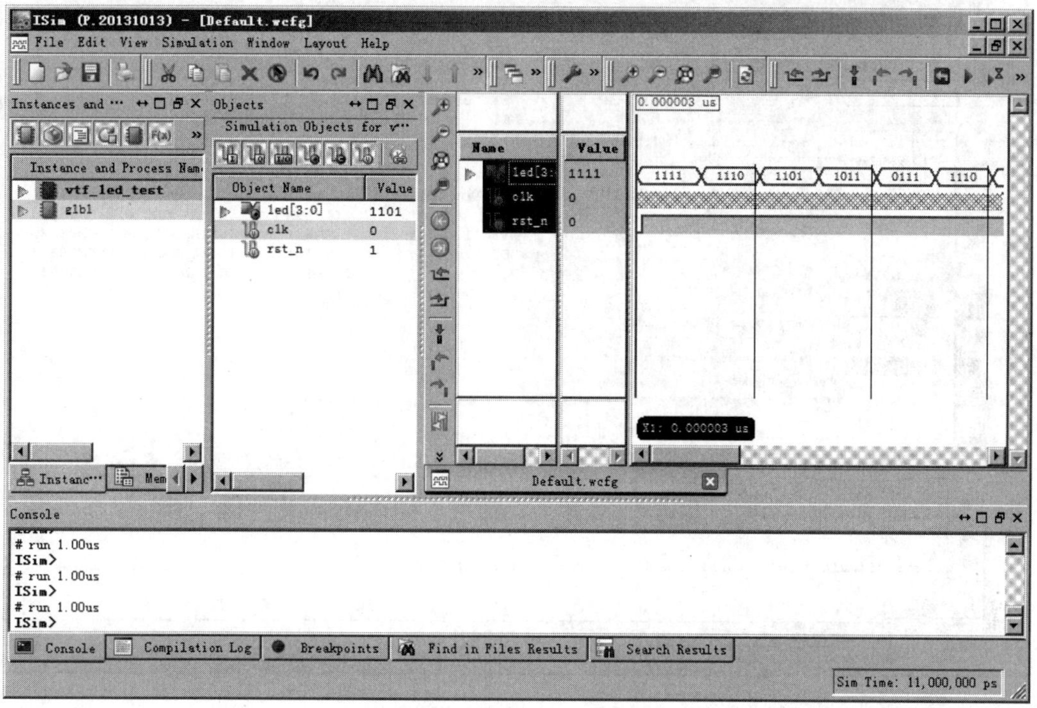

图 3-75 仿真运行

3.4.7 ModelSim 仿真验证

接下来使用仿真工具 ModelSim 输出波形，验证流水灯程序实现的结果和预想的是否一致。

【例 3-23】 使用 ModelSim 仿真验证流水灯程序。

（1）在使用 ISE 仿真前需要确认一下设置，单击菜单的 Project→Design Properties 命令，如图 3-76 所示。如图 3-77 所示，将 Simulator 的选择改为 ModelSim-SE Mixed。

（2）先切换到 Simulation 模式，再选中 led_test.v 文件，右击依次选择 Simulate Behavioral Model 和 Process Properties，弹出 Process Properties 对话框，在右边的 Compiled Library Directory 输入框填入之前编译库时设置的已编译库的路径 C:\Xilinx\Xilinx_lib。其他选项使用默认设置即可，单击 OK 完成设置，如图 3-78 所示。

本节（3）～（6）步与 3.4.6 节（3）～（6）步相同，这里不再赘述。

（7）保存设置后 vtf_led_test.v 成为这个仿真 Hierarchy 的顶层了，它下面是设计文件 led_test.v。选中文件 vtf_led_test.v，然后双击 Simulation Behavioral Model，随后启动仿真，如图 3-79 所示。

（8）在 ModelSim 界面，可以打开 Wave 窗格查看设计效果。ModelSim 的使用并不难，如何使用的资料网上也很多，大家要多动手，多尝试，相信很快就会上手。这里把 led_test.v 程序里的 timer 计数器放到 Wave 窗格中观察，如图 3-80 所示。

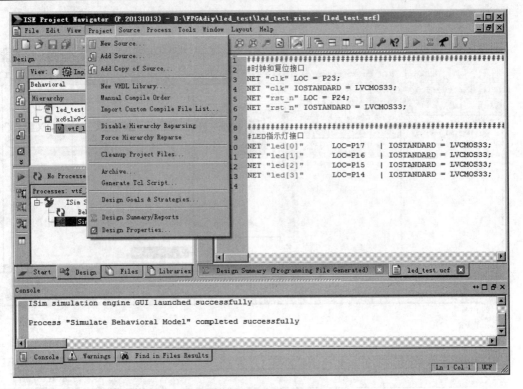

图 3-76　仿真器设置

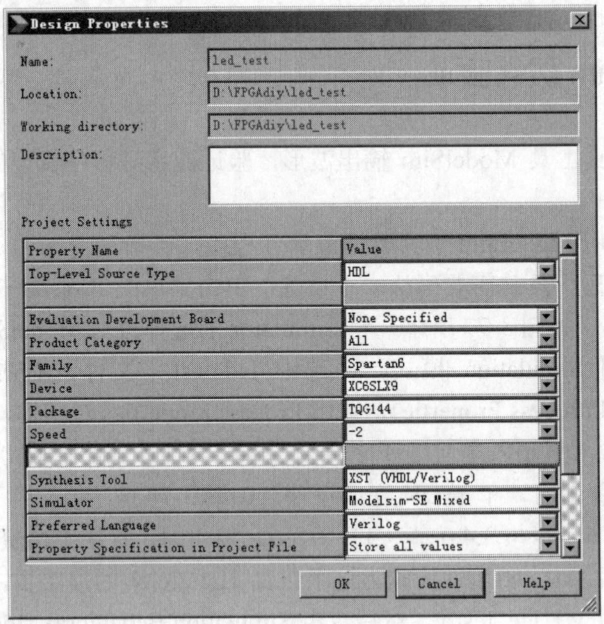

图 3-77　修改仿真器

（9）将时间单位设置为 1μs，单击 Restart 按钮复位，再多次单击 Run 按钮，ModelSim
会运行到$stop 的地方，如图 3-81 所示。

（10）在 Wave 窗格可以看到 timer 寄存器在复位信号 rst_n 变高后开始计数，如图 3-82

所示。

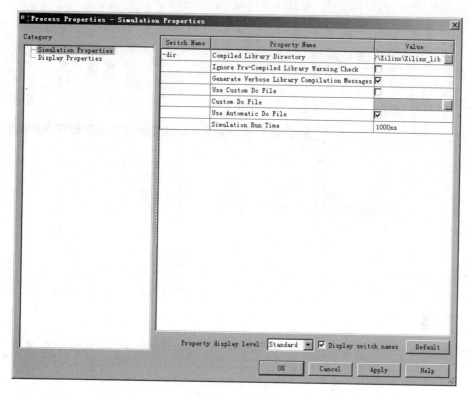

图 3-78 路径设置

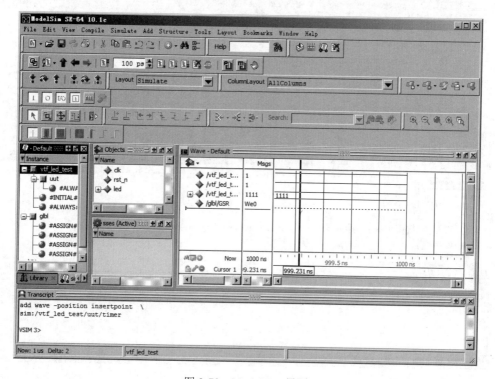

图 3-79 ModelSim 界面

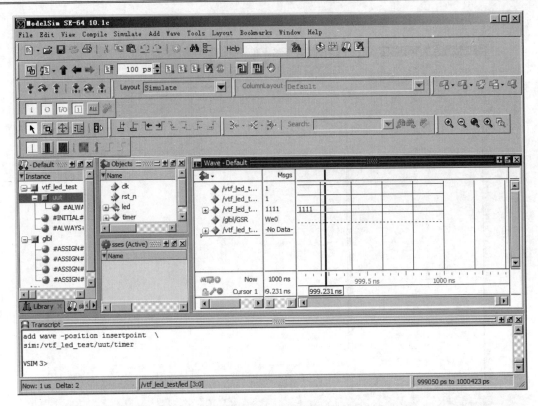

图 3-80　添加 Wave

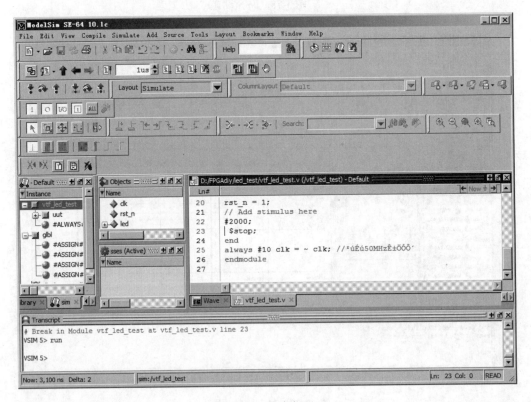

图 3-81　仿真代码

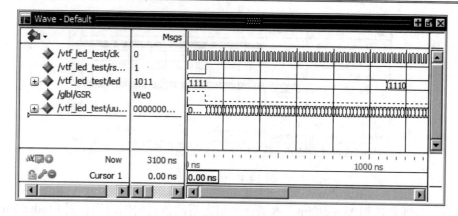

图 3-82　计数波形

（11）因为在仿真程序 vtf_led_test.v 里设置的仿真时间比较短，所以可以屏蔽掉 vtf_led_test.v 程序中的$stop 语句，让程序一直运行。修改 vtf_led_test.v 文件后保存，如图 3-83 所示。

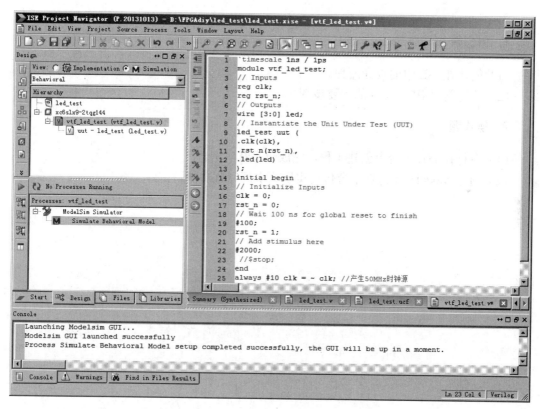

图 3-83　测试程序

（12）重新打开 ModelSim 软件，单击 Restart 按钮和 Run all 按钮，ModelSim 开始运行。多次单击 Run 按钮，这时可以看到 led 的信号值会逐个变 0，说明 LED 逐个被点亮，如图 3-84 所示。

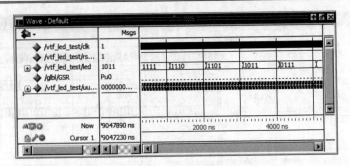

图 3-84　仿真结果

　　仿真平台通常选用 ModelSim，本书在展示之后的仿真实例时均使用 ModelSim。通过学习本实例，读者会对 ISE 软件的基本用法有初步了解。

3.5　思考与练习

1．概念题

（1）简述在 ISE 中的设计流程。

（2）简述新建 HDL 文件的主要步骤。

2．操作题

（1）自行在 ISE 平台上创建工程，完成流水灯实例。

（2）通过 ModelSim 仿真平台仿真实现流水灯应有功能。

第 4 章　Verilog HDL 语言概述

Verilog HDL 语言是 FPGA 工具软件的主要输入方式，在可编程逻辑器件和专用集成电路设计中有着广泛的应用。本章主要对硬件描述语言、Verilog HDL 的历史、Verilog HDL 的程序设计模式等进行简要说明，为后续章节的学习奠定基础。

4.1　Verilog HDL 语言简介

Verilog HDL 作为世界上最流行的两种硬件描述语言之一，被广泛应用在 FPGA 的项目开发中。本节将从硬件描述语言的角度切入，对 Verilog HDL 语言进行详细介绍。

4.1.1　硬件描述语言

硬件描述语言（Hardware Description Language，HDL）以文本形式描述数字系统硬件结构和行为，是一种用形式化方法描述数字电路和系统的语言，允许设计者从顶层到底层逐层描述自己的设计思想。即用一系列分层次的模块表示复杂的数字系统，并逐层进行验证仿真，再把具体的模块组合起来由综合工具转化成门级网表，再利用布局布线工具把网表转化为具体电路结构实现。目前，这种自顶向下的方法已被广泛应用。概括地讲，HDL 语言包含以下主要特征：

- ❑ 既包含一些高级程序设计语言的结构形式，同时也兼顾描述硬件线路连接的具体结构。
- ❑ 通过使用结构级行为描述，可以在不同的抽象层次描述设计。HDL 语言采用自顶向下的数字电路设计方法，主要包括 3 个领域 5 个抽象层次。
- ❑ 是并行处理的，具有同一时刻执行多任务的能力。这和一般高级设计语言（例如 C 语言等）串行执行的特征是不同的。
- ❑ 具有时序的概念。一般的高级编程语言是没有时序概念的，但在硬件电路中从输入到输出总是有延时存在，为了描述这一特征，需要引入时延的概念。HDL 语言不仅可以描述硬件电路的功能，还可以描述电路的时序。

Verilog HDL 和 VHDL 是目前世界上最流行的两种硬件描述语言，均为 IEEE 标准，被广泛地应用于可编程逻辑器件的项目开发。二者都是在 20 世纪 80 年代中期开发出来的，前者由 Gateway Design Automation 公司（于 1989 年被 Cadence 公司收购）开发，后者由美国军方研发。

传统的数字逻辑硬件电路的描述方式是基于原理图设计的，即根据设计要求选择器件，绘制原理图，完成输入过程。这种方法在早期应用中得到了广泛应用，其优点是直观、便于理解；但在大型设计中，其维护性很差，不利于设计、建设和复用。此外，原理图设计法最致命的缺点是：当所用芯片停产或升级换代后，相关设计都需要做出改动甚至是重新开始。HDL 以文本形式描述数字系统硬件结构和行为，不仅可以表示逻辑电路图、逻辑表达式，还可以表示数字逻辑系统所完成的逻辑功能。

随着人们对数十万、百万乃至千万门电路设计需求的增加，依靠传统的原理图输入已经不能满足设计人员的要求。与原理图设计方法相比，Verilog HDL 语言利用高级的设计方法，将系统划分为子模块，便于团队开发；且设计与芯片的工艺和结构无关，通用性和可移植强。

4.1.2　Verilog HDL 语言的历史

1983 年，Gateway Design Automation（GDA）硬件描述语言公司的 Phil Moorby 首创了 Verilog HDL。后来 Moorby 成为 Verilog HDL-XL 的主要设计者和 Cadence 公司的第一合伙人。1984—1986 年，Moorby 设计出第一个关于 Verilog HDL 的仿真器，并提出了用于快速门级仿真的 XL 算法，使 Verilog HDL 语言得到迅速发展。1987 年 Synonsys 公司开始使用 Verilog HDL 行为语言作为综合工具的输入语言。1989 年 Cadence 公司收购了 Gateway Design Automation 公司，Verilog HDL 成为 Cadence 公司的私有财产。1990 年初，Cadence 公司把 Verilog HDL 和 Verilog HDL-XL 分开，并公开发布了 Verilog HDL。随后成立的 OVI（Open Verilog HDL International）组织负责 Verilog HDL 的发展并制定有关标准，OVI 由 Verilog HDL 的使用者和 CAE 供应商组成。1993 年，几乎所有 ASIC 厂商都开始支持 Verilog HDL，并且认为 Verilog HDL-XL 是最好的仿真器。同时，OVI 推出 2.0 版本的 Verilog HDL 规范，IEEE 则将 OVI 的 Verilog HDL 2.0 作为 IEEE 标准的提案。1995 年 12 月，IEEE 制定了 Verilog HDL 的标准 IEEE 1364—1995。目前，最新的 Verilog 语言版本是 2000 年 IEEE 公布的 Verilog 2001 标准，它大幅度提高了系统级别和可综合性能。

4.1.3　Verilog HDL 语言的能力

Verilog HDL 既是一种行为描述语言，也是一种结构描述语言。按照一定的规则和风格编写代码，就可以将功能行为模块通过工具自动转化为门级互连的结构模块。这意味着利用 Verilog 语言所提供的功能，可以构造一个模块间的清晰结构描述复杂的大型设计，并对所需的逻辑电路进行严格的设计。下面列出的是 Verilog 语言的主要特点。

- ❏ 可描述顺序执行或并行执行的程序结构。
- ❏ 用延迟表达式或事件表达式明确控制过程的启动时间。
- ❏ 通过命名的事件触发其他过程里的激活行为或停止行为。
- ❏ 提供了可带参数且非零延续时间的任务程序结构。
- ❏ 提供了可定义新的操作符的函数结构。
- ❏ 提供了用于建立表达式的算术运算符、逻辑运算符和位运算符。
- ❏ 提供了一套完整的表示组合逻辑基本元件的原语。
- ❏ 提供了双向通路和电阻器件的描述。
- ❏ 可建立 MOS 器件的电荷分享和衰减模型。

❑ 可以通过构造性语句精确地建立信号模型。

❑ 在行为级描述中，Verilog HDL 不仅能够在 RTL 级上进行设计描述，而且能够在
体系结构级描述及其算法级行为上进行设计描述。

❑ 能够使用门和模块实例化语句在结构级进行结构描述。

❑ 高级编程语言结构，例如条件语句、情况语句和循环语句，Verilog HDL 语言都可
以使用。

❑ 可以显式地对并发和定时进行建模。

❑ 提供强有力的文件读写能力。

❑ 语言在特定情况下是非确定性的，即在不同的模拟器上模型可以产生不同的结果。
例如，事件队列上的事件顺序在标准中没有定义。与 C 语言风格有很多的相似之
处，学习起来比较容易。

4.1.4　Verilog HDL 和 VHDL 语言的异同

Verilog HDL 和 VHDL 都是用于数字逻辑设计的硬件描述语言，二者的相同点在于：
都能形式化地抽象表示电路的行为和结构；支持逻辑设计中层次与范围的描述；简化电路
行为的描述；具有电路仿真和验证机制；支持电路描述由高层到低层的综合转换；与实现
工艺无关；便于管理和设计重用。

Verilog HDL 和 VHDL 最大的差别在语法上，Verilog HDL 是一种类 C 语言，而 VHDL
是一种类 ADA 语言。由于 C 语言简单宜用且应用范围广泛，使得 Verilog HDL 语言容易
学习，如果具有 C 语言基础，很快就能够掌握；相比之下，VHDL 语句较为晦涩，使用难
度较大，一般需要半年以上的专业培训才能够掌握。

此外，Verilog HDL 和 VHDL 又有各自的特点，由于 Verilog HDL 推出较早，因而拥
有更广泛的客户群体、更丰富的资源。传统观点认为，Verilog HDL 在系统级抽象方面较弱，
不太适合特大型系统。大多数业界学者和工程师认为 VHDL 侧重于系统级描述，从而更多
地为系统级设计人员所采用；Verilog HDL 侧重于电路级描述，因而更多地为电路级设计人
员采用。但这两种语言也仍处于不断完善的过程中，都在朝着更高级、更强大描述语言的
方向前进。经过 IEEE Verilog 2001 标准的补充之后，Verilog HDL 语言的系统级表述性能
和可综合性能有了大幅度的提高。

综上所述，Verilog HDL 语言作为学习 HDL 设计方法的入门和基础是非常合适的。掌
握了 Verilog HDL 语言建模、综合和仿真技术，不仅可以增加读者对数字电路设计技术的
深入了解，还可以为后续阶段的高级学习打好基础，例如进行数字信号处理和无线通信的
FPGA 实现、IC 设计等。

4.1.5　Verilog HDL 和 C 语言的异同

虽然 Verilog HDL 的某些语法与 C 语言接近，但存在本质的区别。Verilog HDL 是一种
硬件描述语言，最终是为了产生实际的硬件电路或对硬件电路进行仿真；C 语言是一种软
件开发语言，控制硬件实现某些功能。利用 Verilog HDL 编程时，要时刻记得它是硬件语
言，时刻将 Verilog HDL 与硬件电路对应起来。二者的异同点如下。

- □ C 语言是由函数组成的，而 Verilog HDL 则是由称之为 module 的模块组成的。
- □ C 语言中的函数调用通过函数名相关联，函数之间的传值是通过端口变量实现的。相应地，Verilog HDL 中的模块调用也通过模块名相关联，模块之间的联系同样通过端口之间的连接实现，与 C 语言中端口变量不同的是，模块间连接反映的是硬件之间的实际物理连接。
- □ C 语言中，整个程序的执行从 main 函数开始。Verilog HDL 没有相应的专门命名模块，每一个 module 模块都是等价的，但必定存在一个顶层模块，它的端口中包含了芯片系统与外界的所有 I/O 信号。从程序的组织结构上讲，这个顶层模块类似于 C 语言中的 main 函数，但 Verilog HDL 中所有 module 模块都是并发运行的，这一点必须从本质上与 C 语言加以区别。
- □ C 语言是运行在 CPU 平台上的，是串行执行的。Verilog HDL 语言用于 CPLD/FPGA 开发，或者 IC 设计，对应着门逻辑，所有模块是并行执行的。
- □ Verilog HDL 中对注释语句的定义与 C 语言类似。

4.2　Verilog HDL 语言的描述层次

本节主要介绍 Verilog HDL 语言的描述层次，同时针对系统级、算法级、RTL 级、门级和开关级的建模进行简单介绍。

4.2.1　Verilog HDL 语言描述能力综述

使用 Verilog HDL 语言可以从 3 个描述级别的 5 个抽象级别描述数字典路系统，具体包括系统级、算法级、寄存器传输级（Register Transfer Level，RTL）、门级和开关级，如表 4-1 所示。

表 4-1　Verilog HDL 语言设计层次总结

描述级别	抽象级别	功　能　描　述	物　理　模　型
行为级	系统级	用语言提供的高级结构能够实现所设计模块外部性能的模型	芯片、电路板和物理划分的子模块
	算法级	用语言提供的高级功能能够实现算法运行的模型	部件之间的物理连接，电路板
	RTL 级	描述数据如何在寄存器之间流动和如何处理、控制这些数据流动的模型	芯片、宏单元
逻辑级	门级	描述逻辑门和逻辑门之间连接的模型	标准单元布图
电路级	开关级	描述器件中三极管和存储节点以及它们之间连接的模型	晶体管布图

4.2.2　系统级和算法级建模

系统级建模和算法级建模常用来从功能上描述系统的规格、仿真系统或核心算法的功能和特性。这类描述一般不涉及具体的实现细节，只是用 Verilog HDL 语言描述系统功能，不考虑是否能通过 EDA 工具将设计转化成硬件设计，因此往往将其称为系统级或者算法级描述。

虽然 Verilog HDL 语言具备系统级和算法级描述能力，但与 MATLAB 或 C++等高级语言相比仍存在很大的差距，因此在实际开发中，设计人员很少使用 Verilog HDL 语言的系统级和算法级建模能力。

4.2.3　RTL 级建模

RTL 级建模，也属于行为级描述范畴，在描述电路的时候只关注寄存器本身，以及寄存器到寄存器之间的逻辑功能，而不在意寄存器和组合逻辑的实现细节。RTL 级描述最大的特点就在于它是目前最高层次的可综合描述语言。在 EDA 工具的帮助下，设计人员可以直接在 RTL 级设计电路，而无须从逻辑门电路（与门、或门和非门）的较低层次设计电路。

在最终实现时，所有的设计都需要映射到门级电路上，RTL 级代码也不例外，只不过 RTL 代码通过 EDA 软件中的逻辑综合工具转化成设计网表，网表基本上由门电路组成。目前，RTL 级设计代码是 Verilog HDL 程序设计中最常用的设计层次，因此逻辑综合是设计中必不可缺的部分。本书主要内容都是围绕着 RTL 级的代码设计和验证展开的。

4.2.4　门级和开关级建模

门级建模和开关级建模都属于结构描述范畴，都是对电路结构的具体描述，先分别把需要的逻辑门单元和 MOS 晶体管调出来，再用连线把这些基本单元连接起来构成电路。这两种结构化描述方式是简单且严格的，因为一方面只需要说明"某一个门电路或 MOS 管的某个端口"与"另一个门电路或 MOS 管的某个端口"相连；但另一方面这种建模方式要求设计者必须对基本门电路和 MOS 管的功能及连接方式熟悉，否则只要一个端口连错就会使整个模块无法工作。因此这两个层次的描述都类似于汇编语言和机器语言，虽然精确，但十分耗时耗力。

目前，可编程逻辑门数已达百万、千万门，对于大规模电路基于这两类较低层次设计时，效率低下且非常容易出错；但对于小规模的设计，特别是对性能要求非常高的设计，采用门级电路和开关级电路可以满足一些特殊要求。在大多数 Verilog HDL 程序开发中，基于这两个层次的设计方法已被抛弃。

4.3　基于 Verilog HDL 语言的 FPGA 开发流程

基于 Verilog HDL 的 CPLD/FPGA 设计流程就是利用 EDA 开发软件和编程工具对 FPGA 芯片进行开发的过程，与基于 VHDL 语言的开发流程一样，包括电路设计、设计输入、功能仿真、综合优化、综合后仿真、实现与布局布线、时序仿真与验证（后仿真）、板级仿真与验证以及芯片编程与调试等主要步骤。

1. 电路设计

在系统设计之前，首先要进行方案论证、系统设计和 FPGA 芯片选择等准备工作。系统工程师根据任务要求，如系统的指标和复杂度，对工作速度和芯片本身的各种资源、成本等方面进行权衡，选择合理的设计方案和合适的器件类型。一般都采用自顶向下的设计方法，把系统分成若干个基本单元，然后再把每个基本单元划分为下一层次的基本单元，一直这样做下去，直到可以直接使用 EDA 元件库为止。

2．设计输入

设计输入是将所设计的系统或电路以开发软件要求的某种形式表示出来，并输入给 EDA 工具的过程。常用的方法有硬件描述语言（HDL）和原理图输入方法等。原理图输入方式是最直接的描述方式，在可编程芯片发展的早期应用比较广泛，它将所需的器件从元件库中调出来，画出原理图。这种方法虽然直观并易于仿真，但效率很低，且不易维护，不利于模块构造和重用。更主要的缺点是可移植性差，当芯片升级后，所有的原理图都需要作一定的改动。目前，在实际开发中应用最广的是 HDL 语言输入法，利用文本描述方式进行设计，可分为普通 HDL 和行为 HDL。普通 HDL 有 ABEL、CUR 等，支持逻辑方程、真值表和状态机等表达方式，主要用于简单的小型设计。而在中大型工程中，主要使用行为 HDL，其主流语言是 Verilog HDL 和 VHDL。这两种语言都是美国电气与电子工程师协会（IEEE）的标准，其共同特点是：语言与芯片工艺无关，利于自顶向下设计，便于模块的划分与移植，可移植性好，具有很强的逻辑描述和仿真功能，而且输入效率很高。

3．功能仿真

功能仿真，也称为前仿真，是在编译之前对用户所设计的电路进行逻辑功能验证，此时的仿真没有延迟信息，仅对初步的功能进行检测。仿真前，要先利用波形编辑器和 HDL 等建立波形文件和测试向量（即将所关心的输入信号组合成序列），仿真结果将会生成报告文件和输出信号波形，从中可以观察到各个节点信号的变化。如果发现错误，则返回设计并修改逻辑设计。常用的工具有 Model Tech 公司的 ModelSim、Sysnopsys 公司的 VCS 和 Cadence 公司的 NC-Verilog 及 NC-VHDL 等软件。虽然功能仿真不是 FPGA 开发过程中的必须步骤，但却是系统设计中最关键的一步。

4．综合优化

所谓综合就是将较高级抽象层的描述转化成较低层次的描述。综合优化根据目标与要求优化所生成的逻辑连接，使层次设计平面化，供 FPGA 布局布线软件实现。就目前的层次看，综合优化（synthesis）是指将设计输入编译成由与门、或门、非门、RAM、触发器等基本逻辑单元组成的逻辑连接网表，而并非真实的门级电路。真实具体的门级电路需要利用 FPGA 制造商的布局布线功能，根据综合后生成的标准门级结构网表来产生。为了能转换成标准的门级结构网表，HDL 程序的编写必须符合特定综合器所要求的风格。门级结构、RTL 级 HDL 程序的综合是很成熟的技术，所有的综合器都可以支持到这一级别的综合。常用的综合工具有 Synplicity 公司的 Synplify/Synplify Pro 软件，以及各个 FPGA 厂家自己推出的综合开发工具。

5．综合后仿真

综合后仿真用于检查综合结果是否和原设计一致。在仿真时，把综合生成的标准延时文件反标注到综合仿真模型中去，可估计出门延时带来的影响。但这一步骤不能估计线延时，因此与布线后的实际情况还有一定的差距，并不十分准确。目前的综合工具较为成熟，对于一般的设计可以省略这一步，但如果在布局布线后发现电路结构和设计意图不符，则需要回溯到综合后仿真来确认问题之所在。在功能仿真中所介绍的软件工具一般都支持综合后仿真。

6. 实现与布局布线

实现是将综合生成的逻辑网表配置到具体的 FPGA 芯片上，布局布线是其中最重要的过程。布局将逻辑网表中的硬件原语和底层单元合理地配置到芯片内部的固有硬件结构上，并且往往需要在速度最优和面积最优之间做出选择。布线根据布局的拓扑结构，利用芯片内部的各种连线资源，合理正确地连接各个元件。目前，FPGA 的结构非常复杂，特别是在有时序约束条件时，需要利用时序驱动的引擎进行布局布线。布线结束后，软件工具会自动生成报告，提供有关设计中各部分资源的使用情况。由于只有 FPGA 芯片生产商对芯片结构最为了解，所以布局布线必须选择芯片开发商提供的工具。

7. 时序仿真与验证

时序仿真，也称为后仿真，是指将布局布线的延时信息反标注到设计网表中检测有无时序违规（即不满足时序约束条件或器件固有的时序规则，如建立时间、保持时间等）现象。时序仿真包含的延迟信息最全，也最精确，能较好地反映芯片的实际工作情况。由于不同芯片的内部延时不一样，不同的布局布线方案也给延时带来不同的影响。因此在布局布线后，对系统和各个模块进行时序仿真，分析其时序关系，估计系统性能，以及检查和消除竞争冒险是非常必要的。在功能仿真中介绍的软件工具一般都支持综合后仿真。

8. 板级仿真与验证

板级仿真主要应用于高速电路设计中，对高速系统的信号完整性、电磁干扰等特征进行分析，一般都以第三方工具进行仿真和验证。

9. 芯片编程与调试

设计的最后一步就是芯片编程与调试。芯片编程是指产生使用的数据文件（位数据流文件，bitstream generation），然后将编程数据下载到 FPGA 芯片中。芯片编程需要满足一定的条件，包括编程电压、编程时序和编程算法等方面。逻辑分析仪（Logic Analyzer, LA）是 FPGA 设计的主要调试工具，但需要引出大量的测试管脚，且 LA 价格昂贵。目前，主流的可编程器件提供商都提供了内嵌的在线逻辑分析仪（如 Xilinx ISE 中的 ChipScope）解决上述矛盾，它们只需要占用芯片少量的逻辑资源即可使用，具有很高的实用价值。

4.4　Verilog HDL 语言的可综合与仿真特性

本节内容是全书的难点之一，也是 Verilog 设计的关键核心之一，为此本书将其安排在介绍其他 Verilog HDL 内容之前，让读者首先从概念上对其进行了解。第一次阅读可能不能完全体会本节内容的含义，因此需要在学习过程中返复阅读。

4.4.1 Verilog HDL 语句的可综合性

1. 语句可综合的概念

综合就是将 HDL 语言设计转化为由与门、或门和非门等基本逻辑单元组成的门级连接。因此，可综合语句就是能够通过 EDA 工具自动转化成硬件逻辑的语句。

读者首先须要明确的是，HDL 语言并不是针对硬件设计而开发的语言，只不过目前被设计人员用来设计硬件。这是因为 HDL 语言只是硬件描述语言，并不是"硬件设计语言（Hardware Design Language）"，换句话说任何符合 HDL 语法标准的代码都是对硬件行为的一种描述，但不一定是可直接对应成电路的设计信息。如 4.3 节所述，行为描述可以基于不同的层次，如系统级、算法级、寄存器传输级（RTL）、门级等。以目前大部分 EDA 软件的综合能力来说，只有 RTL 或更低层次的行为描述才能保证是可综合的。

例如要实现两个变量相除的运算时，在代码中写下 C=A/B 这样的语句，可以发现在功能上该语句可以被正确执行，但任何 EDA 软件都不能将其综合成硬件电路。究其原因是，在计算除法时，需要从高位到低位逐次试除、求余、移位，需要经过多次运算才能得到最终结果；此外试除和求余需要减法器，商数和余数的中间结果必须有寄存器存储；显然这么多的计算不可能在一个时钟周期里完成，需要经过多次反复操作才能完成。因此，C=A/B 这样的语句相对于 EDA 软件的能力，显得太抽象，无法将其转化为硬件逻辑。

2. 如何判断语句是否可综合

在实际设计中，EDA 工具的综合结果以及相应的综合报告是判断语句是否可综合的最根本标准。但在操作中，不可能每句代码编写后都通过运行 EDA 工具检测是否可综合。因此，设计者在设计时就应判断所书写的语句是否可综合。

其实在综合判断方面，设计者的判断是要远远强于 EDA 工具的，也就是说计算机永远没有人聪明。对于一段代码，如果设计者本人都不能想象出一个较直观的硬件实现方法，那么 EDA 软件肯定也不行。例如加法器、多路选择器是大家都很熟悉的电路，类似 A+B-C，(A>B)?C:D 这样的运算一定可以综合；而除法、求平方根、对数以及三角函数等较复杂的运算，则必须通过一定的算法实现，并没有直观简单的实现电路，因而可以判断这些计算式是不能综合的，必须按其相应的算法写出更具体的代码才能实现。此外，硬件无法支持的行为描述，也不能被综合（例如在 FPGA 内部实现 DDR SDRAM 存储器那样的双延触发逻辑就是不可综合的）。

当然，这样直观的判断有时候是不准确的，最终都需要经过 EDA 工具来检验。不过正确判断代码是否可综合是 Verilog HDL 开发人员必须掌握的一项基本功。当读者通过本书的学习可以较准确判断代码是否可综合的时候，说明已基本理解并掌握 Verilog HDL 程序设计的本质了。

4.4.2 Verilog HDL 语句的仿真特性说明

语句的仿真特性是相对语句的可综合特性而言的，但二者并不独立和相对。二者的区别在于可综合语句可用于仿真，而专门面向仿真语句虽然可以描述任何电路行为，但却是不可综合的。由于 Verilog HDL 语言最初就是为了完成仿真而开发的，从语法数量讲，可综合的语句只是 Verilog HDL 语言中的一个较小的子集。不过从用户开发上讲，可综合设计却是最重要的，只有可综合的设计才能将用户的 idea 最终实现在硬件平台上。所有仿真语句都是为了验证可综合设计而存在的。

从概念上讲，用最精简的语句描述最复杂的硬件是硬件描述语言的本质，但不可综合的仿真语句同样重要。在实际中利用 Verilog HDL 语言完成开发时，就是为了得到一个满足要求的、可综合的程序。但如何得到一个满足功能的正确程序呢？在设计阶段只能通过仿真测试才能得到。因此，设计人员在开发功能模块时，需要了解外围电路特点以及二者之间是否能够协调工作，这就要求开发外围电路的 Verilog HDL 代码。然而外围电路的 Verilog HDL 代码和功能模块的 Verilog HDL 代码有着本质区别，这是因为在实际中，外围电路是客观存在的，无须重新设计，设计人员只要将其模拟出来完成功能模块的测试即可，因此可以用不可综合的语句（专门用于仿真的语句）来实现，而不必管它是否能在硬件平台上实现。

在目前的电子开发行业中，Verilog HDL 开发工作因上述原因分为两类：一类是可综合的功能模块开发；另一类是专门用于测试的仿真模块开发，两者都有着广阔的应用领域。对于单个设计人员来讲，在编写 Verilog HDL 程序时，首先应该明确代码是用于仿真的还是综合的，要是用来综合，就必须严格地使用可综合的语句；要是代码仅用来完成仿真测试，则非常灵活，不必在意硬件实现，可以使用 Verilog HDL 语言的所有语句，只要达到所要求的行为即可。

4.5　Verilog HDL 程序开发的必备知识

在学习 Verilog HDL 之前，必须了解 Verilog HDL 程序开发的一些必备基础知识。只有掌握了这些知识，在开发程序时才能做到得心应手。本节将重点介绍 Verilog HDL 的一些基础知识。

4.5.1　数字的表示形式

在数字逻辑系统中，只存在高电平和低电平，因此用其表示数字只有整数形式，并存在 3 种表示方法，即原码表示法（符号加绝对值）、反码表示法（符号加反码）和补码表示法（符号加补码）。这 3 种表示方法在 FPGA 开发中都有着广泛的应用，下面分别讨论。

1. 原码表示法

原码表示法是机器数的一种简单表示法，采用符号位级联绝对值的方法表示数字。其最高位为符号位，用 0 表示正数，1 表示复数；其余部分为绝对数值部分。原码一般用二进制形式表示，如下式所示。

$$x = (-1)^{a_0} \sum_{i=1}^{B} \alpha_i 2^{-i}$$

例如，X1= +1010110，X2= -1001010，则其原码分别为 01010110 和 11001010。

原码表示数的范围与二进制位数有关。当用 8 位二进制表示小数原码时，其表示范围：最大值为 0.1111111，其真值约为 10 进制中的 0.99；最小值为 1.1111111，其真值约为十进制中的-0.99。当用 8 位二进制表示整数原码时，其表示范围：最大值为 01111111，其真值为十进制的 127；最小值为 11111111，其真值为十进制的-127。

在原码表示法中，0 有两种表示形式，分别记为+0 和-0，以 8 比特数据为例，相应的表示形式为：+0=00000000，-0=10000000。

2. 反码表示法

反码可由原码得到。如果数字是正数，其反码与原码一样；如果数字是负数，则其反码是对它的原码（符号位除外）各位取反得到（除符号位外，所有的 0 改为 1，所有的 1 改为 0）。

例如，X1=+1010110，X2= -1001010，则其相应的反码为 01010110 和 10110101。

3. 补码表示法

补码表示法是实际中应用最广泛的数字表示法，其表示规则如下：若是正数，补码、反码和原码的表示是一样的；若是负数，补码、反码和原码的表示都是不一样的。补码的十进制可以表示为

$$x = -a_0 + \sum_i^B \alpha_i 2^{-i}$$

实现负数的补码表示有两步：

（1）取负数的绝对值，按照原码表示为 $\hat{x}$。

（2）从 $\hat{x}$ 的最右位向左开始，找出二进制码为"1"的第一位，从第 1 位（不含）向左余下的位数取其补即可得到补码。可以经过推导得到负数的反码和原码之间的简单换算关系：负数的补码等于其反码在最低位加 1，等效于直接用 2^{N+1} 减去其绝对值，因此补码也被称为 2 的补。

4. 各类表示方法小结

原码的优点是乘除运算方便，不论正负数，乘除运算都一样，并以符号位决定结果的正负号；若做加法则需要判断两数符号是否相同；若做减法，还需要判断两数绝对值的大小，以使大数减小数。

补码的优点是，加法运算方便，不论数的正负都可直接相加，而符号位同样参加运算，如果符号位发生进位，则把进位的 1 去掉，余下的即为结果。

【例 4-1】 给出各类码字表示法的基本加法运算实例，并说明各自特点。

（1）首先给出原码的运算示例，其中 O_{10} 代表十进制数。先给出一个原码的减法计算实例，完成"1+(-1)=0"的操作。

$$(1)_{10} + (-1)_{10} = (0)_{10}$$

如果读者直接利用原码来完成上式的计算，会发现用带符号位的原码在进行加减运算时就出了问题。如数据以 8 位表示形式为例，下式

$$(00000001)_原 + (10000001)_原 = (10000010)_原 = (-2)_{10}$$

计算结果是不对的，问题在于两点：首先，负数的符号位直接改变了计算结果的符号；其次，绝对值部分计算不正确。这说明原码无法直接完成正数和负数的加法。事实上，对于原码表示的两个正数，其计算结果也会变成负数，这一特性，希望读者自行验证。

（2）既然原码不能完成正、负数相加，那么反码形式可以完成此操作吗？仍然以"1+(−1)=0"为例，其相应的反码表达式如下：

$$(00000001)_反 + (11111110)_反 = (11111111)_反 = (-0)_{10}$$

可发现问题出现在(+0)和(−0)上，因为在实际计算中 0 是没有正负之分的。

（3）最后给出补码的相关特性说明，负数的补码就是对反码加一，而正数不变。以 8 位数据为例，通过$(-128)_{10}$代替了$(-0)_{10}$，其表示范围为[−128,127]。直观上，补码消除了(+0)和(−0)，并且具备反码特点，那么究竟其能否完成正、负数的加法运算呢？答案是肯定的，下面给出具体实例。

$$(00000001)_补 + (11111111)_补 = (00000000)_补 = (0)_{10}$$

基于以上讨论，可以得到一个基本结论：只有补码才能正确完成正、负数的加法运算，并将减法运算转化为加法运算，从而简化运算规则。但对于乘法操作，则以原码形式计算最为方便，请读者自行验证。在实际的系统设计中，经常需要完成数字各类表达形式的转化，是数字系统的设计基础，读者一定要掌握这部分内容。

4.5.2　常用术语解释

1. 时钟

在电子技术中，如果脉冲信号是一个按一定电压幅度，一定时间间隔连续发出的脉冲信号，则该脉冲信号被称为周期信号。脉冲信号之间的时间间隔称为周期；而在单位时间（如 1s）内所产生的脉冲个数称为频率。频率是描述周期性循环信号（包括脉冲信号）在单位时间内所出现的脉冲数量多少的计量名称；频率的标准计量单位是 Hz。时钟信号本身就是一种周期信号，专门用来驱动电路设计。常见的时钟信号波形包括方波、锯齿波和正弦波等。

时钟占空比（Duty Cycle）的含义：在一串理想的脉冲序列中（如方波），正脉冲的持续时间与脉冲总周期的比值。

2. 资源

Verilog HDL 语言用来在硬件平台上（PLD 或者 ASIC）完成数字系统开发。所谓资源指所用到的硬件平台的规模大小，最通用的评断标准就是逻辑门数（MOS 管的数目）。例如，"目前电路规模越来越大，已达千万门"就意味着该芯片内部集成了超过 1000 万个 COMS 管。

不同的可编程逻辑器件厂家对各自芯片的资源定义也不一样，一般有以下两种方法对其进行粗略评估。

（1）把 FPGA 基本单元（如 LUT+FF、ESB/BRAM）和实现相同功能的标准门阵列比较，门阵列中包含的门数即为该 FPGA 基本单元的等效门数，然后乘以基本单元的数目就可以得到 FPGA 门数估计值。

（2）分别用 FPGA 标准门阵列实现相同的功能，从中统计出 FPGA 的等效门数，这种方法比较多地依赖于经验数据。详细的比较可以查阅相关集成开发的 Help 菜单。但门数是一种等效概念，大约需要 7 个门实现一个 D 触发器，而一个门即可实现一个 2 输入与非门，其他 RAM 等都可以进行等效。但是准确地评估规模不用门数，而用基本可编程配置单元的数量。对于 Xilinx 器件，一个底层可编程单元 Slice 包含 2 个触发器（FF）和 2 个查找表（LUT）；对于 Altera 器件，一个底层可编程单元 LE 包含 1 个触发器（FF）和 1 个查找表（LUT）。所以对于这两个厂家的器件，如果 Xilinx 有 1 万个 Slice，其规模就相当于 Altera 有 2 万个 LE 的芯片。

4.5.3 Verilog HDL 程序的优劣判断指标

Verilog HDL 程序设计的首要指标是功能的完备性达到设计要求，这是任何设计都必须完成的。其次，还包括"面积""速度"和功耗指标，这些是设计的深层次要求。从实用角度来讲，后者的重要性并不亚于功能完整性。在设计中，"面积""速度"和功耗之间并不是相互独立的，而是可以相互转换。下面对上述 3 个指标进行简单介绍。

1．面积性能

这里的"面积"主要是指设计所占用的 FPGA 逻辑资源数目，利用所消耗的触发器（FF）、查找表（LUT）以及各类嵌入式硬核来衡量。由于 FPGA 芯片的逻辑资源数量是有限的，只有设计所需的各类逻辑资源都小于芯片的最大值，才能将其运行在 FPGA 芯片中。因此，面积性能是 FPGA 设计的最基本指标。

2．速度性能

这里的"速度"是指在芯片上稳定运行时所能够达到的最高频率。不同设计在同一芯片上所能运行的最高频率是不一样的。面积和速度是一对对立统一的矛盾体：一方面，要提高速度，就需要消耗更多的资源，即需要更大的面积；另一方面，为了减少面积，就需要降低处理速度。所以既要提高速度，又要减少面积，是不可能同时实现的。但在实际中，总是存在二者之间的平衡，这也意味着二者可以互换。面积和速度互换的具体操作很多，比如模块复用、乒乓操作、串并变换以及流水线操作。在 Xilinx 公司的设计软件 ISE 中，提供了多类辅助工具来帮助用户在面积和速度之间达到最佳的平衡。面积和速度这两个指标始终贯穿着 FPGA 的设计，是评价设计质量的最终标准。

3．功耗性能

设计的功耗由两部分组成：静态功耗和动态功耗。前者是由静态电流引起的；后者是电路工作时消耗的功率。其中，静态功耗主要由晶体管的泄漏电流引起，即晶体管即使在逻辑上被关断，也会从源极"泄漏"到漏极或通过栅氧"泄漏"的小电流。这与设计代码无关，主要取决于芯片型号。动态功耗是电路工作功耗，是当电路中的电压由于激励信号发生变化时消耗的功率，可分为两部分：翻转功耗和内部功耗。翻转功耗是指一个驱动元件在对负载电容进行充放电时消耗的功率，电路电压翻转越频繁，功耗就越大；内部功耗是在芯片内部晶体管电压发生翻转时由于瞬间导通而产生的功率，对于翻转率较慢的电路，这部分功耗会很显著。动态功耗估算的基本方法是：计算每个设计单元的功耗和累加各个设计单元的功耗，常用以下计算公式：

$$P = \sum CV^2 Ef \times 1000$$

式中，P 表示功耗，单位是 mW；C 表示电容，单位是 F；V 表示电压，单位是 V；E 表示翻转频率，指每个时钟周期的翻转次数；f 表示工作频率，单位是Hz。可以看出，工作频率越高，设计所造成的功耗就越大。

4.6　Verilog HDL 程序设计模式

Verilog HDL 程序设计模式分为自顶向下的设计模式和层次、模块化模式两种。除此之外，IP 核的重用也是 Verilog HDL 程序设计的重要模块。

4.6.1　自顶向下的设计模式

目前可编程逻辑器件已经发展到单芯片集成系统（System On Chip，SOC）阶段，相对于集成电路（IC）的设计思想有着革命性的变化。SOC 是一个复杂的系统，它将一个完整产品的功能集成在一个芯片上，包括核心处理器、存储单元、硬件加速单元以及众多的外部设备接口等，具有设计周期长、实现成本高等特点，因此其设计方法必然是自顶向下的从系统级到功能模块的软、硬件协同设计，达到软、硬件的无缝结合。

具体到 Verilog HDL 程序设计时，首先从系统级开始，把系统划分为若干个二级单元，并对其接口和资源进行评估，编制出相应的行为或结构模型；再将各个二级单元划分为下一层的基本单元。依此进行，直到可以直接用可综合的 Verilog HDL 语句来实现为止，如图 4-1 所示。这就允许多个设计者同时设计一个硬件系统的不同模块，并为自己所设计的模块负责。同时，也要求设计人员在开发之前，对设计的全貌有一定的预见。

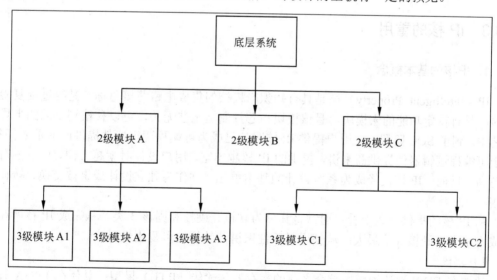

图 4-1　模块说明

目前，主流的可编程开发工具都提供了自顶向下的管理功能，可以有效地梳理错综复杂的层次，能够方便地让用户查看某一层次模块的源代码以修改错误。

4.6.2　层次与模块化模式

在自顶向下的设计模式中，隐含着对硬件系统的层次化、结构化设计。设计中的每一层都会有若干个功能相对独立的模块，其层次的硬件结构就由这些模块的互连描述得到。层次化就是纵向的系统划分，模块化则对应着横向的划分。

在工程实践中还存在 EDA 软件编译时间过长的问题。由于大型设计包含多个复杂的功能模块，其时序收敛与仿真验证复杂度很高，为了满足时序指标的要求，往往需要反复修改源文件，再对所修改的新版本进行重新编译，直到满足要求为止。这里面存在两个问题：

第一，对于大规模系统设计，EDA 软件编译一次需要数小时甚至数周的时间，这是设计人员所不能容忍的；第二，每次重新编译和布局布线后结果差异很大，会将已满足时序的电路破坏。因此必须提出一种能有效提高设计性能，继承已有结果，便于团队化设计的软件工具。EDA 公司也意识到有这类层次化设计工具的需求，开发出了相应的逻辑锁定和增量设计软件工具。例如，Xilinx 公司就推出了层次化设计辅助工具 PlanAhead。

PlanAhead 组件允许高层设计者为不同的模块划分相应的 CPLD/FPGA 芯片区域，并允许底层设计者在所给定的区域内独立地进行设计、实现和优化，等各个模块都正确后，再进行设计整合。如果在设计整合中出现错误，单独修改即可，不会影响到其他模块。将结构化设计方法、团队化合作设计方法以及重用继承设计方法三者完美地结合在一起，可有效地提高了设计效率，缩短了设计周期。

不过从以上描述可以看出，新型的设计方法对系统顶层设计师有很高的要求。在设计初期，他们不仅要评估每个子模块所消耗的资源，还需要给出相应的时序关系；在设计后期，需要根据底层模块的实现情况完成相应的修订。

4.6.3　IP 核的重用

1．IP核的基本概念

IP（Intelligent Property）核是具有知识产权核的集成电路芯核总称，是经过反复验证过的、具有特定功能的宏模块，且该模块与芯片制造工艺无关，可以移植到不同的半导体工艺中。到了 SOC 阶段，向用户提供 IP 核服务已成为可编程逻辑器件提供商的重要任务。对于可编程逻辑器件提供商来讲，提供的 IP 核越丰富，用户设计时就越方便，市场占有率就越高。目前，IP 核已经成为系统设计的基本单元，并作为独立设计成果被交换、转让和销售。

从 IP 核的提供方式上看，通常将其分为软核、硬核和固核 3 类。从完成 IP 核所花费的成本来讲，硬核代价最大；从使用灵活性来讲，软核的可复用性最高。

1）软核

软核在 EDA 设计领域指综合之前的寄存器传输级（RTL）模型；具体在 FPGA 设计中指对电路的硬件语言描述，包括逻辑描述、网表和帮助文档等。软核只经过功能仿真，需要进行综合以及布局布线后才能使用。其优点是灵活性高、可移植性强，允许用户自配置；缺点是对模块的预测性较低，在后续设计中存在发生错误的可能性，有一定的设计风险。软核是 IP 核应用最广泛的形式。

2）硬核

硬核在 EDA 设计领域指经过验证的设计版图；具体在 FPGA 设计中指布局和工艺固定、经过前端和后端验证的设计，设计人员不能对其修改。不能修改的原因有两个：一是系统设计对各个模块的时序要求很严格，不允许打乱已有的物理版图；二是有保护知识产权的要求，不允许设计人员对其有任何改动。虽然 IP 硬核不允许用户修改的特点对其复用造成了一定的困难，但 IP 硬核的性能最高，且不占用可编程芯片的逻辑资源，因此在实际中也获得了广泛使用。

3）固核

固核在 EDA 设计领域指带有平面规划信息的网表；具体在 FPGA 设计中可以看作带有布局规划的软核，通常以 RTL 代码和对应具体工艺网表的混合形式提供。将 RTL 描述结合具体标准单元库进行综合优化设计，形成门级网表，再通过布局布线工具即可使用。和软核相比，固核的设计灵活性稍差，但在可靠性上有较大提高。目前，固核也是 IP 核的主流形式之一。

2．IP核重用的优势

IP 核是自下而上设计方法的基础，也是大规模设计的构造基础。IP 的可重用特性不仅可以缩短 SoC 芯片的设计时间，还能大大降低设计和制造成本，提高产品的可靠性。此外，随着电子设计种类的级数性增长，单个设计工程师，甚至一个设计团队，都无法独立完成各类设计，从项目需求上，迫切需要各类丰富的 IP 核满足系统设计的要求。目前，IP 核已形成了相当大的产业规模，读者应对该技术的原理和发展进行跟踪。

3．Xilinx IP Core简介

IP Core 是预先设计好、经过严格测试和优化过的电路功能模块，一般采用参数可配置的结构，方便用户调用这些模块。IP Core 生成器（Core Generator）是基于 Xilinx 平台的 Verilog HDL 设计中一个重要工具，提供了大量成熟、高效的 IP Core 为用户所用，涵盖汽车工业、基本单元、通信和网络、数字信号处理、FPGA 特点和设计、数学函数、记忆和存储单元、标准总线接口 8 大类，从简单的基本设计模块到复杂的处理器一应俱全。配合 Xilinx 网站的 IP 中心使用，能够减轻设计人员的工作量，提高设计可靠性。Core Generator 最重要的配置文件的后缀是.xco，既可以是输出文件又可以是输入文件，包含了当前工程的属性和 IP Core 的参数信息。

4．调用IP Core的基本操作

启动 Core Generator 有两种方法，一种是在 ISE 中新建 IP 类型的源文件，另一种是运行 ISE Design Suit 14.7→Tools→Core Generator。

Xilinx 公司提供了丰富的 IP 核资源，按本质可以分为两类：一类是面向应用的，与芯片无关；另一类用于调用 FPGA 底层的宏单元，与芯片型号密切相关。

本节以调用和芯片结构无关的比较器为例介绍启动 Core Generator 的第一种方法。

（1）在 ISE 中新建工程，然后在工程管理区右击，选择 New Source 命令，在文件类型中选择 IP（CORE Generator & Architecture Wizard），并在右侧的 File name 文本框中输入 ip，如图 4-2 所示。然后单击 Next 按钮进入下一界面。

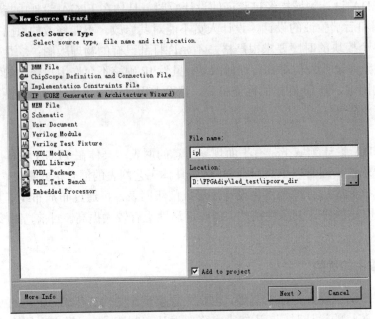

图 4-2　选择文件类型

（2）在弹出的 Select IP 界面，选择类别，如图 4-3 所示。然后单击 Next 按钮进入 IP 核向导的小结界面，该界面列出了 IP 核的存储路径以及类型，如图 4-4 所示。如果设置确认无误，单击 Finish 按钮，完成 IP 核的生成。

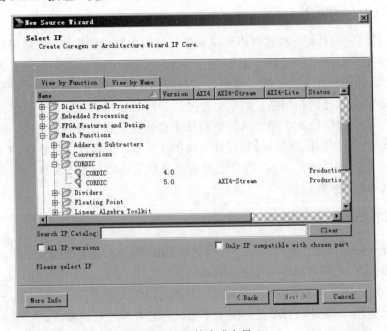

图 4-3　IP 核生成向导

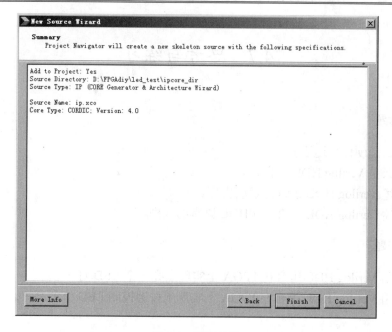

图 4-4　配置总结

（3）ISE 会自动完成 IP 核文件生成过程，进入 IP 核配置界面，如图 4-5 所示。其中，Component Name 栏列出了 IP 核的名称，就是用户在图 4-2 界面输入的名称，这里不能再对其进行修改。对相应的选项配置完成后，单击 Next 按钮进入下一界面，直至配置完成，单击 Generate 按钮即可。

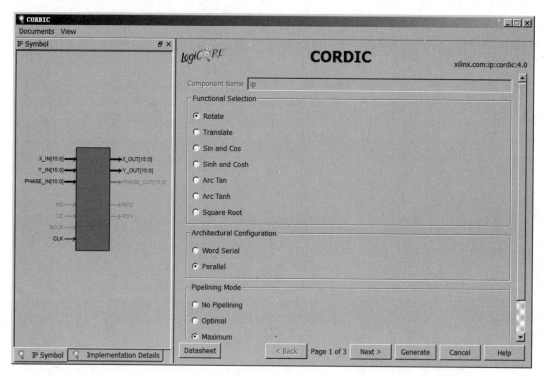

图 4-5　生成文件

4.7　思考与练习

1．概念题

（1）什么是硬件描述语言？

（2）什么是 Verilog HDL 语言？

（3）简述 Verilog HDL 语言的发展历程。

（4）简述 Verilog HDL 语言与 VHDL 语言的区别。

2．操作题

（1）利用 Verilog HDL 语言在 FPGA 上实现点亮一个 LED 灯。

（2）利用 Verilog HDL 语言在 FPGA 上实现用按键控制 LED 灯的亮灭。

第 5 章　Verilog HDL 程序结构

在传统的 Verilog HDL 书籍中，往往先讲述 Verilog HDL 语言的基本语法，直到最后才介绍 Verilog HDL 的程序结构，造成读者学习没有明确的目的性，不知道掌握的诸多语法如何使用，不宜掌握知识点。因此本书以 Verilog HDL 程序结构的说明和层次化设计方法为开启学习 Verilog HDL 语言的大门，让读者先从宏观上了解 Verilog HDL，再深入到语法细节，明白各条语句出现的背景和使用方法。这样不仅可以避免出现"只见树木，不见森林"的缺陷，还可以在后续学习中通过实例快速验证语法，真切感受 Verilog HDL 的硬件描述魅力。

5.1　程　序　模　块

Verilog HDL 程序是由模块构成的，每个模块的内容都嵌在 module 和 endmodule 两个语句之间。每个模块实现特定的功能，模块可以进行层次嵌套。每个模块都要进行端口定义，并说明输入/输出口，然后对模块的功能进行行为逻辑描述。

5.1.1　Verilog HDL 模块的概念

模块（module）是 Verilog HDL 最基本的概念，也是最常用的基本单元，用于描述某个设计的功能或结构以及相同通信的接口。模块的实际意义是代表硬件电路上的逻辑实体，每个模块都实现特定的功能。

例如一个实现了 2 输入加法器的模块就对应着一个 2 输入加法电路，同样可以被所有需要实现 2 输入加法的模块调用。由此可见，模块对应着的硬件电路之间是并行运行的，也是分层的，高层模块通过调用、连接低层模块的实例实现复杂的功能。如果要将所有的功能模块连接成一个完整系统，则需要一个模块将所有的子模块连接起来，这一模块被称为顶层模块（Top Module）。

在读者所熟悉的 C 语言中，一个.c 文件可以实现多个函数。与此类似，一个 Verilog HDL 文件（.v）也可以实现多个模块，但为了便于管理，一般建议一个.v 文件实现一个模块。需要注意的是，无论是面向综合的程序，还是面向仿真的程序，都需要以模块的形式给出，且模块的结构是一致的，只存在语句上的差别。

5.1.2　模块的基本结构

一个 Verilog HDL 模块的完整结构示例如下。

```
module
module_name (port_list)        //声明各种变量、信号
    reg                        //寄存器
    wire                       //线网
    parameter                  //参数
    input                      //输入信号
    output                     //输出信号
    inout                      //输入/输出信号
    function                   //函数
    task                       //任务
    ......
    //程序代码
    initial assignment
    always assignment
    module assignment
    gate assignment
    UDP assignment
    continous assignment
endmodule
```

声明部分用于定义不同的项，例如模块描述中使用的寄存器和参数。语句用于定义设计的功能和结构。声明部分可以分散于模块的任何地方，但是变量、寄存器、线网和参数等的声明必须在使用前出现。

在实际中，一个 Verilog HDL 模块并不需要具备所有的结构特征，基本的模块结构已经能够满足大多数设计。下面给出模块的基本结构。

```
module <模块名> (<端口列表>)
    <定义>
    <模块条目>
endmodule
```

其中，<模块名>是模块的唯一性标志符；<端口列表>定义了和其余模块进行通信连接的信号，根据数据流方向，可以分为输入、输出和双向端口 3 类；<定义>用来指定数据对象为寄存器型、存储器型、线型以及过程块；<模块条目>可以是 initial 结构、always 结构、连续赋值或模块实例。

下面给出一个简单的 Verilog HDL 模块，它实现了 3～8 线译码功能。

【例 5-1】 3～8 线译码器的 Verilog HDL 实现。

```
module decoder3to8(
    din, dout
    );
    input [2:0] din;
    output [7:0] dout;
    reg [7:0] dout;
    always @ (din) begin
     case(din)
        3'b000: dout <= 8'b0000_0001;
        3'b001: dout <= 8'b0000_0010;
        3'b010: dout <= 8'b0000_0100;
        3'b011: dout <= 8'b0000_1000;
        3'b100: dout <= 8'b0001_0000;
        3'b101: dout <= 8'b0010_0000;
        3'b110: dout <= 8'b0100_0000;
        3'b111: dout <= 8'b1000_0000;
```

```
      endcase
end
endmodule
```

5.1.3　端口声明

模块端口是指模块与外界交互信息的接口，包括以下 3 种类型。

（1）input：输入端口，模块从外界读取数据的接口，在模块内不可写。

（2）output：输出端口，模块往外界送出数据的接口，在模块内不可读。

（3）inout：输入/输出端口，也称双向端口，可读取数据也可以送出数据，数据可双向流动。

上述 3 类端口中，input 端口只能为线网型数据类型；output 端口可以为线网型，也可以为寄存器数据类型；而对于 inout 端口由于其具备输入端口特点，所以也只能声明为线网型数据类型（这里只给出端口的简要说明，各数据类型将在 6.2 节进行介绍）。

端口位宽由[M:N]定义，如果 M>N，则为降序排列，[M]位是有效数据的最高位，[N]是有效数据的最低位，其等效位宽为 M-N+1；如果 M<N，则为升序排列，[M]位是有效数据的最低位，[N]是有效数据的最高位，其等效位宽为 N-M+1。下面给出一些常用的端口表示实例。

```
output [15:0] crc_reg;
input [17 : 0] din;
input wr_en;
output [ 0: 17] dout;
```

5.2　Verilog HDL 的层次化设计

层次化设计的核心思想有两个：一是模块化，二是模块例化（也就是程序调用）。本节主要介绍如何在 Verilog HDL 程序中实现模块调用和系统的层次化设计，并给出在 ISE 中与图形化设计结合的方法。

5.2.1　Verilog HDL 层次化设计的表现形式

层次化设计，简单来讲就是在利用 Verilog HDL 语言来编写程序实现相应功能时，不需要把所有的程序写在一个模块中。如果将系统中所有功能都放在一个模块中，那么其错误的检查、功能验证和调试的难度及复杂度将是无法想象的。

层次化设计方法的基本思想是分模块、分层次地进行设计描述。描述系统总功能的设计为顶层设计，描述系统中较小单元的设计为底层设计。整个设计过程可理解为从硬件的顶层抽象描述向最底层结构描述的一系列转换过程，直到最后得到可实现的硬件单元描述为止。层次化设计所用的模块有两种：一是预先设计好的标准模块；二是由用户设计的具有特定应用功能的模块。

在基于 Verilog HDL 的层次化设计中，最明显的特征就是具备多个不同级别的 Verilog HDL 代码模块，除顶层模块外，每个模块完成一项较为独立的功能。

5.2.2 模块例化

Verilog HDL 的模块例化也称作程序调用，指将已存在的 Verilog HDL 模块作为当前设计的一个组件，设计人员将其视为黑盒子，直接向其输入即可得到相应的输出信号。通过程序例化，可在顶层模块中，将各底层元件用 Verilog HDL 语言连接起来；逐次封装，形成最终的顶层文件，以满足系统要求。

Verilog HDL 语言有 3 种模块调用方法：位置映射法、信号名映射法以及二者的混合映射法。

1. 位置映射法

位置映射法严格按照模块定义的端口顺序来连接，不用注明原模块定义时规定的端口名，其语法为：

模块名 例化名 (连接端口 1 信号名，连接端口 2 信号名，连接端口 3 信号名,……)；

下面给出一个位置映射法的例化实例。

【例 5-2】 利用位置映射法的 Verilog HDL 调用实例。

下面实现一个 4 输入的相等比较器，假设系统有 4 个输入端口，分别为 a0、a1、b0 和 b1，要求判断 a0 和 b0 是否相等，a1 和 b1 是否相等。

通过分析可以发现，a0、b0 和 a1、b1 的比较是相同操作，因此只要实现一个相等比较器，然后调用两次即可达到设计目的。这样在验证时只需要验证比较器这一个子模块即可，从而达到简化设计的目的。下面给出相等比较器的 Verilog HDL 代码。

```verilog
module compare_core(
    result, a , b
    );
  input [7:0] a, b;
  output result;
  //判断两输入是否相等，相等输出 1，否则输出 0
  assign result = (a == b) ? 1 : 0;
endmodule
```

其次，在应用的顶层模块中两次调用比较器子模块，其代码如下。

```verilog
module compare_app0(
    result0, a0 , b0,
    result1, a1 , b1
    );
  input [7:0] a0, b0, a1, b1;
  output result0, result1;
  //第一次调用比较器子模块，利用位置映射法
  compare_core inst_compare_core0(
  result0, a0,b0
  );
  //第二次调用比较器子模块，利用位置映射法
  compare_core inst_compare_core1(
  result1, a1,b1
    );
endmodule
```

顶层模块在 ISE 软件中综合后的 RTL 级结构图如图 5-1 所示，可以看出它两次调用了比较器子模块来达到设计目的。

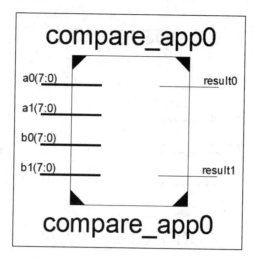

图 5-1　采用位置映射法的比较器应用模块 RTL 结构示意图

2. 信号名映射法

信号名映射法，即利用"."符号，表明原模块定义时的端口名，其语法为：

```
模块名 例化名
(.端口1 信号名(连接端口1 信号名),
.端口2 信号名(连接端口2 信号名),
.端口3 信号名(连接端口3 信号名),…);
```

显然，信号名映射法同时将信号名和被引用端口名列出来，不必严格遵守端口顺序，不仅降低了代码易错性，还提高了程序的可读性和可移植性。因此，在良好的代码中，严禁使用位置映射法，应全部采用信号名映射法。

【例 5-3】　将例 5-2 的模块调用通过信号名映射法实现。

```verilog
module compare_app1(
    result0, a0 , b0,
    result1, a1 , b1
    );
 input [7:0] a0, b0, a1, b1;
 output result0, result1;
 //第一次调用比较器子模块，利用信号名映射法
 compare_core inst_compare_core0(
    .result(result0),
    .a(a0),
    .b(b0)
 );
 //第二次调用比较器子模块，利用信号名映射法
 compare_core inst_compare_core1(
    .a(a1),
    .b(b1),
    .result(result1)
    );
endmodule
```

上述程序在 ISE 中综合后的 RTL 级结构图如图 5-2 所示，可以看出它和图 5-1 是一致的，说明例 5-2 的代码和例 5-1 的代码是等效的。

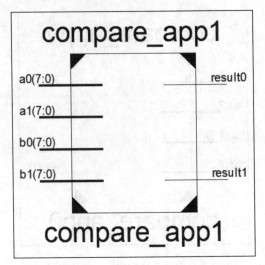

图 5-2　采用信号名映射法的比较器应用模块 RTL 结构示意图

3．特殊处理说明

例 5-1 和例 5-2 给出了基本完整的模块例化方法；但在实际中，还有大量的异常情况需要处理，包括部分输入、输出端口不用，某一端口位宽不匹配等异常情况。下面对这些特殊情况的应用进行说明。

1）悬空端口处理

在我们的例化实例中，被调用模块的某些管脚可能不需要使用，因此要在例化时进行特殊处理。首先需要说明的是，悬空例化模块端口只能在信号名映射法中完成，其方法有两种，下面以实例分别说明。

【例 5-4】　悬空端口处理。

在模块例化时，相应的端口映射采用空白处理。

```
DFF d1 (
 .Q(QS),
 .Qbar ( ),          //该管脚悬空
 .Data (D ) ,
 .Preset ( ),        //该管脚悬空
 .Clock (CK)
 );                  //信号名映射法
```

另一方法是直接在例化时，不调用该端口，其示例代码如下。

```
DFF d1 (
 .Q(QS),
 //.Qbar ( ),        //该管脚悬空
 .Data (D ) ,
 //.Preset ( ),      //该管脚悬空
 .Clock (CK)
 );                  //信号名映射法
```

需要说明的是：在模块例化时，如果将输入管脚悬空，则该管脚输入为高阻态 Z；如果将输出管脚悬空，则该输出管脚废弃不用。

2）不同端口位宽的处理

模块例化的另一大类异常是端口的位宽匹配问题，其处理原则为：当模块例化端口和被例化模块端口的位宽不同时，端口通过无符号数的右对齐截断方式进行匹配。下面通过一个实例来说明上述处理原则。

【例 5-5】 Verilog HDL 模块例化时端口位宽不匹配的处理实例。

被调用的子模块 Child 代码如下。

```
module Child (Pba, Ppy) ;
    input [5:0] Pba;
    output [2:0] Ppy;
    assign Ppy[2] = Pba[5] | Pba[4];
    assign Ppy[1] = Pba[3] && Pba[2];
    assign Ppy[0] = Pba[1] | Pba[0];
endmodule
```

顶层模块 Top 的代码如下。

```
module Top(Bdl, Mpr);
    input [1:2] Bdl;
    output [2:6] Mpr;
    //采用位置映射法例化模块 Child
    Child C1 (Bdl, Mpr) ;
endmodule
```

在 Child 模块的实例中，根据位宽不匹配的异常处理原则：Bdl[2]连接到 Pba[0]，Bdl[1]连接到 Pba[1]，余下的输入端口 Pba[5]、Pba[4]和 Pba[3]悬空，因此为高阻态 Z。与之相似，Mpr[6]连接到 Ppy[0]，Mpr[5]连接到 Ppy[1]，Mpr[4]连接到 Ppy[2]，如图 5-3 所示。

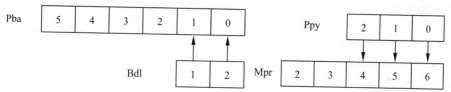

图 5-3　例 5-5 端口匹配示意图

在 EDA 软件操作中，上例实现究竟是怎样的呢？将上述代码添加到 ISE 中，将 Top.v 设置成顶层模块，综合后的 RTL 结构如图 5-4 所示。单击选中 Child 模块的输入、输出端口信号线时，可在 ECS 页面查阅相应的信号线名称。

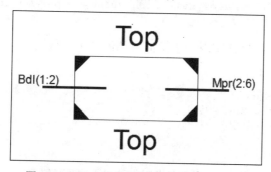

图 5-4　例 5-5 综合后的 RTL 级结构示意图

5.2.3 参数映射

参数映射的功能是实现参数化元件。所谓的"参数化元件"是指元件的某些参数是可调的，通过调整这些参数可实现结构类似而功能不同的电路。在应用中，很多电路都可采用参数映射的方法来达到统一设计，如计数器、分频器、不同位宽的加法器以及不同刷新频率的 VGA 视频接口驱动电路等。

1. 参数定义

在 Verilog HDL 中用 parameter 来定义参数，即用 parameter 来定义一个标志符表示一个固定的参数。采用该类型可以提高程序的可读性和可维护性。parameter 型信号的定义格式如下。

```
parameter 参数名 1 = 数据名 1;
```

下面给出几个例子。

```
parameter s1 = 1;
parameter [3:0] S0=4'h0,
    S1=4'h1,
    S2=4'h2,
    S3=4'h3,
    S4=4'h4;
```

参数值的作用域为声明所在的整个.v 文件，其数值可以在编译时被改变。参数值可以使用参数定义语句改变或通过在模块初始化语句中定义来实现。

2. 参数传递

参数传递是指在编译时对参数重新赋值而改变其值。传递的参数是子模块中定义的 parameter，其传递方法有下面两种。

1）使用"#"符号

在同一模块中使用"#"符号传递参数。参数赋值的顺序必须与原始模块中参数定义的顺序相同，并不一定要给所有的参数都赋予新值，但不允许跳过任何一个参数，即使是保持不变的值也要写在相应的位置上。其定义格式如下。

```
module_name #( parameter1, parameter2) inst_name( port_map);
module_name #( .parameter_name(para_value), .parameter_name(para_value))
inst_name (port_map);
```

【例 5-6】 通过"#"字符实现一个模值可调的加 1 计数器。

顶层模块的代码如下。

```
module param_counter(
    clk_in, reset, cnt_out
    );
  input clk_in;
  input reset;
  output [15:0] cnt_out;
  //参数化调用，利用#符号将计数器的模值10传入被调用模块
  cnt #(10) inst_cnt(
```

```
  .clk_in(clk_in),
  .reset(reset),
  .cnt_out(cnt_out)
  );
  endmodule
```

被例化的参数化计数器代码如下。

```
module cnt(
    clk_in, reset, cnt_out
    );
    //定义参数化变量
    parameter [15:0]Cmax = 1024;
    input clk_in;
    input reset;
    output [15:0] cnt_out;
    reg [15:0] cnt_out;
    //完成模值可控的计数器
    always @(posedge clk_in) begin
    if(!reset)
      cnt_out <= 0;
    else
      if(cnt_out == Cmax)
        cnt_out <= 0;
      else
        cnt_out <= cnt_out + 1;
    end
endmodule
```

整个程序实现不同模值的计数器，从结构上分为两部分：一部分由计数器本身的功能实现，另一部分由元件定义和参数化调用部分实现。计数器的实现包含 parameter 语句，在元件定义和调用时，通过 "#" 符号来传递参数。

2）使用关键字 defparam

关键字 defparam 可以在上层模块直接修改下层模块的参数值，从而实现参数化调用，其语法格式如下。

```
defparam heirarchy_path.parameter_name = value;
```

这种方法与例化分开，参数需要由绝对路径来指定。参数传递时各个参数值的排列次序必须与被调用模块中各个参数的次序保持一致，并且参数值和参数的个数也必须相同。如果只希望对被调用模块内的个别参数进行更改，所有不需要更改的参数值也必须按对应参数的顺序在参数值列表中全部列出（原值复制）。使用 defparam 语句进行重新赋值时必须参照原参数的名字生成分级参数名。

【例 5-7】　通过 defparam 实现一个模值可调的加 1 计数器，计数器的最大值为 12，要求其功能和例 5-6 一致。

```
module param_counter(
  clk_in, reset, cnt_out
  );
 input clk_in;
 input reset;
 output [15:0] cnt_out;
 //调用计数器子模块
 cnt inst_cnt(
 .clk_in(clk_in),
```

```
    .reset(reset),
    .cnt_out(cnt_out)
    );
    //通过 defparam 参数指定例化模块的内部参数
    defparam inst_cnt.Cmax = 12;
endmodule
```

5.2.4   在 ISE 中通过图形化方式实现层次化设计

随着设计规模的增大，原理图输入法已不太适合单独应用于 FPGA 设计中，但由于其具备直观、清晰的特点，常和 HDL 设计混合使用，即通过 HDL 语言设计底层的复杂功能模块，来构建顶层模块，类似于利用原理图绘制软件设计整个系统。因此下面介绍通过原理图输入法建立顶层模块的方法。

1．建立用户设计的图形化表示符号

只有将 HDL 模块转化成图形化符号才能在原理图输入法中调用，ISE 14.7 提供了上述转换功能。在工程中建立 HDL 模块，完成 HDL 仿真测试以及综合后，用鼠标选中该模块，在过程管理区单击 Design Utilities 项前面的 "+" 号，双击 Creat Schematic Symbol 选项，即可生成该模块的图形化符号，如图 5-5 所示。

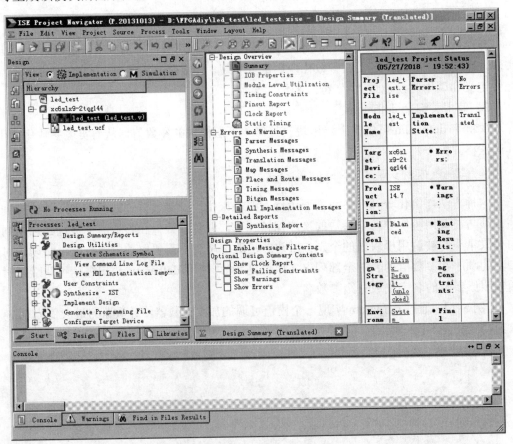

图 5-5   生成图形化符号界面

2. 利用原理图法构建顶层模块

1）原理图设计法的输入界面

在当前工程中，新建 Schematic（原理图）类型的文件，然后在工程区的 Source 页面双击该文件，可打开原理图设计界面，如图 5-6 所示。

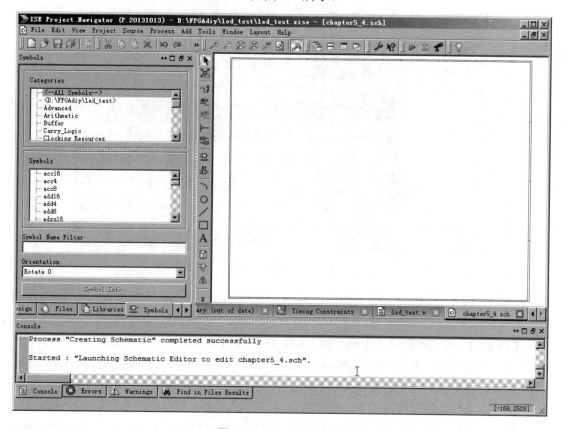

图 5-6　原理图设计界面

2）原理图设计法的基本操作

原理图设计的元件库中包含了固有的图形化组件和用户自定义的图形化模块组件，前者包含了数字电路中所有的基本单元和 Xilinx 系列 FPGA 中集成的硬核模块，如与门、非门、加法器、复用器、乘法器、块 RAM 和 PowerPC 处理器等。在原理图混合设计中，最常用且不可缺少的是 I/O 端口组件，因为用户自定义的图形化模块是不包括 I/O 逻辑的，因此需要添加元件库中的 I/O 单元，才能构成完整的电路。

❑ 添加用户自定义模块

在 Categories 栏选择当前工程路径条目，则 Symbols 栏会列出当前工程中用户自定义的所有图形化模块组件。单击目标组件，然后移动鼠标指针到设计区，会发现鼠标指针变成"+"形，且附带着图形化单元，在合适的位置单击，即可添加该组件。添加完成后，右击或按 Esc 键，可将鼠标指针形状恢复原状。

❏　添加 I/O 单元

添加 I/O 单元的方法和添加用户自定义模块的方法是相似的，只是 I/O 模块需要通过单击工具栏的 ✎ 图标得到，且 I/O 单元必须在其余功能元件添加之后才能添加。

添加的 I/O 单元会自动根据元件管脚的方向属性调整为输入或输出，同时也会自动调整位宽。在添加后，可通过双击 I/O 单元来修改管脚名称，编辑界面如图 5-7 所示。

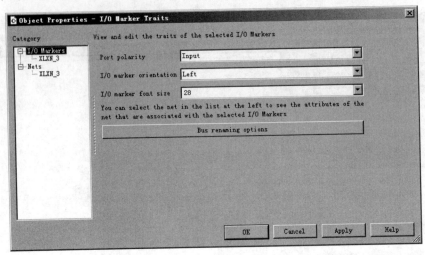

图 5-7　管脚编辑界面

3．应用实例

【例 5-8】　在原理图设计中调用例 5-6 的 16 加 1 计数器，形成完整设计。

（1）完成综合，并在过程管理区选择 Design Utilities 项的 Create Schematic Symbol 选项，生成计数器的图形化符号。

（2）在 ISE 工程管理区的 Source 页面，新建 Schematic 源文件，并命名为 mysch。

（3）双击 mysch，进入原理图编辑页面，在 Categories 栏选择 Counter，然后在 Symbols 选择 cb16ce，并将鼠标指针移动到原理图编辑区，单击左键添加 cb16ce。

（4）在工具栏单击 ✎ 按钮，在 mycounter 模块的管脚上添加 6 个 I/O 单元。添加完毕后，双击 I/O 单元修改命令，如图 5-8 所示。

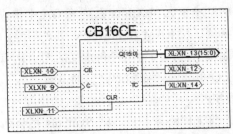

图 5-8　添加 I/O 单元

（5）保存原理图设计，关闭原理图编辑页面，返回工程管理区的 Source 页面。在 mysch 项上右击，选择 Set as Top Module 命令，将其设置为顶层模块。

5.3　Verilog HDL 语言的描述形式

Verilog HDL 可以完成实际电路不同抽象级别的建模，具体而言有 3 种描述形式：如果从电路结构的角度来描述电路模块，称为结构描述形式；如果对线型变量进行操作，就是数据流描述形式；如果只从功能和行为的角度来描述一个实际电路，就成为行为级描述形式。

如前所述，电路具有 5 种不同模型（系统级、算法级、RTL 级、门级和开关级）。系统级、算法级、RTL 级属于行为描述；门级属于结构描述；开关级涉及模拟电路，在数字电路中一般不予考虑。

5.3.1　结构描述形式

Verilog HDL 中定义了 26 个门级关键字，实现了各类简单的门逻辑。结构化描述形式通过门级模块进行描述的方法，将 Verilog HDL 预先定义的基本单元实例嵌入到代码中，通过有机组合形成功能完备的设计实体。在实际工程中，简单的逻辑电路由少数逻辑门和开关组成，通过门元语可以直观地描述其结构，类似于传统的手工设计模式。

Verilog HDL 语言提供了 12 个门级原语，分为多输入门、多输出门以及三态门 3 大类，如表 5-1 所示。

表 5-1　门原语关键字说明列表

门 级 单 元		
多 输 入 门	多 输 出 门	三 态 门
and	buf	bufif0
nand	not	bufif1
or		notif0
nor		notif1
xor		
xnor		

结构描述的每一句话都是模块例化语句，门原语是 Verilog HDL 本身提供的功能模块。其最常用的调用格式为：

```
门类型 <实例名> (输出，输入 1，输入 2，……，输入 N)
```

例如：

```
nand na01(na_out, a, b, c );
```

表示一个名字为 na01 的与非门，输出为 na_out，输入为 a, b, c。

1. 多输入门原语

1）and 门

and 门是二输入的与门。and 门的输入端口是对等的，无位置、优先级等区别，假设其名称分别为 a、b，则其真值表如表 5-2 所示。

表 5-2　and门原语真值表

and（输出）		a（输入）			
		0	1	X	Z
b（输入）	0	0	0	0	0
	1	0	1	X	X
	X	0	X	X	X
	Z	0	X	X	X

2）nand 门

nand 门是二输入的与非门。nand 门的输入端口是对等的，无位置、优先级等区别，假设其名称分别为 a、b，则其真值表如表 5-3 所示。

表 5-3　nand 门原语真值表

nand（输出）		a（输入）			
		0	1	X	Z
b（输入）	0	1	1	1	1
	1	1	0	X	X
	X	1	X	X	X
	Z	1	X	X	X

3）or 门

or 门是二输入的或门。or 门的输入端口是对等的，无位置、优先级等区别，假设其名称分别为 a、b，则其真值表如表 5-4 所示。

表 5-4　or门原语真值表

or（输出）		a（输入）			
		0	1	X	Z
b（输入）	0	0	1	X	X
	1	1	1	1	1
	X	X	1	X	X
	Z	X	1	X	X

4）nor 门

nor 门是二输入的或非门。nor 门的输入端口是对等的，无位置、优先级等区别，假设其名称分别为 a、b，则其真值表如表 5-5 所示。

表 5-5　nor门原语真值表

nor（输出）		a（输入）			
		0	1	X	Z
b（输入）	0	1	0	X	X
	1	0	0	0	0
	X	X	0	X	X
	Z	X	0	X	X

5）xor 门

xor 门是二输入的异或门。xor 门的输入端口是对等的，无位置、优先级等区别，假设其名称分别为 a、b，则其真值表如表 5-6 所示。

表 5-6　xor门原语真值表

xor（输出）		a（输入）			
		0	**1**	**X**	**Z**
b（输入）	0	0	1	X	X
	1	1	0	X	X
	X	X	X	X	X
	Z	X	X	X	X

6）xnor 门

xnor 门是二输入的异或非门。xnor 门的输入端口是对等的，无位置、优先级等区别，假设其名称分别为 a、b，则其真值表如表 5-7 所示。

表 5-7　xnor门原语真值表

xnor（输出）		a（输入）			
		0	**1**	**X**	**Z**
b（输入）	0	1	0	X	X
	1	0	1	X	X
	X	X	X	X	X
	Z	X	X	X	X

2．多输出门原语

1）buf 门

buf 门是单输入的数据延迟门。buf 门的输入端口是对等的，无位置、优先级等区别，假设其名称分别为 a、b，则其真值表如表 5-8 所示。

表 5-8　buf门原语真值表

a（输入）	b（输出）
0	0
1	1
X	X
Z	Z

2）not 门

not 门是单输入的反相器。not 门的输入端口是对等的，无位置、优先级等区别，假设其名称分别为 a、b，则其真值表如表 5-9 所示。

表 5-9　not门原语真值表

a（输入）	b（输出）
0	1
1	0
X	X
Z	Z

3. 三态门原语

1）bufif 0 门（或门）

bufif 0 门是单输入的三态门，控制端低有效。bufif 0 门的输入端口是对等的，无位置、优先级等区别，假设其名称分别为 a、b，则其真值表如表 5-10 所示。

表 5-10　bufif 0 门原语真值表

b（bufif 0 输出）		ctrl（控制端）			
		0	**1**	**X**	**Z**
a（输入）	0	0	Z	L	L
	1	1	Z	H	H
	X	X	Z	X	X
	Z	X	Z	X	X

2）bufif 1 门（或门）

bufif 1 门是单输入的三态门，控制端高有效，bufif 1 门的输入端口是对等的，无位置、优先级等区别，假设其名称分别为 a、b，则其真值表如表 5-11 所列。

表 5-11　bufif 1 门原语真值表

b（bufif 1 输出）		ctrl（控制器）			
		0	**1**	**X**	**Z**
a（输入）	0	Z	0	L	L
	1	Z	1	H	H
	X	Z	X	X	X
	Z	Z	X	X	X

3）notif 0 门（或门）

notif 0 门是单输入的三态反相器，控制端低有效，notif 0 门的输入端口是对等的，无位置、优先级等区别，假设其名称分别为 a、b，则其真值表如表 5-12 所示。

表 5-12　notif 0 门原语真值表

b（notif 0 输出）		ctrl（控制端）			
		0	**1**	**X**	**Z**
a（输入）	0	1	Z	H	H
	1	0	Z	L	L
	X	X	Z	X	X
	Z	X	Z	X	X

4）notif 1 门（或门）

notif 1 门是单输入的三态反相器，控制端高有效。notif 1 门的输入端口是对等的，无位置、优先级等区别，假设其名称分别为 a、b，则其真值表如表 5-13 所示。

表 5-13 notif 1 门原语真值表

b（notif 1 输出）		ctrl（控制端）			
		0	**1**	**X**	**Z**
a（输入）	0	Z	1	H	H
	1	Z	0	L	L
	X	Z	X	X	X
	Z	Z	X	X	X

基于门原语的设计，要求设计者首先将电路功能转化成逻辑组合，再搭建门原语来实现，是数字电路中最底层的设计手段。下面给出一个基于门原语的全加器设计实例。

【例 5-9】 利用 Verilog HDL 实现一个一位全加器。

```
module ADD(A, B, Cin, Sum, Cout);
    input A, B, Cin;
    output Sum, Cout;
    //声明变量
    wire S1, T1, T2, T3;
    //调用两个或非门
    xor X1 (S1, A, B),
    X2 (Sum, S1, Cin);
    //调用 3 个与门
    and A1 (T3, A, B),
    A2 (T2, B, Cin),
    A3 (T1, A, Cin);
    //调用一个或门
    or O1 (Cout, T1, T2, T3);
endmodule
```

在这一实例中，模块包含门的实例语句，也就是包含内置门 xor、and 和 or 的实例语句。图 5-9 为全加器的连接结构示意图。由于未指定顺序，门实例语句可以以任何顺序出现。

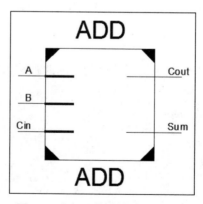

图 5-9 全加器的连接结构示意图

门级描述本质上也是一种结构网表，具备较高的设计性能（资源、速度性能）。读者在实际应用中的使用方法为：先使用门逻辑构成常用的触发器、选择器、加法器等模块，再利用已经设计的模块构成更高一层的模块，依次重复几次，便可以构成一些结构复杂的电路。其缺点是：不易管理，实现难度较大且需要一定的资源积累。

在 20 世纪 90 年代中期以前，可编程逻辑器件的资源很少，规模大都为目前主流器件的千分之一到百分之一左右，再加上相关的设计都比较简单，因此结构化描述有着广泛的应用。

此后，特别是近十年，由于半导体器件规模和系统设计规模的飞速增长，这一传统且古老的设计方式已被彻底弃用。事实上，通过本书后续内容的学习，没有人还愿意书写或阅读类似于例 5-8 的代码。

5.3.2 行为描述形式

行为型描述主要包括语句/语句块、过程结构、时序控制、流控制等方面，是目前 Verilog HDL 中最重要的描述形式。

1. 语句块

语句就是各条 Verilog HDL 代码。语句块指位于 begin…end/fork…join 块定义语句之间的一组行为语句，它将满足某一条件下的多条语句标记出来，类似于 C 语言中 "{}" 符号中的内容。

语句块可以有独立的名字，名字写在块定义语句的第一个关键字之后，即 begin 或 fork 之后，可以唯一地标识出某一语句块。如果有了块名字，则该语句块被称为一个有名块。在有名块内部可以定义内部寄存器变量，且可以使用 disable 中断语句中断。块名提供了唯一标识寄存器的一种方法，如例 5-9 所示。

【例 5-10】 语句块应用实例。

```
always @ (a or b )
begin : adder1 //adder1 为语句块声明语句
c = a + b;
end
```

以上语句定义了一个名为 adder1 的语句块，用于实现输入数据的相加。语句块按照界定不同分为以下两种。

1）begin…end（串行）

begin…end 块用来组合需要顺序执行的语句，因此被称为串行块。例如下面的语句：

```
reg[7:0] r;
begin //由一系列延迟产生的波形
    r = 8'h35; //语句 1
    r = 8'hE2; //语句 2
    r = 8'h00; //语句 3
    r = 8'hF7; //语句 4
end
```

其执行顺序是，首先执行语句 1，将 8'h35 赋给变量 r；再执行语句 2，将 8'hE2 再次赋给变量 r，覆盖语句 1 所赋的值；依此类推，最后，将 8'hF7 赋给变量 r，形成其最终的值。

串行块的执行特点如下。

❑ 串行块内的各条语句按它们在块内的语句逐次逐条顺序执行，当前一条执行完之后，才能执行下一条。例如，上例中语句 1~4 就是顺序执行的。

❑ 块内每一条语句中的延时控制都是相对于前一条语句结束时刻的延时控制。例如，上例中语句 2 的时延为 2d。

- 在进行仿真时，整个语句块总的执行时间等于所有语句执行时间之和。如上例中语句块中总的执行时间为 4d。
- 在可综合语句中，begin…end 块内的语句在时序逻辑中本质上是并行执行的，和语句的书写顺序无关。读者可以从 EDA 设计的本质去简单理解，可综合 Verilog HDL 语句描述的是硬件电路，数字电路的各个硬件组成部分是并列工作的（PC 机的声卡和显卡就是同时工作的，用户可以同时听到声音并欣赏图像）。

2）fork…join（并行）

fork…join 用来组合需要并行执行的语句，被称为并行块。其应用示例如下。

```
parameter d = 50;
reg[7:0] r1, r2, r3, r4;
fork //由一系列延迟产生的波形
    r1 = ' h35; //语句 1
    r2 = ' hE2; //语句 2
    r3 = ' h00; //语句 3
    r4 = ' hF7; //语句 4
join
```

并行块的执行特点为：

- 语句块内各条语句是各自独立同时开始执行的，各条语句的起始执行时间等于程序流程进入该语句块的时间。如上例中语句 2 并不需要等语句 1 执行完才开始执行，它与语句 1 是同时开始的。
- 块内每一条语句中的延时控制都是相对于程序流程进入该语句块的时间而言的。
- 在进行仿真时，整个语句块总的执行时间等于执行时间最长的那条语句所需要的执行时间。需要说明的是：begin…end 块是可综合语句，其串行执行的特点是从语法结构上讲的。在实际电路中，各条语句之间并不全是串行的，这一点是 Verilog HDL 设计思想的难点之一。fork…join 块是不可综合的，更多地应用于仿真代码中。

2．过程结构

过程结构采用下面 4 种过程模块来实现，具有强的通用型和有效性。

- initial 模块；
- always 模块；
- task（任务）模块；
- function（函数）模块。

一个程序可以有多个 initial 模块、always 模块、task 模块和 function 模块。initial 模块和 always 模块都是并行执行的，区别在于 initial 模块只执行一次，而 always 模块则是不断重复地运行。initial 模块是不可综合的，常用于仿真代码的变量初始化中；always 模块则是可综合的。下面给出 initial 模块和 always 模块的说明。

1）initial 模块

在进行仿真时，一个 initial 模块从模拟 0 时刻开始执行，且在仿真过程中只执行一次，在执行完一次后，该 initial 就被挂起，不再执行。如果仿真中有两个 initial 模块，则同时从 0 时刻开始并行执行。

initial 模块是面向仿真的，是不可综合的，通常被用来描述测试模块的初始化、监视、波形生成等功能。其格式为：

```
initial begin/fork
    块内变量说明
    时序控制1 行为语句1;
    ……
    时序控制n 行为语句n;
end/join
```

其中，begin…end 块定义语句中的语句是串行执行的，而 fork…join 块语句中的语句定义是并行执行的。当块内只有一条语句且不需要定义局部变量时，可以省略 begin…end/fork…join。

【例 5-11】 下面给出一个 initial 模块的实例。

```
initial begin
//初始化输入向量
    clk = 0;
    ar = 0;
    ai = 0;
    br = 0;
    bi = 0;
    //等待100 个仿真单位，全局 reset 信号有效
    //其中#为延迟控制语句
    #100;
    ar = 20;
    ai = 10;
    br = 10;
    bi = 10;
end
```

2）always 模块

和 initial 模块不同，always 模块是一直重复执行的，并且可被综合。always 过程块由 always 过程语句和语句块组成，其格式为：

```
always @ (敏感事件列表) begin/fork
    块内变量说明
    时序控制1 行为语句1;
    ……
    时序控制n 行为语句n;
end/join
```

其中，begin…end/fork…join 的使用方法和 initial 模块中的一样。敏感事件列表是可选项，但在实际工程中却很常用，而且是比较容易出错的地方。敏感事件表的目的就是触发 always 模块的运行，而 initial 后面是不允许有敏感事件表的。

敏感事件表由一个或多个事件表达式构成，事件表达式就是模块启动的条件。当存在多个事件表达式时，要使用关键词 or 将多个触发条件结合起来。Verilog HDL 的语法规定：对于这些表达式所代表的多个触发条件，只要有一个成立，就可以启动块内语句的执行。例如，在语句

```
always@ (a or b or c) begin
    ……
```

```
end
```

中，always 过程块的多个事件表达式所代表的触发条件是：只要 a、b、c 信号的电平有任意一个发生变化，begin…end 语句就会被触发。

always 模块主要是对硬件功能的行为进行描述，可以实现锁存器和触发器等基本数字处理单元，也可以用来实现各类大规模设计。

【例 5-12】　always 模块的应用示例。

```
module and3(f, a, b, c);
    input a, b, c;
    output f;
    reg f;
    always @(a or b )begin
    f = a & b & c;
    end
endmodule
```

3．时序控制

Verilog HDL 提供了两种显式时序控制的类型，一是延迟控制，通过表达式定义开始遇到这一语句和真正执行这一语句之间的延迟时间；二是事件控制，通过表达式完成控制，只有当某一事件发生时才允许语句继续向下执行。

一般来讲，延时控制语句是不可综合的，常用于仿真，而事件控制是可综合的，通过 always 语句来实现，分为电平触发和信号跳变沿触发两类。

4．流控制

流控制描述一般采用 assign 连续赋值语句实现，主要用于完成简单的组合逻辑功能。连续赋值语句右边所有的变量受持续监控，只要这些变量有一个发生变化，整个表达式将被重新赋值给左端。其语法格式如下：

```
assign L_s = R_s;
```

【例 5-13】　一个利用数据流描述的移位器。

```
module mlshift2(a, b);
    input a;
    output b;
    //数据流描述语句，使用 assign 关键字
    assign b = a<<2;
endmodule
```

在上述模块中，只要 a 的值发生变化，b 就会被重新赋值，所赋值为 a 左移两位后的值。

5.3.3　混合设计模式

在 Verilog HDL 模块中，结构描述、行为描述可以自由混合。也就是说，模块描述中可以包括实例化的门、模块实例化语句、连续赋值语句以及行为描述语句，它们之间可以相互包含。always 语句和 initial 语句（切记只有寄存器类型数据才可以在这两个模块中赋

值）可用于驱动门和开关，而来自于门或连续赋值语句（只能驱动线网型）的输出能够反过来用于触发 always 语句和 initial 语句。

【例5-14】 与非门混合设计。

```
module hunhe_demo(
    A, B, C
    );
        input A, B;
        output C;
        //定义中间变量
        wire T;
        //调用结构化与门
        and A1 (T, A, B);
        //通过数据流形式对与门输出求反，得到最终的与非门结果
        assign C = ~T;
endmodule
```

5.4 思考与练习

1．概念题

（1）一个完整的 Verilog HDL 程序包含哪些部分，其中哪些部分是必须的？

（2）解释 Verilog HDL 模块（module）的概念，指明其与传统软件函数的区别。

（3）在 Verilog HDL 模块中，端口可以分为哪几类？各有什么特点？

（4）如何通过 Verilog HDL 语言完成模块例化，有哪几种方法？

（5）有哪几种方法可以实现 Verilog HDL 子模块的参数化配置？

（6）在 ISE 中，如何生成一个模块的图形化表示符号？

（7）Verilog HDL 有哪几种描述形式？

2．操作题

（1）通过"#"字符实现一个模值可调的加 1 计数器，计数器最大值为 12。

（2）通过 defparam 实现一个模值可调的加 1 计数器，计数器的最大值为 6。

第 6 章　Verilog HDL 语言的基本要素

　　Verilog HDL 语言是一种严格的数据类型化语言，规定每一个变量和表达式都要有唯一的数据类型。数据类型需要静态确定，一旦确定就不能再在设计中改变。和其他语言一样，Verilog HDL 语言具有丰富的数据类型。此外，Verilog HDL 语言具有大量的运算操作符，给设计带来很大的灵活性。本章主要介绍 Verilog HDL 语言的基本要素，包括标志符、数字、数据类型、运算符和表达式等。虽然这些基本要素和 C 语言有相同之处，但也有 Verilog HDL 作为一种硬件描述语言所特有的地方，如数据类型有 wire、reg 等。

　　HDL 语言与软件描述语言（C 语言等）的区别是本书的核心内容之一。

6.1　标志符与注释

　　标志符是赋给对象的唯一名称，通过标志符可以引用相应的对象。注释是开发者对代码的注明和解释，通过阅读注释可以快速理解程序的逻辑结构。本节将介绍标志符和注释的有关内容。

6.1.1　标志符

　　标志符可以是一组字母、数字、（下画线_）和$符号的组合，标志符的第一个字符必须是字母或者下画线。另外，标志符是区别大小写的。下面给出标志符的几个例子。

```
Clk_100MHz
diag_state
_ce
P_o1_02
```

　　转义标识符（Escaped identifier）可以在一条标识符中包含任何可以打印的字符。转义标识符以 \（反斜线）符号开头，以空白结尾（空白可以是一个空格、一个制表字符或换行符）。下面列举几个转义标识符。

```
\fg00
\.*.$
\{*+5***}
\~Q
\Verilog //与 Verilog 相同
```

　　最后一个例子说明在一条转义标志符中，反斜线和结束空格并不是转义标志符的一部分，因此转义标志符\Verilog 和标志符 Verilog 是恒等的。

　　Verilog HDL 语言预定义了一系列非转义标志符的保留字来说明语言结构，这些保留字称为关键字。需要注意的是标志符不能和关键字重复。只有小写的关键字才是保留字，因此在实际开发中，建议将不确定是否是保留字的标志符首字母统一大写。例如：标志符 if（关键字）与标志符 IF 是不同的。需要注意的是，转义标志符与关键字是不同的，例如标志符\initial（非关键词）与标志符 initial（关键词）是不同的。

6.1.2　注释

在 Verilog HDL 中有两种形式的注释：

（1）以"/*"符号开始，以"*/"符号结束，在两个符号之间的语句都是注释语句，因此注释内容可扩展到多行。如：

```
//*第一种形式:
可以扩展至
多行 */
```

以上 3 行语句都是注释语句。

（2）以"//"开头的语句。它表示以"//"开始到本行结束都属于注释语句。如：

```
//第二种形式: 在本行结束
```

6.2　数字与逻辑数值

数字与逻辑数值作为 Verilog 语言的重要要素，在编程开发时掌握它们的含义是很有必要的。其中数字可以分为整数型、实数型和字符串型，逻辑数值有 0、1、x 和 z 4 种状态，本节将针对以上几种类型展开介绍。

6.2.1　逻辑数值

Verilog HDL 有下列 4 种基本的逻辑数值。

0：逻辑 0 或"假"；

1：逻辑 1 或"真"；

x：未知；

z：高阻态。

其中 x、z 是不区分大小写的。Verilog HDL 中的数字由这 4 类基本数值表示。在 Verilog HDL 语言中，表达式和逻辑门输入中的 z 通常解释为 x。

6.2.2　常量

Verilog HDL 中的常量分为 3 类：整数型、实数型和字符串型。下画线符号"_"可以任意用在整数和实数中，没有实际意义，只是为了提高可读性，例如，56 等效于 5_6。

1. 整数型

整数型在 Verilog HDL 语言设计中是最常用的一类常量类型，可以按简单的十进制数格式和基数格式书写。

1）简单的十进制格式

简单的十进制数格式的整数定义为带有一个"+"或"−"操作符的数字序列，例如：

```
45 十进制数 45
-46 十进制数-46
```

简单的十进制数格式的整数值代表一个有符号的数，其中负数可使用两种补码形式表示。例如，32 在 6 位二进制形式中表示为 100000，在 7 位二进制形式中为 0100000，这里最高位 0 表示符号位；−15 在 5 位二进制中的形式为 10001，最高位 1 表示符号位，在 6 位二进制中为 110001，最高位 1 为符号扩展位。

2）基数表示格式

基数格式的整数格式为：

```
[长度] '基数 数值
```

长度是常量的位长，基数可以是二进制、十进制、十六进制之一。数值是基于基数的数字序列，且数值不能为负数。下面是一些具体实例。

```
6'b9     6 位二进制数
5'o9     5 位八进制数
9'd6     9 位十进制数
```

2. 实数型

实数可以用下列两种形式定义。

1）十进制计数法，例如：

```
2.0
16539.236
```

2）科学计数法

这种形式的实数举例如下，其中 e 与 E 意义相同。

```
235.12e2 其值为 23512
5e-4 其值为 0.0005
```

根据 Verilog 语言的定义，实数通过四舍五入隐式地转换为最相近的整数。

3. 字符串型

字符串指双引号内的字符序列。字符串不能分成多行书写。例如：

```
"counter"
```

用 8 位 ASCII 码值表示的字符可看作是无符号整数，因此字符串是 8 位 ASCII 码值的序列。为存储字符串"counter"，变量需要 8×7 位。

```
reg [1: 8*7] Char;
Char = "counter";
```

需要注意的是，由于 ISE 是不支持字符串的，因此本书后续内容中不会出现字符串的有关应用。

6.2.3 参数

参数是一个特殊的常量，经常用于定义时延和变量的宽度。使用参数声明的参数只被赋值一次。参数声明形式如下：

```
parameter param1 = const_expr1, param2 = const_expr2, . . . ,
paramN = const_exprN;
```

下面给出一些具体实例：

```
parameter LINELENGTH = 132, ALL_X_S = 16'bx;
parameter BIT = 1, BYTE = 8, PI = 3.14;
parameter STROBE_DELAY = ( BYTE + BIT) / 2;
parameter TQ_FILE = " /home/bhasker/TEST/add.tq";
```

参数值也可以在编译时被改变。改变参数值可以使用参数定义语句或在模块初始化语句中定义。

6.3 数 据 类 型

数据类型用来表示数字电路硬件中的数据存储和传送元素，本节将对 Verilog HDL 的两类数据类型进行详细介绍，以使读者对之有较深地了解。

Verilog HDL 数据类型分为两大类：线网类型和寄存器类型。线网类型主要表示 Verilog HDL 结构化元件之间的物理连线，其数值由驱动元件决定；如果没有驱动元件连接到线网上，则其默认值为高阻（z）。寄存器类型主要表示数据的存储单元，其默认值为不定（x）。二者最大的区别在于：寄存器类型数据保持最后一次的赋值，而线网型数据则需要持续的驱动。

6.3.1 线网类型

线网型数据常用来表示以 assign 关键字指定的组合逻辑信号。Verilog 程序模块中输入、输出信号类型默认为 wire 型。wire 型信号可以用作方程式的输入，也可以用作 assign 语句或者实例元件的输出。线网数据类型包含下述不同种类的线网子类型，其中只有 wire、tri、supply0 和 supply1 是可综合的，其余都是不可综合的，只能用于仿真语句。需要特别指出的是，wire 是最常用的线网型变量。

　　❑ wire：标准连线（默认为该类型）；

- ❑ tri：具备高阻状态的标准连线；
- ❑ wor：线或类型驱动；
- ❑ trior：三态线或特性的连线；
- ❑ wand：线与类型驱动；
- ❑ triand：三态线与特性的连线；
- ❑ trireg：具有电荷保持特性的连线；
- ❑ tri1：上拉电阻（pullup）；
- ❑ tri0：下拉电阻（pulldown）；
- ❑ supply0：地线，逻辑 0；
- ❑ supply1：电源线，逻辑 1。

线网数据类型的通用说明语法为：

```
net_kind [msb:lsb] net1, net2, ⋯ , netN;
```

其中，net_kind 是上述线网类型的一种。msb 和 lsb 是用于定义线网范围的常量表达式；范围定义是可选的；如果没有定义范围，默认的线网类型为 1 位。下面给出一些线网类型说明实例。

```
wire [7:0] data1, data2;    //两个 8 位宽的线网
wire ce;                    //1 个 1 位宽的线网
```

线网类型变量的赋值（也就是驱动）只能通过数据流 assign 操作来完成，而不能用于 always 语句中，如：

```
assign ce = 1'b1;
```

1．wire线网

wire 线网是最常用的线网型数据类型，Verilog HDL 模块（module）输入/输出端口的默认值就是 wire 型。wire 型信号可以作为任何表达式的输入，也可以用作 assign 语句和模块例化的输出。wire 型信号的取值可以为 0、1、x、z。

根据 Verilog HDL 语法，wire 型变量可以有多个驱动源。表 6-1 给出了两个驱动源驱动同一根 wire 线网的真值表。

表 6-1　两驱动线网的真值表

wire	0（输入）	1（输入）	x（输入）	z（输入）
0（输入）	0	x	x	0
1（输入）	x	1	x	1
x（输入）	x	x	x	x
z（输入）	0	1	x	x

下面给出一个 wire 型变量多驱动的应用实例。

【例 6-1】 wire 型变量两驱动演示实例。

```
module net_demo(
    a, b, c
    );
```

```
    input a, b;
    output c;
    wire temp;
    assign temp = a;
    assign temp = b;
    assign c = temp;
endmodule
```

在这个实例中，temp 有两个驱动源。两个驱动源的值（右侧表达式的值）用于在表 6-2 中索引，以便决定 temp 的有效值。

虽然 Verilog HDL 语法规定可以对 wire 型变量有多个驱动，但仅用于仿真程序。在实际电路中，任何信号有多个驱动都会造成一些不确定的后果，因此在面向综合的设计中，对任何变量连接多个驱动都是错误的。如果在 ISE 中对例 6-1 的程序进行综合，则会出现错误。因此，在面向综合的程序中，不要出现任何形式的多驱动代码。

2. tri线网

在 Verilog HDL 语言的定义中，tri 与 wire 的功能是完全一致的，唯一的差别就是名称书写上的不同。提供这两种不同名称的作用只是为了增加可读性。例如，为了强调总线具有高阻态的特征，将其命名为 tri 型，以便与普通的 wire 连线加以区别。事实上，wire 型也具备描述信号的高阻特征。如：

```
tri [7:0] Addr;
```

同样，tri 信号也可以有多个驱动源，其真值表和 wire 类型一致，参见表 6-1。下面给出一个 tri 线网应用实例。

【例 6-2】 tri 线网应用实例。

```
module Tristate (in, oe, out);
    input in, oe;
    output out;
    tri out;
    bufif1 b1(out, in, oe);
endmodule
```

3. wor和trior线网

wor 线网和 trior 线网专门用于单信号多驱动，如果某个驱动源为 1，那么线网的值也为 1，因此 wor 被称为线或类型；trior 被称为三态线或类型。二者在语法和功能上是一致的，其关系类似于 wire 和 tri，并无本质区别，仅仅为了增加可读性，trior 用于表征高阻状态。wor 和 trior 线网定义示例如：

```
wor [10 : 4] A;
trior [3: 0] B, C, D;
```

如果多个驱动源驱动 wor 线网和 trior 线网，其有效值由表 6-2 决定。

表 6-2 wor线网和trior线网驱动的真值表

wor/trior	0（输入）	1（输入）	x（输入）	z（输入）
0（输入）	0	1	x	0

wor/trior	0（输入）	1（输入）	x（输入）	z（输入）
1（输入）	1	1	1	1
x（输入）	x	1	x	x
z（输入）	0	1	x	z

wor 线网和 trior 线网只能用于仿真，不能用于综合代码。

4．wand线网和triand线网

wand 线网和 triand 线网也专门用于多驱动源情况，如果某个驱动源为 0，那么线网的值为 0，因此 wand 线网被称为线与类型，triand 线网被称为三态线与类型。二者语法和功能上是一致的。triand 仅用于从名称上表征高阻特征。其定义示例如下：

```
wand [-7:0] Dbus;
triand Reset, Clk;
```

如果 wand 线网和 triand 线网存在多个驱动源，其有效值由表 6-3 决定。

表 6-3　wand线网和triand线网驱动的真值表

wand/triand	0（输入）	1（输入）	x（输入）	z（输入）
0（输入）	0	0	0	0
1（输入）	0	1	x	1
x（输入）	0	x	x	x
z（输入）	0	1	x	z

同样，wand 线网和 triand 线网只能用于仿真，而不能用于综合代码。

5．trireg线网

trireg 线网用于存储数值（类似于寄存器）以及电容节点的建模。当三态寄存器（trireg）的所有驱动源都处于高阻态，也就是说输入值为 z 时，三态寄存器线网将保存作用在线网上的最后一个值。此外，三态寄存器线网的默认初始值为 x。

```
trireg [1:8] Dbus, Abus;
```

trireg 线网只能用于仿真，不能用于综合代码。下面给出 trireg 线网的应用示例。

【例 6-3】　trireg 线网的应用示例。

```
module tb_trireg;
    trireg [7:0] data;
    reg [1:0] flag;
    initial begin
    flag = 1;
    #200;
    flag = 0;
    #200;
    flag = 3;
    #200;
    flag = 0;
    #200;
    flag = 2;
    #200;
```

```
    flag = 0;
    end
    assign data = (flag==1) ? 10 : (flag == 0) ? 8'hzz : (flag ==3) ? 30 : 255;
endmodule
```

6. tri0线网和tri1线网

tri0 线网和 tri1 线网用于线逻辑的建模，即线网有多于一个的驱动源。tri0（tri1）线网的特征是，若无驱动源驱动，它的值为 0（tri1 的值为 1）。其示例定义语句为：

```
tri0 [0:3] D;
tri1 [0:5] B, C, A;
```

表 6-4 给出了在多个驱动源情况下 tri0 线网和 tri1 线网的有效值。

表 6-4　tri0 线网和tri1 线网驱动的真值表

tri0/tri1	0（输入）	1（输入）	x（输入）	z（输入）
0（输入）	0	x	x	0
1（输入）	x	1	x	1
x（输入）	x	x	x	x
z（输入）	0	1	x	0(1)

7. supply0和supply1线网

supply0 用于对"地"建模，即低电平 0；supply1 网用于对电源建模，即高电平 1。其声明示例为：

```
supply0 Gnd_FPGA;
supply1 [2:0] Vcc_Bank;
```

6.3.2　寄存器类型

寄存器型变量都有"寄存"性，即在接受下一次赋值前变量将保持原值不变。寄存器型变量没有强度之分，且所有寄存器类变量都必须明确给出类型声明（无默认状态）。寄存器数据类型包含下列 6 类。

- ❑ reg：常用的寄存器型变量。用于行为描述中对寄存器类型的声明，由过程赋值语句赋值；
- ❑ integer：32 位带符号整型变量；
- ❑ time：64 位无符号时间变量；
- ❑ real：64 位浮点、双精度、带符号实型变量；
- ❑ realtime：其特征和 real 型变量一致；
- ❑ memory：通过扩展 reg 型数据的地址范围达到二维数组的效果。

1. reg寄存器类型

寄存器数据类型 reg 是最常见的数据类型。reg 类型使用保留字 reg 加以声明，形式如下。

```
reg [ msb: lsb] reg1, reg2, …, regN;
```

其中 msb 和 lsb 定义了范围，并且均为常数值表达式。范围定义是可选的；如果没有定义范围，默认值为 1 位寄存器。例如：

```
reg [3:0] Sat;  //Sat 为 4 位寄存器
reg Cnt;        //1 位寄存器
reg [1:32] Kisp, Pisp, Lisp;
```

寄存器可以取任意长度。reg 型数据的默认值是未知的，可以为正值或负值。但当一个 reg 型数据是一个表达式中的操作数时，它的值被当作无符号值，即正值。如果一个 4 位的 reg 型数据被写入–1，在表达式中运算时，其值被认为是+15。例如：

```
reg [3:0] Comb;
Comb = -2;  //Comb 的值为 14（1110），1110 是 2 的补码
Comb = 5;   //Comb 的值为 15（0101）
```

2. integer类型

整数寄存器包含整数值。整数寄存器可以作为普通寄存器使用，典型应用为高层次行为建模。使用整数型寄存器的声明格式如下：

```
integer integer1, integer2, ···, intergerN [msb:1sb] ;
```

其中，msb 和 lsb 是定义整数数组界限的常量表达式，数组界限的定义是可选的。一个整数最少容纳 32 位，但是具体实现可提供更多的位。下面是整数说明的实例：

```
integer A, B, C;        //3 个整数型寄存器
integer Hist [3:6];     //一组 4 个寄存器
```

一个整数型寄存器可存储有符号数，并且算术操作符提供 2 的补码运算结果。整数不能作为位向量访问，例如，对于上面的整数 B 的说明，B[6]和 B[20:10]是非法的。一种截取位值的方法是将整数赋值给一般的 reg 类型变量，然后从中选取相应的位，如下所示。

```
reg [31:0] Breg;
integer Bint;
···
//Bint[6]和 Bint[20:10]是不允许的
···
Breg = Bint;
/*现在，Breg[6]和 Breg[20:10]是允许的，并且从整数 Bint 获取相应的位值。*/
```

上例说明了如何通过简单的赋值将整数转换为位向量。类型转换自动完成，不必使用特定的函数。从位向量到整数的转换也可以通过赋值来完成。例如：

```
integer J;
reg [3:0] Bcq;
J = 6;        //J 的值为 32'b0000···00110
Bcq = J;      //Bcq 的值为 4'b0110
Bcq = 4'b0101;
J = Bcq;      //J 的值为 32'b0000···00101
J = -6;       //J 的值为 32'b1111···11010
Bcq = J;      //Bcq 的值为 4'b1010
```

注意赋值总是从最右端的位向最左边的位进行；任何多余的位将被截断。注意，由于

整数是作为 2 的补码位向量表示的，因而可得到这里的类型转换结果。

3．time类型

time 类型的寄存器用于存储和处理时间。time 类型的寄存器使用下述方式加以声明。

```
time time_id1, time_id2, … ,time_idN [ msb:1sb];
```

其中，msb 和 lsb 是表明范围界限的常量表达式。如果未定义界限，则每个标识符存储一个至少 64 位的时间值。时间类型的寄存器只存储无符号数。例如：

```
time Events [0:31];        //时间值数组
time CurrTime;             //CurrTime 存储一个时间值
```

4．real类型

实数寄存器（或实数时间寄存器）使用如下方式声明。

```
//实数声明:
real real_reg1, real_reg2, … , real_regN;
//实数时间声明:
realtime realtime_reg1, realtime_reg2, … , realtime_regN;
```

realtime 与 real 类型完全相同。例如：

```
real Swing, Top;
realtime CurrTime;
```

real 声明的变量默认值为 0。不允许对 real 声明值域、位界限或字节界限。当将值 x 和 z 赋予 real 类型寄存器时，这些值作 0 处理。例如：

```
real RamCnt;
…
RamCnt = 'b01x1Z;
```

RamCnt 在赋值后的值为'b01010。

5．realtime类型

realtime 用于定义实数时间寄存器，使用方式和 real 型变量一致，这里就不再介绍了。

6．reg的扩展类型——memory型

Verilog 通过对 reg 型变量建立数组进而对存储器建模，可以描述 RAM、ROM 存储器和寄存器数组。数组中的每一个单元通过一个整数索引进行寻址。memory 型变量通过扩展 reg 型数据的地址范围来达到二维数组的效果，其定义的格式如下。

```
reg [n-1:0] 存储器名 [m-1:0];
```

其中，reg[n-1:0]定义了存储器中每一个存储单元的大小，即该存储器单元是一个 n 位位宽的寄存器；存储器名后面的[m-1:0]则定义了存储器的大小，即该存储器中有多少个这样的寄存器。注意，存储器属于寄存器数组类型。线网数据类型没有相应的存储器类型。例如：

```
reg [15:0] ROMA [7:0];
```

定义了一个存储位宽为 16 位，存储深度为 8 的存储器。该存储器的地址范围是 0~8。存储器数组的维数不能大于 2。单个寄存器说明既能够用于描述寄存器类型，也可以用于声明存储器类型，如：

```
parameter ADDR_SIZE = 16 , WORD_SIZE = 8;
reg [1:WORD_SIZE] RamPar [ADDR_SIZE-1:0], DataReg;
```

其中，RamPar 是存储器，是 16 个 8 位寄存器数组，而 DataReg 是 8 位寄存器。需要注意的是：对存储器进行地址索引的表达式必须是常数表达式。尽管 memory 型和 reg 型数据的定义比较接近，但二者还是有很大区别的。例如，一个由 n 个 1 位寄存器构成的存储器是不同于一个 n 位寄存器的。

```
reg [n-1:0] rega; //一个 n 位的寄存器
reg memb [n-1 : 0]; //一个由 n 个 1 位寄存器构成的存储器组
```

如果要对 memory 型存储单元进行读写必须要指定地址。例如：

```
memb[0] = 1; //将 memb 中的第 0 个单元赋值为 1
reg [3:0] Xrom [4:1];
Xrom[1] = 4'h0;
Xrom[2] = 4'ha;
Xrom[3] = 4'h9;
Xrom[4] = 4'hf;
```

在赋值语句中需要注意如下区别：存储器赋值不能在一条赋值语句中完成，但是寄存器可以。例如一个 n 位的寄存器可以在一条赋值语句中直接进行赋值，而一个完整的存储器则不行。

```
rega = 0; //合法赋值
memb = 0; //非法赋值
```

在存储器被赋值时，需要定义一个索引。下例说明它们之间的不同。

```
reg [1:5] Dig; //Dig 为 5 位寄存器
…
Dig = 5'b11011;
```

上述赋值都是正确的，但下述赋值则不正确。

```
reg Bog[1:5]; //Bog 为 5 个 1 位寄存器的存储器
Bog = 5'b11011;
```

一种存储器赋值的方法是分别对存储器中的每个字赋值。例如：

```
reg [0:3] Xrom [1:4]
…
Xrom[1] = 4'hA;
Xrom[2] = 4'h8;
Xrom[3] = 4'hF;
Xrom[4] = 4'h2;
```

另外一种存储器赋值方法通过系统任务读取计算机上的初始化文件来完成，例如：$readmemb 用于加载二进制值，$readmemb 用于加载十六进制值。

6.4 运算符和表达式

在 Verilog HDL 语言中运算符所带的操作数是不同的，按其所带操作数的个数可以分为以下 3 种。

（1）单目运算符：带 1 个操作数，且放在运算符的右边。

（2）双目运算符：带 2 个操作数，且放在运算符的两边。

（3）三目运算符：带 3 个操作数，且被运算符间隔开。

Verilog HDL 语言参考了 C 语言中大多数算符的语法和语义，运算范围很广，其运算符按其功能分为 9 类，在下面各节分别进行介绍。需要注意的是，运算符和表达式即可以用于数据流语句 assign 中，也可用于 always 块语句中；除了 "/" 和 "%" 这两个算术操作符受限外，所有的运算符都是可以综合的。

6.4.1 赋值运算符

赋值运算分为连续赋值和过程赋值两种。

1. 连续赋值

连续赋值语句和过程块一样也是一种行为描述语句，有的文献将其称为数据流描述形式，但本书将其视为一种行为描述语句。

连续赋值语句只能用来对线网型变量进行赋值，而不能对寄存器变量进行赋值，其基本的语法格式为：

```
线网型变量类型 [线网型变量位宽] 线网型变量名；
assign #(延时量) 线网型变量名 = 赋值表达式；
```

例如：

```
wire a;
assign a = 1'b1;
```

一个线网型变量一旦被连续赋值语句赋值后，赋值语句右端赋值表达式的值将持续对被赋值变量产生连续驱动。只要右端表达式任一个操作数的值发生变化，就会立即触发对被赋值变量的更新操作。

在实际使用中，连续赋值语句有下列几种应用。

❑ 对标量线网型赋值，例如：

```
wire a, b;
assign a = b;
```

❑ 对矢量线网型赋值，例如：

```
wire [7:0] a, b;
assign a = b;
```

❑ 对矢量线网型中的某一位赋值，例如：

```
wire [7:0] a, b;
assign a[3] = b[1];
```

❑ 对矢量线网型中的某几位赋值，例如：

```
wire [7:0] a, b;
assign a[3:0] = b[3:0];
```

❑ 对任意拼接的线网型赋值，例如：

```
wire a, b;
wire [1:0] c;
assign c ={a ,b};
```

2. 过程赋值

过程赋值主要用于两种结构化模块（initial 模块和 always 模块）中的赋值语句。在过程块中只能使用过程赋值语句（不能在过程块中出现连续赋值语句），同时过程赋值语句也只能用在过程赋值模块中。过程赋值语句的基本格式为：

<被赋值变量><赋值操作符><赋值表达式>

其中，<赋值操作符>是 "=" 或 "<="，它们分别代表了阻塞赋值和非阻塞赋值类型。

在硬件中，过程赋值语句表示用赋值语句右端表达式所推导出的逻辑来驱动该赋值语句左边表达式的变量。过程赋值语句只能出现在 always 语句和 initial 语句中。在 Verilog HDL 语法中有阻塞赋值和非阻塞赋值两种过程赋值语句。

1）阻塞赋值语句

阻塞赋值由符号 "=" 来完成。"阻塞赋值" 由其赋值操作行为而得名："阻塞" 即在当前的赋值完成前阻塞其他类型的赋值任务，但是如果右端表达式中含有延时语句，则在延时没结束前不会阻塞其他赋值任务。

2）非阻塞赋值语句

非阻塞赋值由符号 "<=" 来完成。"非阻塞赋值" 也由其赋值操作行为而得名：在一个时间步（time step）的开始估计右端表达式的值，并在这个时间步结束时用等式右边的值更新取代左端表达式。在估算右端表达式和更新左端表达式的中间时间段，其他的对左端表达式的非阻塞赋值可以被执行，即 "非阻塞赋值" 从估计右端表达式的值开始并不阻碍执行其他的赋值任务。

过程赋值语句只能对寄存器类型的变量（reg、integer、real 和 time）进行操作，经过赋值后，上面这些变量的取值将保持不变，直到另一条赋值语句对变量重新赋值为止。过程赋值操作的具体目标可以是：

❑ reg、integer、real 和 time 型变量（矢量和标量）；

❑ 上述变量的一位或几位；

❑ 存储器类型，只能对指定地址单元的整个字赋值，不能对其中某些位单独赋值。

阻塞赋值和非阻塞赋值是 Verilog HDL 语言学习中的难点，以至于部分资深工程师虽然明白其应用规则，但却很难表达出其本质。

【例 6-4】　过程赋值的实例。

```
reg c;
always @(a)
```

```
begin
  c = 1'b0;
end
```

6.4.2 算术运算符

1. 运算符说明

在 Verilog HDL 中，算术运算符又称为二进制运算符，有下列 5 种。
- +：加法运算符或正值运算符，如 s1+s2，+5；
- −：减法运算符或负值运算符，如：s1−s2，−5；
- *：乘法运算符，如 s1*5；
- /：除法运算符，如 s1/5；
- %：模运算符，如 s1%2。

上述操作符中，+、−、*三种操作符都是可综合的，而对于/和%这两种操作符只有当除数或者模值为 2 的幂次方的时候（如 2，4，8，16，…）才是可综合的，其余情况都是不可综合的。

在进行整数除法时，结果值要略去小数部分。在取模运算时，结果的符号位和模运算第一个操作数的符号位保持一致。

注意：在进行基本算术运算时，如果某一操作数有不确定值 X，则运算结果也是不确定值 X。

2. 算术操作结果的位宽

算术表达式结果的位宽由位宽最大的操作数决定。在赋值语句下，算术操作结果的位宽由操作符左端目标位宽决定。下面通过一个实例来说明上述特征。

【例 6-5】 以加法操作符为例，说明算术操作符操作结果的位宽保留规则。

```
module opea_demo(
    a_in, b_in, q0_out, q1_out
    );
    input [3:0] a_in, b_in;
    output [3:0] q0_out;
    output [4:0] q1_out;
    //同位宽操作，会造成数据溢出
    assign q0_out = a_in + b_in;
    //扩位操作，可保证计算结果正确
    assign q1_out = a_in + b_in;
endmodule
```

如果加法两端的数据位宽相同，可能会造成溢出，因此在实际中应当让赋值语句左端和的数据位宽比右端加数的位宽大一位，如上述程序中的 q1_out。例 6-5 中第一个加法的结果位宽由 a_in、b_in 和 q0_out 位宽决定，位宽为 4 位。第二个加法操作的位宽同样由 q1_out 的位宽决定（q1_out 的位宽最大），位宽为 6 位。在第一个赋值中，加法操作的溢出部分被丢弃，因此在 40ns 标度处，4 和 12 相加的结果 10000 的最高位被丢弃，q0_out 的数值为 0。而在第二个赋值中，由于任何溢出的位存储在结果位 q1_out[4]中，因此在

40ns 标度处，4 和 12 相加的结果为 16。

那么在较长的表达式中，中间结果的位宽如何确定？在 Verilog HDL 中定义了如下规则：表达式中的所有中间结果应取最大操作数的位宽(赋值时，此规则也包括左端目标)。下面给出相应的演示实例。

【例 6-6】 以加法操作符为例说明算术操作符中间结果的位宽保留规则。

```
wire [4:1] Box, Drt;
wire [5:1] Cfg;
wire [6:1] Peg;
wire [8:1] Adt;
...
assign Adt = (Box + Cfg) + (Drt + Peg) ;
```

表达式右端的操作数最大位宽为 6，但是将左端包含在内时，最大位宽为 8，所以所有的加操作使用 8 位进行。例如，Box 和 Cfg 相加的结果位宽为 8 位。

3. 从有符号数、无符号数衍生的高级讨论话题

在设计中，所有的算数运算符都是按照无符号数进行的。如果要完成有符号数计算，对于加、减操作通过补码处理即可用无符号加法完成。对于乘法操作，无符号数直接采用 "*" 运算符，有符号数运算可通过 signed 关键字定义。

【例 6-7】 使用 "*" 运算符完成有符号数的乘法运算。

```
module signed_mult (out, clk, a, b);
    output [15:0] out;
    input clk;
    //通过 signed 关键字定义输入端口的数据类型为有符号数
    input signed [7:0] a;
    input signed [7:0] b;
    //通过 signed 关键字定义寄存器的数据类型为有符号数
    reg signed [7:0] a_reg;
    reg signed [7:0] b_reg;
    reg signed [15:0] out;
    wire signed [15:0] mult_out;
    //调用*运算符完成有符号数乘法
    assign mult_out = a_reg * b_reg;
    always@(posedge clk)
    begin
    a_reg <= a;
    b_reg <= b;
    out <= mult_out;
    end
endmodule
```

上述程序在 ISE 中的综合结果如图 6-1 所示，从其 RTL 结构图可以看到乘法器标注为 "signed"，为有符号数乘法器。

细心的读者会发现，为什么在如图 6-1 所示 RTL 结构图中，乘法器模块有闲置的时钟输入端口 c？事实上，在 ISE 中查阅其逻辑资源占用报告，会发现其并未占用逻辑资源，而是调用了硬核乘法器。由于硬核乘法器具备时钟管脚，因此图 6-2 中的乘法器具有时钟管脚。之所以时钟管脚闲置，是因为乘法运算符是在 assign 语句中以数据流的方式使用的。

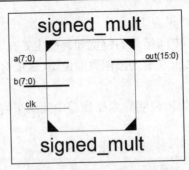

图 6-1 例 6-7 的 RTL 结构图

那么究竟是什么原因让"*"运算符调用了硬核乘法器呢？如果在早期的芯片中没有硬核乘法器，上述程序又会是什么结果呢？其实这正是 ISE 综合功能强大的体现。ISE 综合器发现程序中有乘法操作，加上用户所选的 FPGA 芯片型号又包含硬核乘法器，便自动调用速度更快、功耗更低的硬核乘法器来完成代码中的乘法操作。当然读者也可以通过修改 ISE 的综合配置，将乘法的实现变更为由传统的逻辑资源来实现，具体方法如下：在 ISE 过程管理区的 Synthesize-XST 图标上右击，在弹出的对话框中选中 HDL Options 选项，然后将右侧的 Multiplier Style 选项改为 LUT（其默认值为 Auto）。代码中的乘法器则通过传统的逻辑资源实现。

当然，不管采用哪种方法，最终都能满足设计者的要求。对于例 6-7，无论综合选项怎么设置，其仿真结果都是一致的，都可以正确实现乘法功能。

在实际开发中，不建议使用"*"运算符直接完成乘法器的开发，因为它不能完全体现乘法器的优势，既不能达到工作的最高性能，又不能根据需求对乘法器进行裁减（串行、并行等结构）。因此，乘法器需要利用 IP 核或者专门的算法模块来实现。

6.4.3 逻辑运算符

Verilog HDL 中有 3 类逻辑运算符。

❑ &&：逻辑与；

❑ ||：逻辑或；

❑ !：逻辑非。

其中"&&"和"||"是二目运算符，要求有两个操作数；而"!"是单目运算符，只要求一个操作数。"&&"和"||"的优先级高于算术运算符。逻辑运算符的真值表如表 6-5 所示。

表 6-5 逻辑运算符的真值表

a	b	!a	!b	a&&b	a||b
1	1	0	0	1	1
1	0	0	1	0	1
0	1	1	0	0	1
0	0	1	1	0	0
x	x				
x	z				
x	z				

下面给出逻辑运算符的应用示例。

【例 6-8】　逻辑运算符的应用示例。

```
module logic_demo(
a_in, b_in, q0_out, q1_out, q2_out
);
    input a_in, b_in;
    output q0_out, q1_out, q2_out;
    reg q0_out, q1_out, q2_out;
    always @(a_in or b_in) begin
    q0_out = !a_in;
    q1_out = a_in && b_in;
    q2_out = a_in ||b_in;
    end
endmodule
```

上述程序在 ISE 综合后的 RTL 结构图如图 6-2 所示，和代码设计意图一致，说明代码正确。

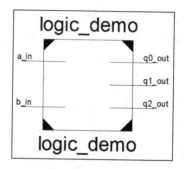

图 6-2　逻辑运算符示例综合结果示意图

6.4.4　关系运算符

关系运算符有以下 8 种。

- ❑　>：大于；
- ❑　>=：大于等于；
- ❑　<：小于；
- ❑　<=：小于等于；
- ❑　==：逻辑相等；
- ❑　!=：逻辑不相等；
- ❑　===：全等；
- ❑　!==：全不等。

在进行关系运算时，如果操作数之间的关系成立，返回值为 1；关系不成立，则返回值为 0；若某一个操作数的值不确定，则关系是模糊的，返回的是不定值 X。

关系运算符"==="和"!=="可以比较含有 X 和 Z 的操作数，在模块的功能仿真中有着广泛的应用。所有的关系运算符有着相同优先级，但低于算术运算符的优先级。下面给出关系运算符的应用示例。

【例 6-9】 关系运算符的应用示例。

```
module rela_demo(
a_in, b_in, q_out
);
    input [7:0] a_in, b_in;
    output [7:0] q_out;
    reg [7:0] q_out;
    always @(a_in or b_in) begin
    q_out[0] = (a_in > b_in) ? 1 : 0;
    q_out[1] = (a_in >= b_in) ? 1 : 0;
    q_out[2] = (a_in < b_in) ? 1 : 0;
    q_out[3] = (a_in <= b_in) ? 1 : 0;
    q_out[4] = (a_in != b_in) ? 1 : 0;
    q_out[5] = (a_in == b_in) ? 1 : 0;
    q_out[6] = (a_in === b_in) ? 1 : 0;
    q_out[7] = (a_in !== b_in) ? 1 : 0;
    end
endmodule
```

其中，"==="和"!=="仅用于仿真，在综合时将分别按"=="和"!="来对待，这是因为在实际硬件系统中不存在"x"和"z"状态。为了便于说明，直接将例 6-9 中的"==="和"!=="语句单独提取出来，放到下面的实例代码中。

```
module alleq(
a_in, b_in, q_out
);
    input [7:0] a_in, b_in;
    output [7:0] q_out;
    reg [7:6] q_out;
    always @(a_in or b_in) begin
    q_out[6] = (a_in === b_in) ? 1 : 0;
    q_out[7] = (a_in !== b_in) ? 1 : 0;
    end
endmodule
```

上述程序在 ISE 中完成综合后，会得到下面的警告信息，但仍可以被正确综合。

```
=================================================================
* HDL Analysis *
=================================================================
Analyzing top module <alleq>.
WARNING:Xst:1464 - "alleq.v" line 29: Exactly equal expression will be
synthesized as an equal expression, simulation mismatch is possible.119
WARNING:Xst:1465 - "alleq.v" line 30: Exactly not equal expression will be
synthesized as a not equal expression, simulation mismatch is possible.
Module <alleq> is correct for synthesis.
```

其综合后的 RTL 级结构图如图 6-3 所示。

6.4.5 条件运算符

条件运算符 "? :" 有 3 个操作数，第一个操作数是 True 时，运算后返回第二个操作数，否则返回第三个操作数。条件运算符用来实现一个选择器的格式如下。

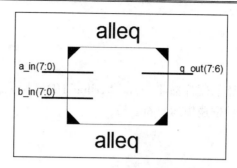

图 6-3　全等和全不等示例代码的 RTL 结构图

```
y = x ? a : b;
```

其意为：如果第一个操作数 y = x 值是 True，运算后返回第二个操作数 a，否则返回第三个操作数 b。条件运算符 "？ :" 可以应用于数据流描述形式中，例如：

```
wire y;
assign y = (s1 == 1) ? a : b;
```

此外，"？ :" 可通过嵌套实现多路选择。如：

```
wire [1:0] s;
assign s = (a >=2 ) ? 1 : (a < 0) ? 2: 0;
//当 a >=2 时，s=1；当 a <0 时，s=2；在其余情况，s=0
```

同样，"？ :" 可以用于 always 块中，下面给出完整的示例。

【例 6-10】　实现加 1 加法器，且模值为 8。

```
module conditional(x, y);
    input [2:0] x;
    output [2:0] y;
    reg [2:0] y;
    parameter xzero = 3'b000;
    parameter xout = 3'b111;
    always @(x)
    y = (x != xout) ? x +1 : xzero;
endmodule
```

程序代码实现了一个加 1 的限模加法器。程序在 ISE 中综合后的 RTL 结构图如图 6-4 所示，也是一个加法器，和设计意图一致。

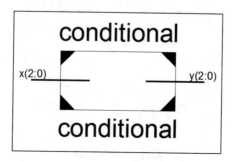

图 6-4　例 6-10 的 RTL 结构

6.4.6 位运算符

作为一种针对数字电路的硬件描述语言，Verilog HDL 用位运算来描述电路信号中的与、或以及非操作，有 5 种位逻辑运算符。

- ❑ ～：非；
- ❑ &：与；
- ❑ |：或；
- ❑ ^：异或；
- ❑ ^～：同或。

位运算符中除了"～"，都是二目运算符。位运算符操作示例如下：

```
s1 = ~s1;
var = ce1 & ce2;
```

位运算对其自变量的每一位进行操作，例如，s1&s2 的含义是 s1 和 s2 的对应位相与。如果两个操作数的长度不相等，将会对较短的数高位补 0，然后进行对应位运算，使输出结果的长度与位宽较长的操作数长度一致。下面给出说明示例。

【例 6-11】 位运算符示例。

```
module bit_demo(
a, b, c1, c2, c3, c4, c5
);
    input [1:0] a, b;
    output [1:0] c1, c2, c3, c4, c5;
    assign c1 = ~a;
    assign c2 = a & b;
    assign c3 = a | b;
    assign c4 = a ^ b;
    assign c5 = a ^~ b;
endmodule
```

在 ISE 完成综合后，得到的 RTL 级结构图如图 6-5 所示，每个位运算符都由基本的逻辑单元实现。

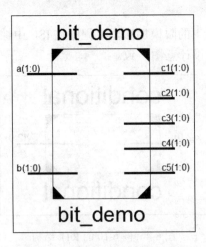

图 6-5 例 6-11 的 RTL 结构

6.4.7　拼接运算符

拼接运算符可以将两个或更多信号的某些位并接起来进行运算操作。其语法格式为：

```
{s1, s2, … , sn}
```

即将某些信号的某些位详细地列出来，中间用逗号隔开，最后用一个大括号表示一个整体信号。

在实际工程中，拼接运算得到广泛应用，特别是在描述移位寄存器时。

【例 6-12】　拼接符的 Verilog 实例。

```
reg [15:0] shiftreg;
always @( posedge clk)
shiftreg [15:0] <= {shiftreg [14:0], data_in};
```

此外，在 Verilog 语言中还有一种重复操作符{{}}，即将一个表达式放入双重花括号中，复制因子放在第一层括号中，为复制一个常量或变量提供一种简便记法，例如，{3{2'b01}}= 6'b010101。

6.4.8　移位运算符

移位运算符只有两种："<<"（左移）和">>"（右移），左移一位相当于乘以 2，右移一位相当于除以 2。其语法格式为：

```
s1 << N; 或 s1 >>N
```

其含义是将第一个操作数 s1 向左（右）移位，所移动的位数由第二个操作数 N 来决定，且都用 0 来填补移出的空位。进行移位运算时应注意移位前后变量的位数，下面给出几个例子：

```
4'b1001<<1 = 5'b10010;  4'b1001<<2 = 6'b100100;
1<<6 = 32'b1000000;  4'b1001>> 1= 4'b0100;
4'b1001>>4 = 4'b0000;
```

在实际运算中，经常通过不同移位数的组合来计算简单的乘法和除法。例如 s1*20，因为 20=16+4，所以可以通过 s1<<4+s1<<2 来实现。下面给出示例代码。

【例 6-13】　通过移位运算符实现将输入数据放大 19 倍。

```
module amp19(clk, din, dout);
    input clk;
    input [7:0] din;
    output [11:0] dout;
    reg [11:0] dint16;
    reg [11:0] dint2;
    reg [11:0] dint;
    //将放大倍数 19 分解为 16+2+1
    always @(posedge clk) begin
    dint16 <= din << 4;
```

```
    dint2 <= din << 1;
    dint <= din;
    end
    //将 2 的各次幂值加起来
    assign dout = dint16 + dint2 + dint;
endmodule
```

上述程序在 ISE 综合后的 RTL 级结构图如图 6-6 所示，其中 D 触发器用于移位放大数据，两级放大器用于实现 3 输入加法器。

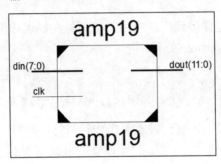

图 6-6 例 6-13 的仿真结果

6.4.9 一元约简运算符

一元约简运算符是单目运算符，其运算规则类似于位运算符中的与、或、非，但其运算过程不同。约简运算符对单个操作数进行运算，最后返回一位数，其运算过程为：首先将操作数的第一位和第二位进行与、或、非运算；然后再将运算结果和第三位进行与、或、非运算；依次类推直至最后一位。

常用的约简运算符与位操作符关键字一样，仅有单目运算和双目运算的区别。下面给出示例代码。

【例 6-14】 包含所有一元简约运算符的 Verilog HDL 代码实例。

```
module reduction(a, out1, out2, out3, out4, out5, out6);
    input [3:0] a;
    output out1, out2, out3, out4, out5, out6;
    reg out1, out2, out3, out4, out5, out6;
    always @ (a) begin
    out1 = & a;        //与约简运算
    out2 = | a;        //或约简运算
    out3 = ~& a;       //与非约简运算
    out4 = ~| a;       //或非约简运算
    out5 = ^ a;        //异或约简运算
    out6 = ^~ a;       //同或约简运算
    end
endmodule
```

这段程序比较简单，就不再给出 RTL 级结构图和仿真结果了。读者可以自己完成其综合和仿真实验。

6.5　思考与练习

1．概念题

（1）定义标注符需要遵守什么原则？

（2）在 Verilog HDL 语言中有哪几种注释的方法？

（3）在 Verilog HDL 语言可以使用的逻辑数值包括哪几类？

（4）常用的数据类型包括哪几类？哪些是可以综合的，哪些是不可综合的？

（5）线网型变量和寄存器变量的区别有哪些？

（6）Verilog HDL 中的赋值操作包括哪几类？各自有什么特点？

（7）目前，算术运算符中哪些运算符只有在特定场合才能达到可综合的目的？

（8）逻辑运算符和位运算符有什么不同，各自在什么场合下使用？

（9）拼接符的作用是什么？其物理意义是什么？

（10）移位运算符的作用是什么？

2．操作题

（1）实现加 1 加法器，且模值为 11。

（2）通过移位运算符实现将输入数据放大 25 倍。

第 7 章　面向综合的行为描述语句

如前所述，行为描述级 Verilog HDL 语言中最常用的描述层次，是 Verilog HDL 语言的一个子集。面向综合的代码语句是行为描述语句的两大子集之一，另外一个子集是面向仿真的代码语句。Verilog HDL 语言是一种硬件开发语言，完成硬件系统设计是其最主要的功能，仿真子集也是为快速、准确地完成硬件设计而存在。只有可综合的语句才能最终被 EDA 工具转化成硬件设计。本章主要介绍可综合的触发事件控制语句、条件语句、循环语句以及任务与函数。当然，除了"/"和"%"等算术运算受限外，所有的操作符都是可综合的。

7.1　触发事件控制

在 Verilog HDL 语言中，事件是指某一个寄存器或线网变量的值发生了变化。事件皆有触发声明语句或块语句的执行。触发事件控制主要包括了信号电平事件和信号跳变沿事件，下面分别对其进行介绍。

7.1.1　信号电平事件语句

电平敏感事件是指指定信号的电平发生变化时发生指定的行为。下面是电平触发事件控制的语法和实例。

第一种：

```
@(<电平触发事件>) 行为语句;
```

第二种：

```
@(<电平触发事件 1> or <电平触发事件 2> or … or <电平触发事件 n>) 行为语句;
```

【例 7-1】　电平沿触发计数器实例。

```verilog
module counter1(
   clk, reset, cnt);
 input clk, reset;
 output [4:0] cnt;
 reg [4:0] cnt;
 always @(reset or clk) begin
   if (reset)
     cnt = 0;
   else
     cnt = cnt +1;
 end
endmodule
```

其中，只要 a 信号的电平有变化，信号 cnt 的值就会加 1，这可以用于记录信号 a 的变化次数。关键字 or 表明事件之间是"或"的关系，可以用标号","来表示或的关系，其相应的语法格式为：

```
always @(<电平触发事件 1> ，<电平触发事件 2> ，…,<电平触发事件 n>) 行为语句；
```

因此也可以将例 7-1 修改为：

```
reg [4:0] cnt;
always @(reset, clk) begin
  if (reset)
    cnt = 0;
  else
    cnt = cnt +1;
end
```

程序在 ISE 中综合后的 RTL 级结构图如图 7-1 所示。

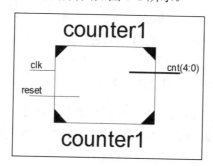

图 7-1　组合逻辑计数器的 RTL 结构示意图

在 reset 信号电平为低时，只要 clk 的电平发生变化，cnt 的数值就会累加 1。这也表明电平触发事件以触发信号的电平变化为依据，无论信号电平由高变低，还是由低变高，一律同等对待。

7.1.2　信号跳变沿事件语句

边沿触发事件是指指定信号的边沿信号跳变时发生指定的行为，分为信号的上升沿（x-->1 or z-->1 or 0-->1）和下降沿（x-->0 or z-->0 or 1-->0）控制。上升沿用 posedge 关键字来描述，下降沿用 negedge 关键字描述。边沿触发事件控制的语法格式为：

```
module counter1(
@(<边沿触发事件>) 行为语句；// 第一种
@(<边沿触发事件 1> or <边沿触发事件 2> or … or <边沿触发事件 n>) 行为语句；// 第二种
```

【例 7-2】　基于边沿触发事件的加 1 计数器。

```
module counter2(
  clk, reset, cnt
  );
  input clk, reset;
  output [4:0] cnt;
  reg [4:0] cnt;
  always @(negedge clk) begin
```

```
    if (reset)
      cnt <= 0;
    else
      cnt <= cnt +1;
  end
endmodule
```

上面这个例子表明：只要 clk 信号出现下降沿，那么 cnt 信号就会加 1，完成计数的功能。这种边沿计数器在同步分频电路中有着广泛的应用。同样，信号沿跳变事件语句中的 or 也可以用标号","来代替。例 7-2 程序在 ISE 中综合后的 RTL 级结构图如图 7-2 所示。

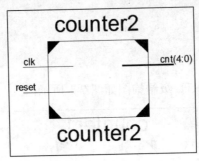

图 7-2　时序逻辑计数器的 RTL 结构示意图

和例 7-1 比较，信号跳变沿触发电路对信号的某一跳变沿敏感，不过在一个时钟周期内，只有一个下降沿和一个跳变沿。因此计算结果在一个周期内保持不变，而电平触发电路则会引起数据在一个时钟周期内变化一次或多次。

7.2　条　件　语　句

Verilog HDL 语言含有丰富的条件语句，包括 if 语句和 case 语句，在语法上与 C 语言相似。读者需要注意的是，条件语句只能用于过程块中，包括 initial 结构块和 always 结构块。由于 initial 语句块主要面向仿真应用，因此本节主要介绍其在 always 块中的应用。

7.2.1　if 语句

Verilog HDL 语言中的 if 语句与 C 语言中的用法十分相似，使用起来也很简单。其使用形式有以下 3 种。

第一种，语法格式如下：

```
if (条件1) 语句块1;//(1)
```

第二种，语法格式如下：

```
if (条件1) 语句块1;//(2)
else 语句块2;
```

第三种，语法格式如下：

```
if (条件1) 语句块1;
else if (条件2) 语句块2;
...
else if (条件n) 语句块n;
else 语句块n+1; // (3)
```

在上面 3 种方式中，"条件"一般为逻辑表达式或者关系表达式，也可以是一位的变量。如果表达式的值出现 0、x、z，则全部按照"假"处理；若为 1，则按"真"处理。对于第三种形式，如果条件 1 的表达式值为真（或非 0 值），那么语句块 1 被执行，否则语句块不被执行；然后依次判断条件 2 至条件 n 是否满足，如果满足就执行相应的语句块，最后跳出 if 语句，整个模块结束。如果所有的条件都不满足，则执行最后一个 else 分支。语句块若为单句，直接书写即可；若为多句，则需要使用 begin…end 块将其括起来。建议读者无论是单句还是多句，都通过 begin…end 块括起来，这样便于检查 if 和 else 的匹配情况，特别是在多重 if 语句嵌套的情况下。

在应用中，else if 分支的语句数目由实际情况决定；else 分支也可以省略，但在组合逻辑中会产生一些不可预料的逻辑单元，导致设计功能失败，因此应该尽量保持 if 语句分支的完整性。下面给出一个 if 语句的应用实例。

【例 7-3】　通过 if 语句实现一个多路数据选择器。

```
module sel(
  sel_in, a_in, b_in, c_in, d_in, q_out
  );
  input [1:0] sel_in;
  input [4:0] a_in, b_in, c_in, d_in;
  output [4:0] q_out;
  reg [4:0] q_out;
  always @(a_in or b_in or c_in or d_in or sel_in) begin
    if(sel_in == 2'b00)
      q_out <= a_in;
    else if (sel_in == 2'b01)
      q_out <= b_in;
    else if (sel_in == 2'b10)
      q_out <= c_in;
    else
      q_out <= d_in;
  end
endmodule
```

当 sel_in 的值为 2'b00 时，将 a_in 的值赋给 q_out；当 sel_in 的值为 2'b01 时，将 b_in 的值赋给 q_out；当 sel_in 的值为 2'b10 时，将 c_in 的值赋给 q_out；当 sel_in 的值为 2'b11 时，将 d_in 的值赋给 q_out。

7.2.2　case 语句

case 语句为多路条件分支形式，常用于多路译码、状态机以及微处理器的指令译码等场合，有 case、casez 和 casex 3 种形式。

1. case 语句

case 语句的语法格式为：

```
case (<条件表达式>)
<分支 1>: <语句块 1>;
<分支 2>: <语句块 1>;
…
default: <语句块 n>
endcase
```

其中的<分支 n>通常是一些常量表达式。case 语句首先对条件表达式求值，然后并行对各分支项求值并进行比较，这是与 if 语句最大的不同。比较完成后，与条件表达式值相匹配的分支中的语句被执行。可以在一个分支中定义多个分支项，但这些值需要互斥，否则会出现逻辑矛盾。默认分支 default 将覆盖所有没被分支表达式覆盖的其他分支。此外，当 case 语句跳转到某一分支后，控制指针将转移到 endcase 语句之后，其余分支将不再遍历比较，因此不需要类似 C 语言中的 break 语句。

如果几个分支都对应着同一操作，则可以通过逗号将这几个不同分支的取值隔开，再将这些情况下需要执行的语句放在这几个分支值之后，其格式为：

```
<分支 1>, <分支 2>, …, <分支 n>;
<语句块>;
```

下面给出一个 case 语句的例子，随着 cnt 的取值变化，q 和不同的数相加，其功能等效于 q=cnt+q+1。

```
reg [2:0] cnt;
case (cnt)
    3'b000: q = q + 1;
    3'b001: q = q + 2;
    3'b010: q = q + 3;
    3'b011: q = q + 4;
    3'b100: q = q + 5;
    3'b101: q = q + 6;
    3'b110: q = q + 7;
    3'b111: q = q + 8;
    default: q <= q + 1;
endcase
```

需要指出的是，case 语句的 default 分支虽然可以省略，但是一般不要省略，否则在组合逻辑中，会和 if 语句中缺少 else 分支一样，生成锁存器。

case 语句在执行时，条件表达式和分支之间进行的比较是一种按位进行的全等比较，也就是说，只有在分支项表达式和条件表达式的每一位都彼此相等的情况下，才会认为二者是"相等"的。在进行对应比特的比较时，x、z 这两种逻辑状态也作为合法状态参与比较。各逻辑值在比较时的真值表如表 7-1 所示，其中 True 表示比较结果相等，False 表示比较结果不等。

表 7-1　case语句的比较规则

case		条件表达式			
		0	1	x	z
分支项	0	True	False	False	False
	1	False	True	False	False
	x	False	False	True	False
	z	False	False	False	True

由于 case 语句有按位进行全等比较的特点,因此 case 语句的条件表达式和分支值必须具备同样的位宽,只有这样才能进行对应位的比较。当各分支取值以常数形式给出时,必须显式地表明其位宽,否则 Verilog HDL 编译器会默认其具有与 PC 字长相等的位宽。例7-4 给出了一个实现操作码译码的实例。

【例 7-4】 使用 case 语句实现操作码译码。

```
module decode_opmode(
  a_in, b_in, opmode, q_out
  );
  input [7:0] a_in;
  input [7:0] b_in;
  input [1:0] opmode;
  output [7:0] q_out;
  reg [7:0] q_out;
  always @(a_in or b_in or opmode) begin
  case(opmode)
    2'b00: q_out = a_in + b_in;
    2'b01: q_out = a_in + b_in;
    2'b10: q_out = (~a_in) + 1;
    2'b11: q_out = (~b_in) + 1;
  endcase
  end
endmodule
```

上述程序中的输入信号 opmode 是宽度为两位的操作码,用于指定输入 a_in 和 b_in 执行的运算类型。当操作码为 2'b00 时,取值为 a_in 和 b_in 的和;当操作码为 2'b01 时,取值为 a_in 和 b_in 的差;当操作码为 2'b10 时,取值为 a_in 的补码;当操作码为 2'b11 时,取值为 b_in 的补码。

2. casez和casex语句

casez 和 casex 语句是 case 语句的变体。在 casez 语句中,如果分支取值的某些位为高阻态 z,则这些位的比较就不予考虑,而只关注其他位的比较结果;casex 语句则把这种处理方式扩展到对 x 的处理,即如果比较双方有一方的某些位为 x 或 z,那么这些位的比较就不予考虑。表 7-2、表 7-3 分别给出 casez 和 casex 语句比较时的真值表。

表 7-2　casez语句的比较规则

casez		条件表达式		
		0	1	x	z
分支项	0	True	False	False	True
	1	False	True	False	True
	x	False	False	True	True
	z	True	True	True	True

表 7-3　casex语句的比较规则

casex		条件表达式		
		0	1	x	z
分支项	0	True	False	True	True
	1	False	True	True	True
	x	True	True	True	True
	z	True	True	True	True

在 casez 和 casex 语句中，分支取值的 z 也可以用符号 "?" 代替，例如：

```
reg [1:0] a, b;
casez(b)
    2'b1? : a = 2'b00;
    2'b?1 : a = 2'b11;
endcase
```

它与下面的代码是等效的，只要 b 的高位为 1，则 a 的值为 2'b00；b 的低位为 1，则 a 的值为 2'b11。

```
reg [1:0] a, b;
casez(b)
    2'b1z : a = 2'b00;
    2'bz1 : a = 2'b11;
endcase
```

从上述内容可以看出，casez 和 casex 的唯一不同就在于对 x 逻辑的处理，其语法规则是完全一致的。下面以 casex 为例，给出例 7-5 所实现的操作码译码器。

【例 7-5】 使用 case 语句实现操作码译码器。

```
module decode_opmodex(
  a_in, b_in, opmode, q_out
  );
  input [7:0] a_in;
  input [7:0] b_in;
  input [3:0] opmode;
  output [7:0] q_out;
  reg [7:0] q_out;
  always @(a_in or b_in or opmode) begin
  casex(opmode)
    4'b0001: q_out = a_in + b_in;
    4'b001x: q_out = a_in - b_in;
    4'b01xx: q_out = (~a_in) + 1;
    4'b1zx?: q_out = (~b_in) + 1;
    default: q_out = a_in + b_in;
  endcase
  end
endmodule
```

上述代码在比较 opmode 和 casex 分支数值时，将分别忽略其中取值为 z、x 以及?的位。只要操作码 opmode 的取值为 4'b0001，q_out 的数值为两个数相加的和；高三位取值为 1，q_out 的值为 a_in-b_in；高两位取值为 2'b01，q_out 的值为 a_in 的补码；最高位取值为 1，q_out 的值为 b_in 的补码。

7.2.3　条件语句的深入理解

1．if和case语句的区别

if 语句指定了一个有优先级的编码逻辑，而 case 语句生成的逻辑是并行的，不具有优先级。if 语句可以包含一系列不同的表达式，而 case 语句比较的是一个公共的控制表达式。通常使用 if-else 结构处理速度较慢，但占用的面积小，如果对速度没有特殊要求而对面积有较高要求，则可用 if-else 语句完成编解码。case 结构处理速度较快，但占用面积较大，所以可用 case 语句实现对速度要求较高的编解码电路。嵌套的 if 语句如果使用不当，会导致设计的延时更大，为了避免较大的路径延时，最好不要使用特别多的嵌套 if 结构。如想利用 if 语句来实现那些对延时要求苛刻的路径,应将最高优先级给予最迟到达的关键信号。有时为了兼顾面积和速度，可以将 if 和 case 语句合用。

2. if语句和case语句的实例剖析

下面分别给出两个使用 if 和 case 语句的实例，希望读者从中体会到二者的不同。

【例 7-6】　使用 if 语句实现一个 4 选 1 的数据通路选择器。

```
module sdata_if(clk, reset, x, s, y);
  input clk;
  input reset;
  input [3:0] x;
  input [1:0] s;
  output y;
  reg y;
  always @(posedge clk) begin
    if(!reset) begin
      y <= 0 ;
    end
    else begin
    if(s == 2'b00)
      y <= x[0];
    else if (s == 2'b01)
      y <= x[1];
    else if (s == 2'b10)
      y <= x[2];
    else
      y <= x[3];
    end
  end
endmodule
```

上述程序经过综合后，其 RTL 级结构如图 7-3 所示。

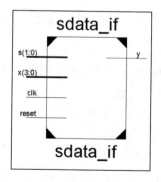

图 7-3　用 if 语句实现的 4 选 1 选择器 RTL 级结构图

【例 7-7】　使用 case 语句实现一个 4 选 1 的 8 位数据选择器。

```
module sdata_case(clk, reset, x, s, y);
  input clk;
  input reset;
  input [3:0] x;
  input [1:0] s;
```

```
output y;
reg y;
always @(posedge clk)
begin
    if(!reset)
      y <= 0 ;
    else
    begin
    case(s)
      2'b00: y <= x[0];
      2'b01: y <= x[1];
      2'b10: y <= x[2];
      2'b11: y <= x[3];
    endcase
    end
 end
endmodule
```

上述程序经过综合后，其数据选择部分的 RTL 级结构如图 7-4 所示。从图中可以看出状态变量 s[1:0]通过 y 以并行方式输入到复用器中，因此逻辑级数只有 1 级。

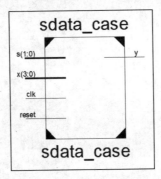

图 7-4　用 case 语句实现的 4 选 1 选择器 RTL 级结构图

7.3　循 环 语 句

Verilog HDL 提供了 4 种循环语句，可用于控制语句的执行次数，分别为：

❑ for 循环：执行指定的循环次数。

❑ while 循环：执行语句直到某个条件不满足。

❑ repeat 循环：连续执行语句 N 次。

❑ forever 循环：连续执行某条语句。

其中，for、while 以及 repeater 是可综合的，但循环的次数需要在编译之前就确定，动态改变循环次数的语句则是不可综合的；forever 语句是不可综合的，常用于产生各类仿真激励。本节主要介绍可综合的 repeater、for 和 while 语句。

7.3.1　repeat 语句

repeat 语句用于执行指定的循环数，如果循环计数表达式的值不确定，即为 x 或 z 时，

那么循环次数按 0 处理。repeat 语句的语法为:

```
repeat(循环次数表达式)
begin
语句块;
end
```

其中,"循环次数表达式"用于指定循环次数,可以是一个整数、变量或者数值表达式。如果是变量或者数值表达式,其数值只在第一次循环时得到计算,从而得以事先确定循环次数;"语句块"为重复执行的循环体。在可综合设计中,"循环次数表达式"必须在程序编译过程中保持不变。下面给出一个利用 repeat 语句实现两个 8 位数据乘法的实例。

【例 7-8】　利用 repeat 语句实现两个 8 位数据的乘法。

```verilog
module mult_8b_repeat(a, b, q);
  parameter bsize = 8;
  input [bsize-1 : 0] a, b;
  output [2*bsize-1 : 0] q;
  reg [2*bsize-1 : 0] q, a_t;
  reg [bsize-1 : 0] b_t;
  always @(a or b)
  begin
    q = 0;
    a_t = {{bsize{0}},a};
    b_t = b;
  repeat(bsize)
  begin
  if (b_t[0])q = q + a_t;
  else q = q;
    a_t = a_t << 1;
    b_t = b_t >> 1;
  end
  end
endmodule
```

在程序中,repeat 语句中指定循环次数的是参数 bsize,其数值为 8,因此循环体将被重复执行 8 次;循环体部分由一个 begin…end 语句块组成,每执行一次就进行一次移位相加操作,在重复执行 8 次后就完成了两个 8 位输入数据的相乘运算。

7.3.2　while 语句

while 循环语句实现的是一种"条件循环",即只有在指定的循环条件为真时才会重复执行循环体,如果表达式条件在开始不为真(包括假、x 以及 z),那么过程语句将永远不会被执行。while 循环的语法为:

```
while(循环执行条件表达式)
begin
语句块
end
```

在上述格式中,"循环执行条件表达式"代表了循环体得到继续重复执行时必须满足的条件,通常是一个逻辑表达式。在每一次执行循环体之前,都需要对这个表达式是否成立进行判断。"语句块"代表了被重复执行的部分,可以为单句或多句。

　　while 语句在执行时，首先判断循环执行条件表达式是否为真，如果为真，执行后面的语句块；然后再重新判断循环执行条件表达式是否为真，为真，再执行一遍后面的语句块，如此不断，直到条件表达式不为真。因此，在执行语句中，必须有改变循环执行条件表达式的值的语句，否则循环就会变成死循环。

　　下面通过 while 语句实现例 7-8 的功能，即完成两个 8 位无符号数相乘的功能。

【例 7-9】 使用 while 语句实现两个 8 位无符号数据的乘法。

```verilog
module mult_8b_while(a, b, q);
  parameter bsize = 8;
  input [bsize-1 : 0] a, b;
  output [2*bsize-1 : 0] q;
  reg [2*bsize-1 : 0] q, a_t;
  reg [bsize-1 : 0] b_t;
  reg [bsize-1 : 0] cnt;
  always @(a or b)
  begin
    q = 0;
    a_t = {{bsize{0}},a};
    b_t = b;
    cnt = bsize;
    while(cnt > 0)
  begin
    if (b_t[0])q = q + a_t;
    else q = q;
      cnt = cnt - 1;
      a_t = a_t << 1;
      b_t = b_t >> 1;
  end
  end
endmodule
```

　　上述程序中，while 语句开始执行时，cnt 的初始值为 8，条件表达式成立，循环体语句开始执行，并将 cnt 的值减 1；再次判断执行条件，执行循环语句，直到经过 8 次循环后，cnt 的值为 0，这时条件表达式不再成立，循环结束。

7.3.3　for 语句

　　和 while 循环语句一样，for 循环语句实现的循环也是一种"条件循环"，即按照指定的次数重复执行过程赋值语句。其语法格式为：

　　`for(表达式 1; 表达式 2; 表达式 3) 语句块;`

　　for 循环语句最简单的应用形式是很容易理解的，其形式为：

　　`for(循环变量赋初值; 循环执行条件; 循环变量增值)　　循环体语句的语句块;`

　　其中，"循环变量赋初值"和"循环变量增值"语句是两条过程赋值语句；"循环执行条件"代表着循环继续执行的条件，通常是一个逻辑表达式，在每一次执行循环体之前都要对这个条件表达式是否成立进行判断；"循环体语句的语句块"是要被重复执行的循环体部分，如果超过多条语句，需要使用 begin…end 语句块将循环体语句括起来。

　　for 循环语句的执行过程可以分为以下几步。

（1）执行"循环变量赋初值"语句。

（2）执行"循环执行条件"语句，判断循环变量的值是否满足循环执行条件。若结果为真，执行循环体语句，然后继续执行下面的第（3）步；否则，结束循环语句。

（3）执行"循环变量增值"语句，并跳转到第（2）步。

从上面的说明可以看出，"循环变量赋初值"语句只在第一次循环开始之前被执行一次，"循环执行条件"在每次循环开始之前都会被执行，而"循环变量增值"语句在每次循环结束之后被执行。读者可以发现，如果"循环变量增值"语句不改变循环变量的值，则for 语句会进入无限次的死循环状态，这种情况在程序设计中是要避免的。事实上，for 语句等价于由 while 循环语句构建的如下循环结构：

```
begin
循环变量赋初值;
while(循环执行条件)
begin
循环体语句的语句块;
循环变量增值;
end
end
```

这里需要强调的是，虽然从表面上看来，while 语句需要 3 条语句才能完成一个循环控制，for 循环只需要一条语句就可以实现，但二者对应的逻辑本质上是一样的。在书写代码时，由于 for 语句的表述比 while 语句更清晰、简洁，更便于阅读，因此推荐使用 for 语句。

目前，大多数 FPGA 工具都支持 for 语句的综合，但要求"循环结束条件"是个常量。下面通过计算数据"0"值的个数的程序来说明 for 语句的使用方法。

【例 7-10】　使用 for 语句统计输入数据中所包含"0"值的个数。

```
module countzeros (a, Count);
  input [7:0] a;
  output [2:0] Count;
  reg [2:0] Count;
  reg [2:0] Count_Aux;
  integer i;
  always @(a)
  begin
    Count_Aux = 3'b0;
    for (i = 0; i < 8; i = i+1)
  begin
    if (!a[i]) Count_Aux = Count_Aux+1;
  end
    Count = Count_Aux;
  end
endmodule
```

在应用时，repeat、while 以及 for 语句三者之间是可以相互转化的，例如对于一个简单的 5 次循环，分别用 for、repeat 以及 while 书写代码如下。

```
for( i = 0; i <= 4;
    i=i+1)
begin
...
end
```

```
repeat(5)
begin
...
end
```

```
i = 0;
while(i<5)
begin
...
i = i + 1;
end
```

为了说明三种循环语句之间可以互换，下面给出用 for 循环实现两个 8 位无符号数据相乘的实例。

【例 7-11】 使用 for 语句实现两个 8 位无符号数据相乘的实例。

```verilog
module mult_8b_for(a, b, q);
  parameter bsize = 8;
  input [bsize-1:0] a, b;
  output [2*bsize-1:0] q;
  reg [2*bsize-1:0] q, a_t;
  reg [bsize-1:0] b_t;
  reg [bsize-1:0] cnt;
  always @(a or b)
  begin
    q = 0;
    a_t = {{bsize{0}},a};
    b_t = b;
    cnt = bsize;
    for(cnt = bsize; cnt>0; cnt = cnt-1)
  begin
    if (b_t[0]) q = q + a_t;
    else q = q;
      a_t = a_t << 1;
      b_t = b_t >> 1;
  end
  end
endmodule
```

读者需要特别注意的是：Verilog 不支持 C/C++语言中的 "++" 和 "--" 运算，因此必须通过完整的语句 "i = i + 1" 和 "i = i − 1" 来实现类似的功能。

7.3.4 循环语句的深入理解

Verilog HDL 是一门硬件描述语言，如果期望代码在硬件中实现，需要使用 FPGA 工具将其翻译成基本的门逻辑。由于硬件电路中并没有循环电路的原型，因此在使用循环语句时要十分小心，必须时刻在意其是否可综合。

这里向读者再次介绍一些硬件设计思想：在硬件系统中，任何 RTL 级的描述都是需要占用资源的。因此必须确保循环是一个有限循环，否则设计将是不可综合的。由于任何硬件实现平台（FPGA、ASIC）的资源都是有限的，因此 forever 语句是不可综合的。当然，循环语句的优势也是明显的：代码简捷明了，便于维护和管理，具有高级语言的普遍特征。

根据作者的设计经验，硬件里的 for 语句不会像软件程序那样频繁使用，一方面是因为 for 语句需要占用一定的硬件资源，另一方面是因为在设计中 for 循环可通过计数器来代替。所以，在 Verilog HDL 程序开发中，使用循环语句一定要谨慎，毕竟描述层次越抽象，将其转化成硬件实现的难度就越大，性能也越差，并且占用的资源越多。

虽然基于循环语句的 Verilog HDL 设计显得相对简单，阅读起来也比较容易，但是面向硬件的设计和软件设计的关注点是不同的。硬件设计并不追求代码的短小，而是关注设计的时序和面积性能等特征。读者在面向综合的设计中使用循环语句要慎重。

7.4 任务与函数

如果程序中有一段语句需要执行多次，则重复性的语句会非常多，代码会变得冗长且难懂，维护难度也很大。任务和函数具备将重复性语句聚合起来的能力，类似于 C 语言的子程序。通过任务和函数来替代重复性语句，能有效简化程序结构，增加代码的可读性。此外，Verilog 的 task 和 function 语句是可以综合的，不过综合出来的都是组合电路。

7.4.1 task 语句

任务就是一段封装在 task…endtask 之间的程序。任务是通过调用来执行的，而且只有在调用时才执行，如果定义了任务，但是在整个过程中都没有调用它，那么这个任务是不会被执行的。调用某个任务时可能需要它处理某些数据并返回操作结果，所以任务应当有接收数据的输入端和返回数据的输出端。另外，任务可以彼此调用，并且任务内还可以调用函数。

1. 任务定义

任务定义的形式如下：

```
task task_id;
[declaration]
procedural_statement
endtask
```

其中，关键词 task 和 endtask 将它们之间的内容标志成一个任务定义，task 标志着一个任务定义结构的开始；task_id 是任务名；可选项 declaration 是端口声明语句和变量声明语句，任务接收输入值和返回输出值就是通过此处声明的端口进行的；procedural_statement 是一段用来完成这个任务操作的过程语句，如果过程语句多于一条，应将其放在语句块内；endtask 为任务定义结构体结束标志。

下面给出一个任务定义的实例。

【例 7-12】 定义一个任务。

```
task task_demo;              //任务定义结构开头，命名为 task_demo
  input [7:0] x,y;           //输入端口说明
  output [7:0] tmp;          //输出端口说明
  if(x>y)                    //给出任务定义的描述语句
    tmp = x;
  else
    tmp = y;
endtask
```

上述代码定义了一个名为 task_demo 的任务，目标是取两个数的最大值。在定义任务时，有下列 6 点需要注意：

（1）在第一行 task 语句中不能列出端口名称。

（2）任务的输入、输出端口和双向端口数量不受限制，甚至可以没有输入、输出以及双向端口。

（3）在任务定义的描述语句中，可以使用出现不可综合操作符合语句（使用最为频繁的是延迟控制语句），但这样会造成该任务不可综合。

（4）在任务中可以调用其他的任务或函数，也可以调用自身。

（5）在任务定义结构内不能出现 initial 和 always 过程块。

（6）在任务定义中可以出现"disable 中止语句"中断正在执行的任务，但其是不可综合的。当任务被中断后，程序流程将返回到调用任务的地方继续向下执行。

2．任务调用

虽然任务中不能出现 initial 语句和 always 语句，但在 initial 语句和 always 语句中可以使用任务调用语句，其语法格式如下。

```
task_id[(端口1，端口2，…，端口N)];
```

其中 task_id 是要调用的任务名，"端口 1，端口 2，…，端口 N"是参数列表。参数列表给出输入任务的数据（进入任务的输入端）和接收返回结果的变量（从任务的输出端接收返回结果）。任务调用语句中，参数列表的顺序必须与任务定义中的端口声明顺序相同。任务调用语句是过程性语句，所以任务调用中接收返回数据的变量必须是寄存器类型。下面给出一个任务调用实例。

【例 7-13】 通过 Verilog HDL 的任务调用实现一个 4 位全加器。

```
module EXAMPLE (A, B, CIN, S, COUT);
  input [3:0] A, B;
  input CIN;
  output [3:0] S;
  output COUT;
  reg [3:0] S;
  reg COUT;
  reg [1:0] S0, S1, S2, S3;
  task ADD;
    input A, B, CIN;
    output [1:0] C;
    reg [1:0] C;
    reg S, COUT;
    begin
      S = A ^ B ^ CIN;
      COUT = (A&B) | (A&CIN) | (B&CIN);
      C = {COUT, S};
    end
  endtask
  always @(A or B or CIN)
  begin
    ADD (A[0], B[0], CIN, S0);
    ADD (A[1], B[1], S0[1], S1);
    ADD (A[2], B[2], S1[1], S2);
    ADD (A[3], B[3], S2[1], S3);
    S = {S3[0], S2[0], S1[0], S0[0]};
    COUT = S3[1];
  end
endmodule
```

在调用任务时，需要注意以下几点：

（1）任务调用语句只能出现在过程块内。

（2）任务调用语句和普通的行为描述语句处理方法一致。

（3）当调用输入、输出或双向端口时，任务调用语句必须包含端口名列表，且信号端口顺序和类型必须和任务定义结构中的顺序和类型一致。需要说明的是，任务的输出端口必须和寄存器类型的数据变量对应。

（4）可综合任务只能实现组合逻辑，也就是说调用可综合任务的时间为 0。而在面向仿真的任务中可以带有时序控制，如时延，因此面向仿真的任务调用时间不为 0。

7.4.2　function 语句

函数的功能和任务的功能类似，但二者也有很大的不同。在 Verilog HDL 语法中也存在函数的定义和调用。

1. 函数的定义

函数通过关键词 function 和 endfunction 定义，不允许输出端口声明（包括输出和双向端口），但可以有多个输入端口。定义函数的语法如下。

```
function [range] function_id;
  input_declaration
  other_declarations
  procedural_statement
endfunction
```

其中，function 语句标志着函数定义结构的开始；[range]参数指定函数返回值的类型或位宽，这是一个可选项，若没有指定，默认值为 1 位的寄存器数据；function_id 为所定义函数的名称，对函数的调用也是通过函数名完成的，并在函数结构体内部代表一个内部变量，函数调用的返回值就是通过函数名变量传递给调用语句；input_declaration 用于对函数各个输入端口的位宽和类型进行说明，在函数定义中至少要有一个输入端口；endfunction 为函数结构体结束标志。下面给出一个定义函数实例。

【例 7-14】 定义函数实例。

```
function AND;    //定义输入变量
  input A, B;    //定义函数体
  begin
    AND = A && B;
  end
endfunction
```

函数定义在函数内部会隐式定义一个寄存器变量，该寄存器变量和函数同名并且位宽也一致。函数通过在函数定义中对该寄存器的显式赋值来返回函数计算结果。此外，还有下列 5 点需要注意。

（1）函数定义只能在模块中完成，不能出现在过程块中。

（2）函数至少要有一个输入端口；不能包含输出端口和双向端口。

（3）在函数结构中，不能使用任何形式的时间控制语句（如#、wait 等），也不能使用 disable 中止语句。

（4）函数定义结构体中不能出现过程块语句（如 always 语句）。

（5）函数内部可以调用函数，但不能调用任务。

2．函数的调用

和任务一样，函数也是在调用时才被执行的，调用函数的语句格式如下。

```
func_id(expr1, expr2,…, exprN)
```

其中，func_id 是要调用的函数名，"expr1, expr2,…,exprN" 是传递给函数的输入参数列表，该输入参数列表的顺序必须与函数定义时声明的输入顺序相同。下面给出一个函数调用实例。

【例 7-15】 正确实现加法器功能的函数调用实例。

```
module comb15 (A, B, CIN, S, COUT);
  input [3:0] A, B;
  input CIN;
  output [3:0] S;
  output COUT;
  wire [1:0] S0, S1, S2, S3;
  function signed [1:0] ADD;
    input A, B, CIN;
    reg S, COUT;
    begin
      S = A ^ B ^ CIN;
      COUT = (A&B) | (A&CIN) | (B&CIN);
      ADD = {COUT, S};
    end
  endfunction
  assign S0 = ADD (A[0], B[0], CIN),
  S1 = ADD (A[1], B[1], S0[1]),
  S2 = ADD (A[2], B[2], S1[1]),
  S3 = ADD (A[3], B[3], S2[1]),
  S = {S3[0], S2[0], S1[0], S0[0]},
  COUT = S3[1];
endmodule
```

在函数调用中，有下列两点需要注意：

（1）函数调用可以在过程块中完成，也可以在 assign 这样的连续赋值语句中出现。

（2）函数调用语句不能单独作为一条语句出现，只能作为赋值语句的右端操作数。

7.4.3　深入理解任务和函数

通过任务和函数可以将较大的行为级设计划分为较小的代码段，允许 Verilog HDL 程序开发人员将多个地方使用的相同代码提取出来，简化程序结构，提高代码可读性。一般的综合器都支持 task 和 function 语句。

1．关于task语句的深入说明

根据 Verilog HDL 语言标准，task 比 always 低 1 个等级，即 task 必须在 always 里面调用；task 本身可以调用 task，但不能调用 Verilog HDL 模块（module）。module 的调用是与 always、assign 语句并列的，所以在这些语句中均不能直接调用 module，只能采用和 module

端口交互数据的方法达到调用的目的。

　　task 语句是可综合的，但其中不能包含 always 语句，因此也只能实现组合逻辑。顺序调用 task 对于电路设计来说，就是复制电路功能单元。多次调用 task 语句就是多次复制电路，因此资源占用会成倍增加，不能达到电路复用的目的；同时用 task 封装的纯逻辑代码会使得电路的处理时间变长，最高频率降低，不能用于需要高速的场合。

　　综上所述，可以看出 task 语句的功能就是将代码中重复的组合逻辑封装起来以简化程序结构，具备组合逻辑设计的所有优点和缺点；而对于时序设计，task 语句则无法处理，只能通过 Verilog HDL 语言中的层次化设计方法，将其封装成 module，通过端口交换数据达到简化程序结构的目的。

2. 关于function语句的深入说明

　　在面向综合的设计中，function 语句是可综合的，但由于 function 语句不支持使用 always 语句，因此无法捕获信号跳变沿，所以不可能实现时序逻辑。和 task 语句一样，function 语句具有组合逻辑电路的所有优点和缺点，这里就不再赘述了。

3. task语句和function语句的比较

　　task 语句和 function 语句都必须在模块内部定义，除了参数个数不同外，还可以定义内部变量，包括寄存器、时间变量、整型等，但是不能定义线网型变量。此外，二者都只能出现在行为描述中，并且在 task 语句和 function 语句内部不能包含 always 和 initial 语句。表 7-4 列出了 task 和 function 语句的不同。

表 7-4　task和function语句的不同点

比 较 点	任 务	函 数
输入、输出	可以有任意多个各种类型的参数	至少有一个输入端口，不能有输出端口，包括 inout 端口
调用	任务只能在过程语句中调用，而不能在连续赋值语句 assign 中调用	函数可作为赋值操作的表达式，用于过程赋值和连续赋值语句
触发事件控制	任务不能出现 always 语句；可以包含延迟控制语句（#），但只能面向仿真，不可综合	函数中不能出现 always、#这样的语句，要保证函数的执行在零时间内完成
调用其他函数和任务	任务可以调用其他任务和函数	函数只能调用函数，不能调用任务
返回值	任务没有返回值	函数向调用它的表达式返回一个值
其他说明	任务调用语句可以作为一条完整的语句出现	函数调用语句只能作为赋值操作的表达式，不能作为一条独立的语句出现

7.5　思考与练习

1. 概念题

　　（1）如何理解 always 语句引导的过程块是不断活动的？

　　（2）Verilog HDL 的触发事件可以分为哪几类？如何通过 Verilog HDL 语言实现？

（3）if 语句有什么特点？与 case 语句相比有什么区别和联系？

（4）说明 case、casex 和 casez 语句的不同。

（5）可综合的循环语句包括哪些？

（6）什么是任务，它有什么特点？

2．操作题

（1）使用 if 语句实现一个 8 选 1 的数据通路选择器。

（2）通过 Verilog HDL 的任务调用实现一个 8 位全加器。

第8章　可综合状态机开发

如前所述，行为描述级是 Verilog HDL 语言中最常用的描述层次，是 Verilog HDL 语言的一个子集。面向综合的代码语句是行为描述语句的两大子集之一，另外一个子集是面向仿真的代码语句。Verilog HDL 语言是一种硬件开发语言，完成硬件系统设计是其最主要功能，仿真子集也是为了快速、准确地完成硬件设计而存在。只有可综合的语句才能最终被 EDA 工具转化成硬件设计。本章主要介绍可综合的触发事件控制语句、条件语句、循环语句以及任务与函数。当然，除了"/"和"%"等算术运算受限外，所有的操作符都是可综合的。

8.1　状态机的基本概念

状态机由状态寄存器和组合逻辑电路构成,能够根据控制信号按照预先设定的状态进行状态转移,是协调相关信号动作、完成特定操作的控制中心。状态机分为 Moore（摩尔）型和 Mealy（米莉）型。本节将对状态机相关原理及不同状态机的特点展开介绍。

8.1.1　状态机的工作原理及分类

1. 状态机工作原理基础

状态机是组合逻辑和寄存器逻辑的特殊组合，一般包括两个部分：组合逻辑部分和寄存器逻辑部分。寄存器用于存储状态，组合电路用于状态译码和产生输出信号。状态机的下一个状态及输出不仅与输入信号有关，还与寄存器当前状态有关，其基本要素有 3 个：状态、输入和输出。

1）状态

状态也叫状态变量。在逻辑设计中，使用状态划分逻辑顺序和时序规律。例如要设计一个交通灯控制器，可以用允许通行、慢行和禁止通行作为状态；设计一个电梯控制器，每层就是一个状态；等等。

2）输入

输入指状态机进入每个状态的条件，有的状态机没有输入条件，其中的状态转移较为简单；有的状态机有输入条件，当某个输入条件存在时才能转移到相应的状态。例如，交通灯控制器就没有输入条件，状态随着时间的改变自动跳转；电梯控制器是存在输入的，每一层的上、下按键以及电梯内的层数选择按键都是输入，会对电梯的下一个状态产生影响。

3）输出

输出指在某一个状态时特定发生的事件。例如，交通灯控制器在允许通行状态时输出绿色，缓行状态时输出黄色，禁止通行状态时输出红色；电梯控制器在运行时一直会输出当前所在层数以及当前运行方向（上升或下降）。

2．Moore型和Mealy型状态机

根据输出是否与输入信号有关，状态机可以划分为 Moore 型和 Mealy 型状态机；根据输出是否与输入信号同步，状态机可以划分为异步和同步状态机。由于目前电路设计以同步设计为主，因此本书主要介绍同步的 Moore 型状态机和 Mealy 型状态机。

1）Moore 型状态机

Moore 型状态机的输出仅仅依赖于当前状态（Current State），其逻辑结构如图 8-1 所示。组合逻辑块将输入和当前状态映射为适当的次态（Next State），作为触发器的输入，并在下一个时钟周期的上升沿覆盖当前状态，使得状态机状态发生变化。输出是通过组合逻辑块计算得到的，本质上是当前状态的函数。其中，输出的变化和状态的变化都与时钟信号变化沿保持同步。在实际应用中，大多数 Moore 状态机的电路模型都非常简单。

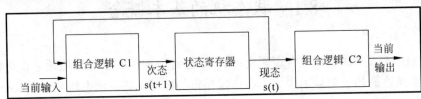

图 8-1　Moore 型状态机电路简图

2）Mealy 型状态机

Mealy 型状态机的输出同时依赖于当前状态和输入信号，其结构如图 8-2 所示。输出可以在输入发生改变之后立即改变，与时钟信号无关。因此 Mealy 型状态机具有异步输出特点。在实际中，Mealy 型状态机应用更加广泛，该类型常常能够减少状态机的状态数。

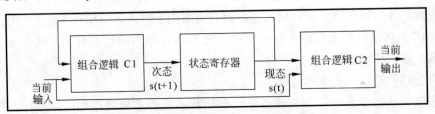

图 8-2　Mealy 型状态机电路简图

由于 Mealy 型状态机的输出和状态转换有关，因此和 Moore 型状态机相比，只需要更少的状态就可以产生同样的输出序列。此外，还需要注意 Mealy 型状态机的输出和时钟是异步的，而 Moore 型状态机的输出则保持同步。

8.1.2　状态机描述方式

状态机有 3 种表示方法：状态转移图、状态转移表和编程语言描述，这 3 种表示方法是等价的，相互之间可以转换。

1. 状态转移图

状态转移图是状态机描述的最自然的方式。状态转移图经常在设计规划阶段定义逻辑功能时使用，也可以在分析代码中状态机时使用，其图形化的方式有助于理解设计意图。

图 8-3 的状态转移图示意了一个四状态的有限状态机。它的同步时钟是 Clock，输入信号是 A 和 Reset，输出信号是 F 和 G。状态的转移只能在同步时钟（Clock）的上升沿发生，往哪个状态转移则取决于目前所在状态和输入的信号（Reset 和 A）。

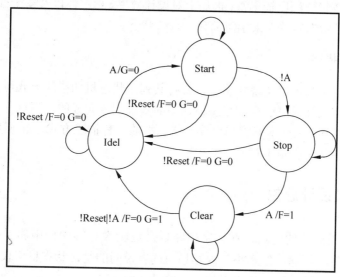

图 8-3 四状态有限状态机

对于 Moore 型状态机，以当前接收到的比特和上一比特的组合作为状态，共有 4 种状态，在不同状态输出不同的数值。而对于 Mealy 型状态机，由于可以直接利用输入信号来产生输出信号，以上一次接收到的比特为状态，以当前接收到的比特为输入，因此只需要两种状态。

值得一提的是，Xilinx 开发工具 ISE 内嵌的状态机开发工具 StateCAD 就支持以状态转移图为逻辑设计输入。设计者只要在其中画出状态转移图，StateCAD 就能自动将状态转移图翻译成 HDL 语言代码，而且翻译出来的代码规范、可读性较好、可综合且易维护。

2. 状态转移表

状态转移表用列表的方式描述状态机，是数字逻辑电路常用的设计方法之一，经常用于对状态化简。从表面上看来，状态转移表类似于真值表。表 8-1 为一个简单的 Moore 状态机的状态转移表。

表 8-1 Moore状态机的状态转移表

当前状态	输　入	次状态	输　出
2'b00	0	2'b00	0
2'b00	1	2'b01	0
2'b01	0	2'b10	0

续表

当前状态	输　入	次状态	输　出
2'b01	1	2'b11	0
2'b10	0	2'b00	0
2'b10	1	2'b01	0
2'b11	0	2'b10	1
2'b11	1	2'b11	1

基于 EDA 的 Verilog HDL 语言程序设计，主要采用 RTL 级的行为建模，且目前主流 PLD 器件的可用逻辑资源比较丰富，再加上对设计效率、稳定性以及安全性等方面的考虑，所以并不需要通过状态转移表来手工简化、优化状态。

3. 编程语言描述

常见的编程语言都可以实现状态机，要将其列为状态机的描述方式可能有些牵强，因为程序大都建立在设计人员已得到状态转移图的基础上才完成的。但这些语言确实也对状态机进行了完整描述，因此本书将其也算作状态机的一种描述方式。如何通过 Verilog HDL 语言描述高质量的状态机是本章的核心内容。

8.1.3　状态机设计思想

状态机是一类简单的电路，在数字电路以及逻辑设计等课程中属于必修内容，因此大多数读者都了解其概念。但本小节内容想向读者说明的是，状态机不仅仅是一种电路，也是一种设计思想，这一思想贯穿于数字系统设计中。

从电路角度讲，状态机可以说是一类广义时序电路，触发器、计数器、移位寄存器都是它特殊功能的一种。从功能上讲，状态机可以有效管理系统的各个步骤，类似于 PC 机中的 CPU，包括实现一些非常先进的设计理念。

事实上，很多初学者不明白如何应用状态机是因为不理解状态机的本质。其实状态机就是一种能够描述具有逻辑顺序和时序顺序事件的方法，特别适合描述那些存在先后顺序以及其他规律性的事件。对于要解决的问题，首先按照事件逻辑关系划分出状态；其次，明确各状态的输入、输出及其相互之间的关系；第三，得到系统的抽象状态转移图，并通过 Verilog HDL 语言实现。所有步骤的目的就是根据需求控制电路。

对于基于 Verilog HDL 语言的设计而言，小到一个简单的时序逻辑，大到整个系统设计都适合用状态机来描述。此外，对于设计者而言，状态机的设计水平直接反映了逻辑设计功底，因此读者在阅读及实践过程中应该注意状态机的设计思想。

8.2　可综合状态机设计原则

状态机作为数字系统的控制器，其设计代码必须面向综合。本节主要介绍状态机开发的方法和常用的设计指标。

8.2.1　状态机开发流程

目前，无论是教育界还是工业界，都在状态机的设计方面积累了丰富的经验。本书推荐的开发流程如下。

1．理解问题背景

有限状态机的需求常常通过文字来描述，准确理解这些描述是明白状态机行为规范的基础。例如，对于最简单的状态机——计数器，简单的枚举状态序列就足够了；而对于复杂的状态机，如无人自动售货机，则需要理解人机交易的所有细节，以及可能出现的种种问题。

2．得到状态机的抽象表达

一旦读者了解了问题，必须将其变成实现有限状态机过程中更容易处理的抽象形式。最好通过状态转移图将状态机表达出来。这一步是状态机设计的关键。

3．进行状态简化

步骤 2 得到的抽象表达往往具备很多冗余状态，其中某些特定的状态变化路径可以被清除掉。冗余与否的判断准则是：输入/输出行为和其他功能等价的变化路径是否重复。

4．状态分配

在简单的状态机中，例如计数器，其输出和状态是等价的，因此不需要再对状态编码进行讨论。但对于一般的状态机，输出并不直接就是状态值，而等同于存储在状态触发器中的比特位（也有可能是某些输入值），因此选择良好的状态编码可以使状态机有更好的性能。8.2.2 节将详细讨论状态编码。

5．有限状态机的Verilog HDL语言实现

这一步骤是状态机开发流程的最后一步，也有很多优秀的设计方法，本书将在 8.3 节进行介绍。

8.2.2　状态编码原则

状态编码又称状态分配。通常有多种编码方法，编码方案选择得当，设计的电路可以简单；反之，电路会占用过多的逻辑导致处理速度降低。设计时，须综合考虑电路复杂度和电路性能这两个因素。下面主要介绍二进制编码、格雷码和独热码。

1．二进制编码

二进制编码和格雷码都是压缩状态编码。二进制编码的优点是使用的状态向量最少，但从一个状态转换到相邻状态时，可能有多个比特位发生变化，瞬变次数多，易产生毛刺。二进制编码的表示形式比较通用，这里就不再给出了。

2. 格雷码

格雷码在相邻状态的转换中，每次只有 1 个比特位发生变化，虽减少了产生毛刺和暂态的可能，但不适用于有很多状态跳转的情况。表 8-2 给出了十进制数字 0～9 的格雷码表示形式。

表 8-2 格雷码数据列表

十进制数字码	格雷码	十进制数字码	格雷码
0	0010	5	1100
1	0110	6	1101
2	0111	7	1111
3	0101	8	1110
4	0100	9	1010

由于在有限状态机中，输出信号经常是通过状态的组合逻辑电路驱动的，因此有可能因输入信号不同时到达而产生毛刺。如果状态机的所有状态是一个顺序序列，则可通过格雷码来消除毛刺，但对于时序逻辑状态机中的复杂分支，格雷编码也不能达到消除毛刺的目的。

3. 独热码（One Hot）

独热码是指对任意给定的状态，状态向量中只有 1 位为 1，其余位都为 0。n 状态的状态机需要 n 个触发器。这种状态机的速度与状态的数量无关，仅取决于到某特定状态的转移数量，速度很快。当状态机的状态增加时，如果使用二进制编码，那么状态机速度会明显下降。而采用独热码，虽然多用了触发器，但由于状态译码简单，节省和简化了组合逻辑电路。独热码还具有设计简单、修改灵活、易于综合和调试等优点。表 8-3 给出了十进制数字 0～9 的独热码表示形式。

表 8-3 独热码数据列表

十进制数字码	独热码	十进制数字码	独热码
0	000_0000_00	5	000_0100_00
1	000_0000_01	6	000_1000_00
2	000_0000_10	7	001_0000_00
3	000_0001_00	8	010_0000_00
4	000_0010_00	9	100_0000_00

对于寄存器数量多而门逻辑相对缺乏的 FPGA 器件，采用独热编码可以有效提高电路的速度和可靠性，也有利于提高器件资源的利用率。独热编码有很多无效状态，应该确保状态机一旦进入无效状态时，可以立即跳转到确定的已知状态。

8.2.3 状态机的容错处理

在状态机设计中，不可避免地会出现大量剩余状态，所谓的容错处理就是对剩余状态进行处理。若不对剩余状态进行合理处理，状态机可能进入不可预测的状态（毛刺以及外界环境的不确定性所致），出现短暂失控或者始终无法摆脱剩余状态以至于失去正常功能。因此，状态机中的容错技术是设计人员应该考虑的问题。

当然，对剩余状态的处理要不同程度地耗用逻辑资源，因此设计人员需要在状态机结构、状态编码方式、容错技术及系统的工作速度与资源利用率等诸多方面进行权衡，以得到最佳的状态机。常用的剩余状态处理方法如下。

❑ 转入空闲状态，等待下一个工作任务的到来。

❑ 转入指定的状态，执行特定任务。

❑ 转入预定义的专门处理错误的状态，如预警状态。

在程序编写时，如果通过 if 语句来实现状态调转或者下一状态的计算，不要漏掉 else 分支；如果使用 case 语句则不要漏掉 default 分支。

8.2.4 常用的设计准则

1. 基本的设计要求

评价状态机设计的标准很多，下面给出最关键的几条准则。

1）状态机设计要稳定

这里的所谓稳定就是指状态机不会进入死循环，不会进入一些未知状态，即使由于某些不可抗拒原因（系统故障、干扰等）进入不正常状态，也能够很快恢复正常。

2）工作速度快

在设计中，状态机大都面向电路级设计，因此状态机必须满足电路的频率要求。设计时可以尽可能使用 case 语句来代替 if 语句。

3）所占资源少

在满足工作频率要求的前提下，使用尽可能少的逻辑资源。

4）代码清晰易懂、易维护

这里面有两个层次的要求：首先，代码书写要规范；其次，要做好文档维护，注重注释语句的添加。需要说明的是，1）～3）项准则不是绝对独立的，它们之间存在相互转化的关系。例如，安全性高就意味着必须处理所有条件判断的分支语句，但这必然导致所用逻辑资源加多；至于面积和速度，二者的互换更是逻辑设计的关键思想。因此，各条要求要综合考虑，但无论如何，稳定性总是第一位的。

2. 设计时的注意事项

有限状态机的设计准则很多，下面列出常用的注意事项。

（1）单独用一个 Verilog HDL 模块来描述一个有限状态机。这样不仅可以简化状态的定义、修改和调试，还可以利用 EDA 工具（如 ISE 等）来进行优化和综合，以达到更优的效果。

（2）使用代表状态名的参数 parameter 来给状态赋值，而不是使用宏定义（`define）。因为宏定义产生的是一个全局的定义，而参数则定义了一个模块内的局部常量。这样当一个设计具有多个有重复状态名的状态机时也不会发生冲突。

（3）在组合 always 块中使用阻塞赋值，在时序 always 块中使用非阻塞赋值。这样可以使软件仿真的结果和真实硬件的结果相一致。

8.3 状态机的 Verilog HDL 实现

在 Verilog HDL 设计中，状态机的代码实现有对应的开发模板。根据该模板写出来的状态机有着较高的性能和完全的可综合性，能提高设计效率。本节主要介绍两类状态机的经典实现模板。

8.3.1 状态机实现综述

基于 Verilog HDL 语言的状态机设计方法非常灵活，按代码描述方法的不同，可分为一段式描述、二段式描述和三段式描述等。不同的描述所对应的电路是不同的，因此最终的性能也是不同的。为了保证代码的规范性与可靠性，提高代码可读性，下面介绍 3 种常用的描述模板。

1．一段式模板

这种方式是将当前状态向量和输出向量用同一个时序 always 块来进行描述，其结构如图 8-4 所示。这样，由于是寄存器输出，所以输出向量不会产生毛刺，也有利于综合。但是，这种方式有很多缺点，如代码冗长，不易修改和调试、可维护性差且占用资源多等；通过 case 语句对输出向量的赋值应是下一个状态的输出，这点较易出错。状态向量和输出向量都由寄存器逻辑实现，面积较大；不能实现异步 Mealy 型有限状态机。

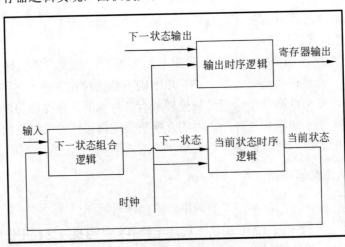

图 8-4　一段式 Moore 型 FSM 描述结构

一段式状态机的 Verilog HDL 代码模板如下。

```
always @(posedge clk) begin
    if (!rst_n) begin
    //
    state <=
    //
```

```
    out1 <=
    out2 <=
    ...
    end
    else begin
    case(state)
    s0: begin
    //
    state <=
    //
    out1 <=
    out2 <=
    ...
    end
    s1: begin
    //
    state <=
    //
    out1 <=
    out2 <=
    ...
    end
    ...
    endcase
    end
end
```

2．两段式模板

在这种方式中，一个时序 always 块给当前状态向量赋值，一个组合 always 块给下一状态和输出向量赋值，通常用于描述组合输出的 Moore 状态机或异步 Mealy 状态机，其结构如图 8-5 所示。

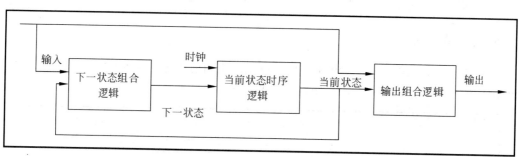

图 8-5　两段式有限状态机结构

与 1 个 always 块模板和 3 个 always 块模板相比，两端式模块具有最优的面积和时序性能，缺点是其输出为当前状态的组合函数，因此存在以下几个问题。

（1）组合逻辑输出会使输出向量产生毛刺。一般情况下，输出向量的毛刺对电路的影响可以忽略不计。但是，当输出向量作为三态使能控制或者时钟信号使用时，就必须要消除毛刺，否则会对后面的电路产生致命的影响。

（2）从速度角度而言，由于这种状态机的输出向量必须由状态向量经译码得到，因此加大了从状态向量到输出向量的延时。

（3）从综合角度而言，组合输出消耗了一部分时钟周期，即增加了由它驱动的下一个模块的输入延时。这样不利于综合脚本的编写和综合优化算法的实现。综合的基本技巧是将一个设计划分成只有寄存器输出，且所有的组合逻辑仅存在于模块输入端以及内部寄存器之间的各个子模块。这样不仅能在综合脚本中使用统一的输入延时，还能得到更优化的综合结果。

二段式状态机的 Verilog HDL 代码模板如下。

```
//状态调转
always @(posedge clk) begin
    if (!rst_n)
        state <= idle;
    else
        state <= next_state;
end
//下一状态的计算以及输出逻辑
always @(state) begin
    case(state)
    s0: begin
    //
    next_state = ;
    //
    out1 = ;
    out2 = ;
    ...
    end
    s1: begin
    //
    next_state = ;
    //
    out1 = ;
    out2 = ;
    end
    endcase
end
```

3. 三段式模板

三段式方式使用两个时序 always 模块分别产生当前状态向量和输出向量，一个组合 always 用于产生下一状态向量，其结构如图 8-6 所示。

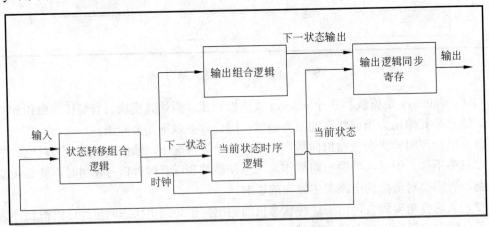

图 8-6　三段式 Moore 型 FSM 描述结构

三段式代码主要包括以下 3 个部分：

1）状态转移部分

这部分定义了基于时钟的寄存器，对状态值进行不同的编码可以得到不同的寄存器组类型。例如：独热码可以简化输出组合逻辑，但是消耗了更多寄存器资源；而采用格雷码，由于每次状态变化时只改变一个比特位，因此可以降低功耗。

2）状态转移条件部分

此部分是纯组合逻辑，实现了状态转移的条件判断。在这部分中，如果某一状态下通过不同条件进入不同状态，则应仔细考虑这些条件间的优先级。

3）输出逻辑部分

此部分根据不同需要可以有多种方式实现。比如处于某状态时，输出一个时钟周期的信号，或多个时钟周期的信号；也可以在进入某状态时，输出一个或多个时钟周期的信号。这个模板与 1 个 always 块模板风格相比，同样是寄存器输出，但面积较小，代码可读性强；与 2 个 always 块模板风格相比面积稍大，但具有无毛刺的输出且有利于综合，因此推荐读者使用 3 个 always 块模板。

三段式状态机的 Verilog HDL 代码模板如下：

```
//状态调转
always @(posedge clk) begin
    if (!rst_n)
    state <= idle;
    else
    state <= next_state;
    end
    //下一状态的计算
always @(state) begin
    case(state)
    s0: next_state = ;
    s1: next_state = ;
    ...
    endcase
    end
//输出逻辑的处理
always @(posedge clk) begin
    case(state)
    s0: begin
    out1 <= ;
    out2 <= ;
    ...
    end
    s1: begin
    out1 <= ;
    out2 <= ;
    ...
    end
    ...
    end
end
```

8.3.2　Moore 状态机开发实例

本节给出一个典型的 Moore 状态机的应用实例——交通灯控制的完整开发。其基本要求如下：

（1）交通灯控制器工作在十字路口交叉处。由于南北通路为人行道，东西通路为机动车道，因此只需要考虑南北方向和东西方向的指示灯，不涉及南北通道和东西通路之间的交叉转向指示。

（2）其中每条通路的红灯、绿灯的持续时间都为 15s。

【例 8-1】 使用 Verilog HDL 语言实现上述交通灯控制器，并给出功能仿真结果。

```verilog
module jtd(
    clk_1Hz, rst_n,
    red_ew, green_ew,
    red_ns, green_ns
    );
    input clk_1Hz, rst_n;
    output red_ew,green_ew;
    output red_ns, green_ns;
    reg red_ew, green_ew;
    reg red_ns, green_ns;
    reg state, next_state = 0;
    reg [4:0] cnt;
//
always @(posedge clk_1Hz) begin
    if(!rst_n)
    cnt <= 0;
    else
    if(cnt == 29)
        cnt <= 0;
    else
        cnt <= cnt + 1;
    end
always @(posedge clk_1Hz) begin
    if(!rst_n)
        state <= 1'b0;
    else
        state <= next_state;
    end
always @(state, cnt) begin
    case(state)
    1'b0: begin
    if(cnt == 14)
        next_state = 1'b1;
    else
        next_state = 1'b0;
    end
    1'b1: begin
    if(cnt == 29)
        next_state = 1'b0;
    else
        next_state = 1'b1;
    end
    endcase
    end
 always @(posedge clk_1Hz) begin
    case(next_state)
    1'b0: begin
    red_ew <= 1;
    green_ew <= 0;
    red_ns <= 0;
    green_ns <= 1;
    end
    1'b1: begin
```

```
    red_ew <= 0;
    green_ew <= 1;
    red_ns <= 1;
    green_ns <= 0;
    end
    endcase
    end
endmodule
```

为了完成上述程序的仿真，读者可在 ISE 中新建 Verilog Test Fixture 类型的源文件来创建 Testbench，并添加下列内容。

```
module tb_jtd;
    //输入
    reg clk_1Hz;
    reg rst_n;
    //输出
    wire red_ew;
    wire green_ew;
    wire red_ns;
    wire green_ns;
    //实例化测试单元(UUT)
    jtd uut (
    clk_1Hz(clk_1Hz),
    rst_n(rst_n),
    red_ew(red_ew),
    green_ew(green_ew),
    red_ns(red_ns),
    green_ns(green_ns)
    );
initial begin
    clk_1Hz = 0;
    rst_n = 0;
    //等待100 ns 未完成全局重置
    #100;
    rst_n = 1;
end
always #1 clk_1Hz = !clk_1Hz;
endmodule
```

8.3.3　Mealy 状态机开发实例

下面给出一个 Mealy 状态机的开发实例。

【例 8-2】利用 Verilog HDL 语言实现一个基于一段式 Mealy 状态机的序列检测器，当输入数据依次为 10010 时，输出一个脉冲。

```
module xljcq(clk,reset,din,signalout);
    input clk,din,reset;
    output signalout;
    reg [2:0] state;
    parameter
    idle = 3'd0,
    a = 3'd1, //5'b1xxxx
    b = 3'd2, //5'b10xxx
    c = 3'd3, //5'b100xx
    d = 3'd4, //5'b1001x
```

```
    e = 3'd5; //5'b10010
    //根据状态机判断输出
    assign signalout = (state == e)?1:0;
always@(posedge clk)
    if(!reset)
    begin
        state <= idle;
    end
    else
    begin
        casex(state)
        idle:
    begin
    if(din == 1)
        state <= a;
    else
        state <= idle;
    end
a:
    begin
    if(din == 0)
        state <= b;
    else
        state <= a;
    end
b:
    begin
    if(din == 0)
        state <= c;
    else
        state <= a;
    end
c:
    begin
    if(din == 1)
        state <= d;
    else
        state <= idle;
    end
d:
    begin
    if(din == 0)
        state <= e;
    else
        state <= a;
    end
e:
    begin
    if(din == 0)
        state <= c;
    else
        state <= a;
    end
        default:
        state <= idle;
    endcase
    end
endmodule
```

上述程序在综合时，ISE 会在信息显示区输出状态机的编码信息，表明本例采用了格雷码来实现状态编码。

8.4　思考与练习

1．概念题

（1）简述 Moore 型状态机与 Mealy 型状态机的不同，并比较其优劣。

（2）说明状态机的设计准则。

2．操作题

（1）设计一个满足下列要求的状态机：交通灯控制器工作在十字路口交叉处。由于南北通路为人行道，东西通路为机动车道，因此只需要考虑南北方向和东西方向的指示灯，不涉及南北通道和东西通路之间的交叉转向指示。其中每条通路的红灯、绿灯的持续时间都为 30s。

（2）利用 Verilog HDL 语言实现一个基于一段式 Mealy 状态机的序列检测器，使得当输入数据依次为 11011 时，输出一个脉冲。

第9章　面向验证和仿真的行为描述语句

随着设计规模的不断增大，验证任务在设计中所占的比例越来越大，已成为 Verilog HDL 设计流程中非常关键的一个环节，传统的验证手段已无法满足需求。事实上，Verilog HDL 语言有着非常强的行为建模能力，可以方便地写出高效、简洁的测试代码。验证包含了功能验证、时序验证以及形式验证等诸多内容，其中，对于大多数可编程逻辑器件的应用来讲，不存在后端处理，因此功能验证占据了验证的绝大部分工作。本章首先介绍关于验证的一些基本概念，然后重点说明 Verilog HDL 仿真语句的使用方法。通过本章的学习，读者可以快速掌握 Verilog HDL 测试代码的编写与使用。

9.1　验证与仿真概述

在 Verilog HDL 语言设计中，整个流程的各个环节都离不开验证，一般分为 4 个阶段：功能验证、综合后验证、时序验证和板级验证。其中前 3 个阶段只能在 PC 上借助 FPGA 工具软件，通过仿真手段完成；第 4 个步骤则将设计真正地运行在硬件平台（FPGA、ASIC 等）上，即可借助传统的调试工具（示波器、逻辑分析仪等）来验证系统功能，也可以通过灵活、先进的软件调试工具来直接调试硬件。

仿真是对所设计电路或系统输入测试信号，然后根据其输出信号和期望值是否一致，得到设计正确与否的结论。由于综合后验证主要通过察看 RTL 结构来检查设计，因此常用的仿真包括功能仿真和时序仿真。Verilog HDL 语言不仅可以描述设计，还能提供对激励、控制、存储响应和设计验证的建模能力。Verilog HDL 测试代码主要用于产生测试激励波形以及输出响应数据的收集。

要对设计进行仿真验证，必须有仿真软件的支持。按照对设计代码的处理方式，可将仿真工具分为编译型仿真软件和解释型仿真软件两大类。编译型仿真软件的速度相对较快，但需要预处理，因此不能即时修改；解释型仿真器的速度较慢，但可以随时修改仿真环境和条件。按照 HDL 语言类型，可将仿真软件分为 Verilog HDL 仿真器、VHDL 仿真器和混合仿真器 3 大类。

常用的仿真工具有 Mentor Graphic 公司的 ModelSim、Cadence 公司的 NC-Verilog 和 Verilog-XL 以及 Xilinx 公司的 ISE-Simulator 等，都能提供 Verilog HDL 和 VHDL 的混合仿真。其中，ModelSim 属于基于编译的仿真软件，能快速完成功能和时序仿真。

验证与仿真是否准确与完备，在一定程度上决定了所设计系统的命运，可以说无缺陷的系统不是设计出来的，而是验证出来的。因此在大型系统设计中，验证和仿真所占用的时间往往是设计阶段所用时间的数倍。

9.1.1　代码验证与仿真概述

收敛模型是验证过程的抽象描述，主要包括两方面内容：首先给出验证任务的说明；其次通过检查任务验证和转换是否收敛于共同的起点来证明转换的正确性。这里的转换是一个广义的概念，对于整个设计而言是指从设计需求说明到最终硬件系统的转换，对于功能验证而言是指从需求说明到可综合的 Verilog HDL 代码的转换。对一个转换的验证只能通过同一个起点的另外一条收敛路径去完成，如图 9-1 所示。

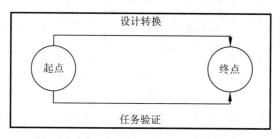

图 9-1　转换和验证原理

因此，对于功能验证来讲，通过验证要保证可综合代码正确实现了设计需求。这就意味着验证和设计需要有共同的起点（这个起点就是设计需求说明书），否则，验证和设计也就没有共同的收敛点，相当于实际上没有做验证。

此外，在实际设计操作中，大多数读者对收敛模型有一个误区：代码设计者自己验证自己的设计。如果设计者集设计和验证任务于一身，其验证的起点就是设计者自己对需求说明书的理解，而不是需求说明书本身了，如图 9-2 所示。这就使得设计者只能验证自己是否正确地将对说明书的理解转换成了 Verilog HDL 代码，而不能验证自己是否正确理解了需求说明书。一旦出现理解错误，将不能被检查出来。

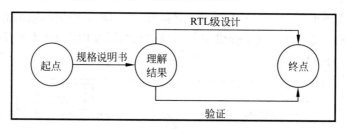

图 9-2　设计和验证合并的收敛模型

为了避免陷入上述误区，实际中要求设计和验证相互独立，分别由不同的团队来完成。设计者完成代码设计以及模块级的验证，验证人员完成系统级的测试。这样，设计和验证的起点都是设计需求说明书，减少甚至消除了由于主观理解不正确而导致的设计错误。

9.1.2　测试平台

1. 测试平台综述

当完成所需硬件模块的 Verilog HDL 语言程序后，需要使用测试平台来验证其实现的功能和性能与设计规范是否相吻合，这成为设计人员的首要任务。

一般来讲，完成设计的硬件都有一个顶层模块，该模块定义了系统中所有的外部接口，调用各底层模块并完成正确的连接，以实现层次化开发。要对所设计的硬件进行功能验证，就要对顶层模块的各个对外接口提供符合设计规范要求的测试输入，然后观察其输出和中间结构是否满足要求。在实践中，往往通过测试平台（Testbench）来为顶层模块输入激励，并例化被测试设计（Device Under Test，DUT），且监视 DUT 的输出，如图 9-3 所示。

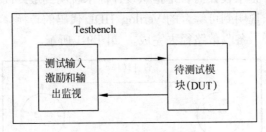

图 9-3   Testbench 示意图

对于简单的设计，直接利用仿真工具内嵌的波形编辑工具绘制激励，然后进行仿真验证；对于一般设计，特别是大型设计，则适合通过 Verilog HDL 语言编写 Testbench，通过软件工具比较结果，分析设计的正确性以及 Testbench 自身的覆盖率，发现问题及时修改。

2．Testbench模型

Testbench 的概念为设计人员提出了一个高效、灵活的设计验证平台，其主要思想就是在不需要硬件外设的前提下，采用模块化的方法完成代码验证。Verilog HDL 可以用来描述变化的测试信号，它可以对任何一个 DUT 模块进行动态的全面测试。此外，Testbench 设计好以后，可应用于各类验证，例如功能验证和时序验证就可以采用同一个 Testbench。因此，如何高效、规范、完备地编写测试代码是本章的重点。

1）传统模型

传统的 Testbench 模型如图 9-4 所示，直接显示了 DUT 模块的输出值。从图中可以看出，Testbench 最主要的任务就是提供完备的测试激励以及例化 DUT 模块。后端的比较、检查任务则依赖 FPGA 工具。

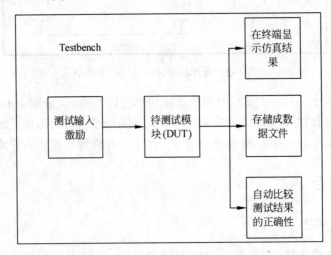

图 9-4   Testbench 的传统模型示意图

传统模型的优点是直观准确，能有效覆盖设计的全部功能。其缺点有两点：首先，需要事先计算期望输出，当数据通道比较复杂时，需要消耗很多时间去计算输出，从而难以使用随机测试信号，存在验证漏洞；其次，验证代码的可重用性很差。

2）参考模型

Testbench 参考模型如图 9-5 所示，不仅要例化 DUT 模块，还要实现一个参考模块，然后为二者提供同样的输入，直接比较输出结果是否一致，得到验证结论。

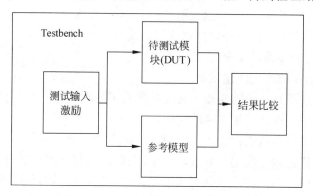

图 9-5　Testbench 参考模型示意图

参考模型的优点是具备良好的可重性，并且可以方便地使用随机测试向量。其缺点是，需要对被测对象建立参考模型，使得前期的工作量非常大。因此，对于小型设计，使用参考模型效率反而不高，但适合于大型或复杂设计，特别是与数字信号处理有关的设计。

Verilog HDL 语言中所有语句和关键字操作，包括面向综合、面向仿真以及系统级任务都可用于 Testbench 的书写，产生测试激励。

9.1.3　验证测试方法论

了解了如何利用 Testbench 来进行验证后，接下来介绍基本的验证测试方法，只有这样才能在最短的时间内发现尽可能多的错误，并少走弯路，提高测试效率。当一个大规模的系统设计完成后，将不可避免地出现各种各样的错误，再加上随着硬件复杂度的级数增加，验证成为硬件设计的瓶颈，高效、完备的测试成为必需要求。

其中，高效是指尽快发现错误，这是由越来越短的上市时间要求决定的，需要设计人员利用多种 FPGA 工具生成各类测试向量，以在尽可能短的时间内完成验证。完备则指发现全部错误，要求硬件测试达到一定的覆盖率，包括代码的覆盖率和功能的覆盖率。

1．功能验证方法

目前的功能验证方法有很多种，下面主要介绍黑盒测试法、白盒测试法和灰盒测试法这 3 类。

1）黑盒测试法

对于 Verilog HDL 设计，从代码角度来看，可以把一个设计模块看作是一个构件；从硬件的角度来看，可以把一个设计模块看作一个集成块。但不论怎样，都可以把它看作一个黑盒，从而运用黑盒测试的有关理论和方法对它进行测试验证。

黑盒测试是把 Verilog HDL 设计看作一个"黑盒子"，不考虑程序内部结构和特性，在程序接口进行测试。测试人员完全不考虑程序内部的逻辑结构和内部特性，只依据程序的需求规格说明书，检查程序的功能是否符合它的功能说明。黑盒测试法有等价类划分、边值分析、因果图、错误推测等，主要用于功能测试。黑盒测试法在代码接口上进行测试，目的是发现以下几类错误：

- □ 是否有不正确或遗漏了的功能。
- □ 在接口上，输入能否正确地接受，输出正确的结果。
- □ 是否有数据格式错误或外部信息访问错误。
- □ 性能上是否能够满足要求。
- □ 是否有初始化或终止性错误。

用黑盒测试法发现程序中的错误，必须在所有可能的输入条件和输出条件中确定测试数据，来检查程序是否都能产生正确的输出。

黑盒测试法的优点有两点：首先，简单，验证人员无须了解程序的细节，只需要根据设计需求说明书来搭建测试代码；其次，便于达到设计和验证分离的目的，保证测试人员不会受到设计代码的影响。其缺点是可观性差，由于验证人员对程序内部的实现细节不太了解，无法对错误进行快速定位，在大规模设计中很难跟踪错误的来源。所以，黑盒测试法一般用于中、小规模设计。

2）白盒测试法

和黑盒测试法相反，白盒测试要求验证人员对 Verilog HDL 设计内部的细节完成细致性检查。这种方法首先要求验证人员对设计熟悉，从而将测试对象看作一个打开的盒子，利用程序内部的逻辑结构及有关信息、设计或选择测试用例，对程序所有逻辑路径进行测试。通过在不同点检查程序状态，确定实际状态是否与预期的状态一致。因此白盒测试又称为结构测试或逻辑驱动测试。白盒测试主要是对程序模块进行如下检查：

- □ 对程序模块的所有独立的执行路径至少测试一遍。
- □ 对所有的逻辑判定，取"真"与取"假"的两种情况都能至少测一遍。

白盒测试法的优点在于容易观察和控制验证的进展情况，可以通过事先设置的观测点，在错误出现后很快定位问题的根源。其缺点则是需要耗费很长的时间去了解设计代码，且很难做到设计和验证分离，从而使得验证人员深受设计影响，无法全面验证设计功能的正确性。

3）灰盒测试法

灰盒测试法是介于白盒测试与黑盒测试之间的一种测试方法。可以这样理解，灰盒测试关注输出对于输入的正确性，同时也关注程序的内部表现，但这种关注不像白盒测试那样详细、完整，只是通过一些表征性的现象、事件、标志来判断内部的运行状态。在很多测试中，经常会出现输出正确、内部错误的情况，如果每次都通过白盒测试来操作，效率会很低，因此需要采取灰盒测试法。灰盒测试法的优缺点介于黑盒测试和白盒测试之间。

在实际应用中，验证人员经常在 Verilog HDL 代码中插入测试点，以便快速定位问题。

下面通过一个实例来说明白盒测试法、黑盒测试法和灰盒测试法的区别。

【例 9-1】 黑盒测试、白盒测试以及灰盒测试法的实例。

下面通过对一个流程分为 5 步的设计进行各类测试方法的深入讨论。

（1）黑盒测试法只送进不同组合的最原始端输入，然后直接在 5 步流程的后的输出端收集数据，判断其是否正确。其特点是从宏观整体入手，而不进入被测试模块。

（2）白盒测试法采用分布式的方法，首先理解全部代码，然后测试 5 步流程中的每一个细节，依次往上，完成每步流程的单独测试，最后再从第一个流程开始，依次级联下一步流程，完成测试。其特点是容易观察并控制验证，但需要耗费大量的时间去理解程序。

（3）灰盒测试法是在整体设计的关键处插入观测点，以每步流程为起点，单独测试；成功后再完成整体测试。这样，不仅可以快速定位错误，也减少了测试的工作量。目前，大部分测试都基于灰盒测试。

本书介绍的验证代码都是基于灰盒测试思想的，如果设计复杂，则加入关键信号的波形分析；否则，直接观测设计的最终输出。

2．时序验证方法

1）时序验证

在以往的小规模设计中，验证环节通常只需要进行动态的门级时序仿真，就可同时完成对 DUT 的逻辑功能验证和时序验证。随着设计规模和速度的不断提高，要得到较高的测试覆盖率，就必须编写大量的测试向量，这使得完成一次门级时序仿真的时间越来越长。为了提高验证效率，有必要将 DUT 的逻辑功能验证和时序验证分开，分别采用不同的验证手段加以验证。

首先，电路逻辑功能的正确性，可以由 RTL 级的功能仿真来保证；其次，电路时序是否满足，则通过静态时序分析（Static Timing Analysis，STA）得到。两种验证手段相辅相成，可确保验证工作高效可靠地完成。时序分析的主要作用是察看 FPGA 内部逻辑和布线的延时，验证其是否满足设计者的约束。在工程实践中，主要体现在以下几点：

① 确定芯片最高工作频率

更高的工作频率意味着更强的处理能力，通过时序分析可以控制工程的综合、映射、布局布线等关键环节，减少逻辑和布线延迟，从而尽可能提高工作频率。一般情况下，当处理时钟高于 100MHz 时，必须添加合理的时序约束文件以通过相应的时序分析。

② 检查时序约束是否满足

可以通过时序分析来察看目标模块是否满足约束，如果不能满足，可以通过时序分析器来定位程序中不满足约束的部分，并给出具体原因。然后，设计人员依此修改程序，直到满足时序约束为止。

③ 分析时钟质量

时钟是数字系统的动力系统，但存在抖动、偏移和占空比失真等不可避免的缺陷。要验证其对目标模块的影响有多大，必须通过时序分析。当采用了全局时钟等优质资源后，如果仍然是时钟造成了目标模块不满足约束，则需要降低所约束的时钟频率。

④ 确定分配管脚特性

FPGA 的可编程特性使电路板设计加工和 FPGA 设计可以同时进行，而不必等 FPGA 引脚位置完全确定后再进行，从而节省了系统开发时间。通过时序分析可以指定 I/O 引脚所支持的接口标准、接口速率和其他电气特性。

2）静态时序分析说明

早期的电路设计通常采用动态时序验证的方法来测试设计的正确性。但是随着 FPGA 工艺向着亚微米技术发展，动态时序验证所需要的输入向量也随着规模增大而以指数级增长，导致验证时间占据整个芯片开发周期的很大比重。此外，动态验证还会忽略测试向量没有覆盖的逻辑电路。因此 STA 应运而生，它不需要测试向量，即使没有仿真条件也能快速地分析电路中的所有时序路径是否满足约束要求。STA 的目的就是要保证 DUT 中所有路径满足内部时序单元对建立时间和保持时间的要求。信号可以及时地从任一时序路径的起点传递到终点，同时要求在电路正常工作所需的时间内保持恒定。整体上讲，静态时序分析具有不需要外部测试激励、效率高和全覆盖的优点，但其精确度不高。

STA 是通过穷举法抽取整个设计电路的所有时序路径，按照约束条件分析电路中是否有违反设计规则的问题，并计算出设计的最高频率。和动态时序分析不同，STA 仅着重于时序性能的分析，并不涉及逻辑功能。STA 是基于时序路径的，它将 DUT 分解为 4 种主要的时序路径。每条路径包含一个起点和一个终点，时序路径的起点只能是设计的基本输入端口或内部寄存器的时钟输入端，终点则只能是内部寄存器的数据输入端或设计的基本输出端口。

STA 的 4 类基本时序电路为：

（1）从输入端口到触发器的数据 D 端。

（2）从触发器的时钟 CLK 端到触发器的数据 D 端。

（3）从触发器的时钟 CLK 端到输出端口。

（4）从输入端口到输出端口。

静态时序分析会在分析过程中计算时序路径上数据信号的到达时间和要求时间的差值，以判断是否存在违反设计规则的错误。数据的到达时间指：数据沿路从起点到终点经过的所有器件和连线延迟时间之和。要求时间是根据约束条件（包括工艺库和 STA 过程中设置的设计约束）计算出的从起点到终点的理论时间，默认的参考值是一个时钟周期。如果数据能够在要求时间内到达终点，那么可以说这条路径是符合设计规则的。其计算公式如下：

$$Slack = Trequired\_time - Tarrival\_time$$

其中，Trequired_time 为约束时长，Tarrival_time 为实际时延，Slack 为时序裕量标志，正值表示满足时序，负值表示不满足时序。如果得到的 STA 报告中 Slack 为负值，那么此时序路径存在时序问题，是一条影响整个设计电路工作性能的关键路径。在逻辑综合、整体规划、时钟树插入、布局布线等阶段进行静态时序分析，就能及时发现并修改关键路径上存在的时序问题，达到修正错误、优化设计的目的。

3. 覆盖率检查

覆盖率表征一个设计的验证所进行的程度，主要根据仿真时统计代码的执行情况，可以按陈述句、信号拴、状态机、可达状态、可触态、条件分支、通路和信号等进行统计分析，以提高设计可信度。覆盖率一般表示一个设计的验证进行到什么程度，也是一个决定功能验证是否完成的重要量化标准之一。覆盖主要指的是代码覆盖和功能覆盖。

1）代码覆盖

代码覆盖可以在仿真时由仿真器直接给出，主要用来检查 RTL 代码哪些没有被执行到。使用代码覆盖可以有效地找出冗余代码，但是并不能方便地找出功能上的缺陷。

2）功能覆盖

使用功能覆盖可以帮助设计人员找出设计功能上的缺陷。一般说来，对一个设计覆盖点的定义和条件约束是在验证计划中提前定义好的，然后在验证环境中具体编程实现，把功能验证应用在约束随机环境中可以有效检查是否所有需要出现的情况都已经遍历。功能验证与面向对象编程技术结合可以在验证过程中有效地增减覆盖点。这些覆盖点既可以是接口上的信号，也可以是模块内部的信号，因此既可以用在黑盒验证也可以用在白盒验证中。通过在验证程序中定义错误状态可以很方便地找出设计功能上的缺陷。下面通过实例说明代码覆盖和功能覆盖的区别。

【例 9-2】　条件语句的覆盖率测试实例。

下面给出一段基于 if 语句的互斥条件语句，其代码如下：

```
if(cnt <3 && cnt > 5)    //互斥条件
    begin
        x = 1;           //语句1
    end
else
    begin
        x = 0;           //语句2
    end
```

代码覆盖率检查的目的是测试代码哪部分被执行了，哪部分没有执行，从而找出错误进一步修改测试条件。由于语句 1 的条件是互斥的，x=1 这条语句不会被执行，因此无论加入什么测试向量，在上段代码的测试中 x 的值一直是 0，这样设计者便会去寻找为什么 x 不输出 1 的原因，从而发现 if 语句的互斥条件存在错误并进行修改。

9.1.4　Testbench 结构

Testbench 模块没有输入/输出，在 Testbench 模块内例化待测设计的顶层模块，并把测试行为的代码封装在内，可直接对待测系统提供测试激励。下面给出了一个基本的 Testbench 结构模板。

```
module testbench;
    //数据类型声明
    //对被测试模块实例化
    //产生测试激励
    //对输出响应进行收集
endmodule
```

一般来讲，在数据类型声明时，和被测模块的输入端口相连的信号定义为 reg 类型，这样便于在 initial 语句和 always 语句块中对其进行赋值；和被测模块输出端口相连的信号定义为 wire 类型，这样便于检测。可以看出，除了没有输入/输出端口，Testbench 模块和普通的 Verilog HDL 模块没有区别。Testbench 模块最重要的任务是利用各种合法的语句，产生适当的时序和数据，以完成测试，并达到覆盖率要求。

下面列出一些在编写 Testbench 时需要注意的问题。

1．Testbench代码不需要可综合

Testbench 代码只是硬件行为描述而不是硬件设计。第 5 章所介绍的语句全部面向硬件设计，必须是可综合语句，每一条代码都对应着明确的硬件结构，能被 EDA 工具所理解。而 Testbench 只用于在仿真软件中模拟硬件功能，不会被实现成电路，也不需要具备可综合性。因此，在编写 Testbench 的时候，需要尽量使用抽象层次高的语句，这样不仅具备高的代码书写效率，而且准确、仿真效率高。

2．行为级描述优先

如前所述，Verilog HDL 语言具备 5 个描述层次，分别为开关级、门级、RTL 行为级、算法级和系统级。虽然所有的 Verilog HDL 语言都可用于 Testbench 中，但是其中行为级描述代码具有以下显著优势：

❑ 降低了测试代码的书写难度，使得设计人员不需要理解电路的结构和实现方式，从而节约了测试代码的开发时间。

❑ 行为级描述便于根据需要从不同的层次进行抽象设计。在高层描述中，设计会更加简单、高效，只有需要解析某个模块的详细结构时，才需要使用低层描述。

❑ 行为级仿真速度快。首先，各 FPGA 工具本身就支持 Testbench 中的高级数据结构和运算，其编译和运行速度很快；其次，高层次的设计本身就是对电路处理的一种简化。

因此，书写 Testbench 代码时使用行为级描述语句。

3．掌握结构化、程式化的描述方法

结构化的描述有利于设计维护，由于在 Testbench 中，所有的 initial、always 以及 assign 语句都是同时执行的，其中每个描述事件都是基于时间"0"点开始的，因此可通过这些语句将不同的测试激励划分开来。一般不要将所有的测试都放在一个语句块中。

其次，对于常用的 Verilog HDL 测试代码，诸如时钟信号、CPU 读写寄存器、RAM 以及用户自定义事件的延迟和顺序等应用，已经形成了程式化的标准写法，因此大量阅读这些优秀的仿真代码，积累程式化的描述方法，可有效提高设计 Testbench 的能力。

9.2 仿真程序执行原理

仿真程序执行原理从根本上说明了计算机的串行操作如何去模拟硬件电路的并行特征，以及可综合语句的执行过程，是真切理解 Verilog HDL 的基础。本节将从 Verilog HDL 语言的语义切入，深入介绍 Verilog HDL 的仿真原理。

9.2.1　Verilog HDL 语义简介

由于 Verilog HDL 是用于硬件设计的，因此可综合语句都对应着具体的硬件电路，本质上是一种并行语言。FPGA 都是运行在 PC 机上的，PC 上所有的程序都是串行执行的，CPU 在同一时刻只执行一个任务，因此 FPGA（包括仿真器）也必然是串行的。

在仿真中，Verilog HDL 语句也是串行执行的，其面向硬件的并行特性则是通过其语言含义来实现的。虽然在仿真中所有代码是串行执行的，但由于语法语义的存在，并不会丢失代码的并行含义和特征。

从面向综合应用以及面向仿真应用的角度来讲，深入理解 Verilog HDL 的语义可以大幅提高设计人员的编码能力。由于符合 IEEE 标准的 Verilog HDL 语言，其语义采用非形式化的描述方法，因此不同厂家的仿真工具、综合语句的后台策略肯定存在差异，同一段代码在不同仿真软件的运行结果可能是不同的，也存在着导致设计人员对程序的理解产生偏差等问题。

9.2.2　Verilog HDL 仿真原理

仿真程序执行原理的关键元素包括仿真时间、事件驱动、事件队列与调度等。下面分别进行说明。

1. 仿真时间

仿真时间是指由仿真器维护的时间值，用来对仿真电路所用的真实时间进行建模。零时刻为仿真起始时刻。当仿真时间推进到某一个时间点时，该时间点就被称为当前仿真时间，而以后的任何时刻都被称为未来仿真时间。

仿真时间只是对电路行为的一个时间标记，和仿真程序在 PC 机上的运行时间没有关系。对于一个很复杂的程序，尽管只需要很短的仿真时间，也需要在仿真器中运行较长的时间；而对于简单的程序，即使仿真很长时间，在实际运行时也只需要短的运行时间。本质上，仿真时间是没有单位的，之所以会出现时间，则是由于 Verilog HDL 语言中 `timescale 语句的定义导致。所有的仿真事件都是严格按照仿真时间向前推进的，也就是说在恰当的时间执行恰当的操作。如果在同一仿真时刻有多个事件需要执行，那么首先需要根据它们之间的优先级来判定谁先执行。如果优先级相同，则不同仿真器的执行方式不同，有可能随机，也有可能按照代码出现的顺序来执行。大多数仿真器采用后一种方法。

2. 事件驱动

如果没有事件驱动，控制仿真时间将不会前进。仿真时间只能被下列事件中的一种来推进：

（1）定义过的门级或线传输延迟；

（2）更新事件；

（3）由#关键字引入的延迟控制；

（4）由 always 关键字引入的事件控制；

（5）由 wait 关键字引入的等待语句。

其中第 1 种形式是由门级器件来决定的，无须讨论。更新事件是指线网、寄存器数值的任何改变。本章后续内容会对后 3 种形式以及路径延迟的定义分别进行讲述。事实上，上述事件都是由循环、相互触发来共同推动仿真时间的前进。

3. 事件队列与调度

Verilog 具有离散事件时间仿真器的特性，也就是说在离散的时间点，预先安排好各个事件，并将它们按照时间顺序排成事件等待队列。最先发生的事件排在等待队列的最前面，而较迟发生的事件依次放在其后。仿真器总是为当前仿真时间移动整个事件队列，并启动相应的进程。在运行的过程中，有可能为后续进程生成更多的事件放置在队列中适当的位置。只有当前时刻所有的事件都运行结束后，仿真器才将仿真时间向前推进，去运行排在事件队列最前面的下一个事件。

在 Verilog 中，事件队列可以划分为 5 个不同的区域，不同的事件根据规定放在不同的区域内，按照优先级的高低决定执行的先后顺序，表 9-1 列出了 Verilog 分层事件队列。其中，活跃事件的优先级最高（最先执行），而监控事件的优先级最低，而且在活跃事件中的各事件的执行顺序是随机的。

表 9-1　Verilog HDL分层事件队列

项　　目		说　　明
时　　间	事　　件	
当前仿真时间事件	活跃事件（顺序随机）	阻塞赋值 连续赋值 非阻塞赋值的右式计算 原语输入计算和输出改变 系统任务：$display
	非活跃事件	显式0延时阻塞赋值 Verilog PLI的call back例程
	非阻塞赋值更新事件	非阻塞赋值产生一个非阻塞更新事件，被调度到当前仿真时间
	监控事件	$monitor和$strobe系统任务 monitor events有一个独特掷出，就是它不能生成任何其他事件
将来仿真时间事件	将来事件	被调度到将来仿真时间的事件

仿真器首先按照仿真时间对事件进行排序，然后在当前仿真时间里按照事件的优先级顺序进行排序。活跃事件是优先级最高的事件，非活跃事件的优先级次之，非阻塞赋值的优先级为第三，监控事件的优先级第四；将来事件的优先级最低。将来仿真时间内的所有事件都将暂存到将来事件队列中，当仿真进程推进到某个时刻后，该时刻所有的事件都会被加入当前仿真事件队列内。

由表 9-1 可知，阻塞赋值属于活跃事件，会被立刻执行，这就是阻塞赋值"计算完毕，立刻更新"的原因。此外，由于在分层事件队列中，只有将活跃事件中排在前面的事件调出并执行完毕后，才能执行下面的事件。

9.3 延时控制语句

延迟语句用于对各条语句的执行时间进行控制，从而快速满足用户的时序要求。本节将对延时控制的语法进行说明，并通过几个实例让读者加深对延时控制的理解。

9.3.1 延时控制的语法说明

Verilog HDL 语言中延时控制的语法格式有两类：

（1）#<延迟时间> 行为语句；

（2）#<延迟时间>；

其中，符号"#"是延迟控制的关键字符，"<延迟时间>"可以是直接指定的延迟时间量，并以多少个仿真时间单位的形式给出。在仿真过程中，所有时延都根据时间单位定义。下面是带时延的连续赋值语句示例：

```
assign #2 Sum = A ^ B;  //#2指2个时间单位
```

使用编译指令将时间单位与物理时间相关联。这样的编译器指令需在模块描述前定义，如下所示：

```
`timescale 1ns /100ps
```

此语句说明时延时间单位为 1ns 并且时间精度为 100ps（时间精度是指所有的时延必须被限定在 0.1ns 内）。如果此编译器指令所在的模块包含上面的连续赋值语句，#2 代表 2ns。如果没有这样的编译器指令，Verilog HDL 模拟器会指定一个默认时间单位，IEEE Verilog HDL 标准中没有规定默认时间单位，因此由各 FPGA 工具厂家自行设定，默认时间单位为 ns。

9.3.2 延时控制应用实例

在实际的仿真测试中，延迟控制语句可以出现在任何赋值语句中，主要有下列 3 类应用方式。

1. #<延迟时间常量> 行为语句

在这种方式中，<延时时间常量>后面直接跟着一条行为语句。仿真进程遇到这条语句后，并不会立即执行行为语句指定的操作，而是要等到<延迟时间值>所指定的时间过去之后，才开始执行行为语句的操作。下面给出一个操作实例。

【例 9-3】 "#"语句的应用实例 1。

```
`timescale 1ns / 1ps
module delay_demo1(q0_out, q1_out, q2_out);
output [7:0] q0_out, q1_out, q2_out;
reg [7:0] q0_out, q1_out, q2_out;
initial
```

```
    begin
        q0_out = 0;
        repeat(100)
            begin
                #5 q0_out = 1; //延迟语句1
                #5 q0_out = 2; //延迟语句2
            end
    end
initial
    fork
        repeat(100)
            begin
                #5 q1_out = 3; //延迟语句3
                #5 q1_out = 4; //延迟语句4
            end
        repeat(100)
            begin
                #5 q2_out = 5; //延迟语句5
                #5 q2_out = 6; //延迟语句6
            end
    join
endmodule
```

上述实例在 ModelSim 中的仿真结果如图 9-6 所示。本实例总共有 6 条延迟控制语句。在仿真启动后，同时进入语句 1、语句 3 以及语句 5；都延迟 5 个仿真时间单位后，同时执行语句 2、语句 4 以及语句 6。这是因为在串行语句块 begin…end 中，语句是串行执行的，并行语句块 fork…join 却是并行执行的，因此 3 个循环体是同时并行执行的，而执行每个循环体都需要 10 个仿真时间单位。

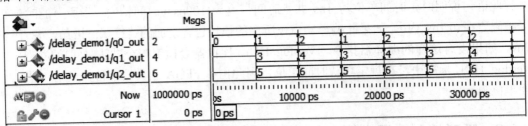

图 9-6　延时控制应用实例 1 的仿真结果

2．#<延迟时间常量>

在这种方式中，<延迟时间常量>后面没有出现任何行为语句，仿真进程遇到该语句后，也不执行任何操作，而是进入等到状态；等过了延迟时间后，再继续执行后续语句。由于并行 fork…join 语句块和串行 begin…end 语句块进入仿真等待状态的影响是不同的，因此这种方式在两类语句块中产生的作用也是不一样的，下面给出实例。

【例 9-4】 "#" 语句的应用实例 2。

```
`timescale 1ns / 1ps
module delay_demo2(q0_out, q1_out);
output [7:0] q0_out, q1_out;
reg [7:0] q0_out, q1_out;
initial
    begin
        q0_out = 0;
```

```
        #100 q0_out = 1;        //延迟语句 1
        #100;                   //延迟语句 2
        #100 q0_out = 10;       //延迟语句 3
        #300 q0_out = 20;       //延迟语句 4
    end
initial
    fork
        q1_out = 0;
        #100 q1_out = 1;        //延迟语句 5
        #100;                   //延迟语句 6
        #200 q1_out = 10;       //延迟语句 7
        #300 q1_out = 20;       //延迟语句 8
    join
endmodule
```

上述实例在 ModelSim 中的仿真结果如图 9-7 所示。本实例总共有 8 条延迟控制语句，其中前 4 条在串行语句块执行，后 4 条在并行语句块中执行；延迟语句 2、延迟语句 6 为延时控制的第二种用法。可以看出在串行块中，延迟语句 2 将下一条语句的执行延迟了指定的时间量；而在并行语句块中，语句 5、6、7、8 都在 0ns 时被执行，赋值操作分别在 100ns、100ns、200ns、300ns 处完成，语句 6 的操作不会对仿真结果产生任何影响，程序流控制在执行时间最长的语句 8 执行后结束。

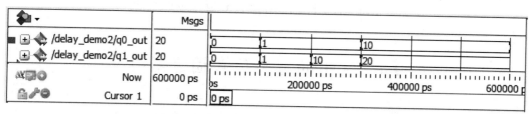

图 9-7　延时控制应用实例 2 的仿真结果

3. #<延迟表达式> 行为语句

在这种方式中，延迟时间是一个表达式或变量，不必将其局限于一个常量，极大地增加了仿真程序的可移植性。由于延迟时间为表达式或变量，因此有可能在其对应的值出现负值以及 "z" 或 "x"。对于这种情况，Verilog HDL 语法规定，如果在延迟时间的变量或表达式中为 "z" 或 "x"，将其按照 0 来处理；如果代表延迟时间的变量或表达式的计算值为负值，则其实际的延时为 0 时延。下面给出一个应用实例。

【例 9-5】 "#" 语句的应用实例 3。

```
`timescale 1ns / 1ps
module delay_demo3(q0_out, q1_out);
output [7:0] q0_out, q1_out;
reg [7:0] q0_out, q1_out;
parameter delay_time = 100;
initial
    begin
        q0_out = 0;
        #delay_time q0_out = 1;         //延迟语句 1
        #(delay_time/2);                //延迟语句 2
        #(delay_time*2) q0_out = 10;    //延迟语句 3
        #300 q0_out = 20;               //延迟语句 4
```

```
        end
initial
    begin
        q1_out = 0;
        #100;                                    //延迟语句 5
        #(delay_time-5'bxxxxx) q1_out = 1;       //延迟语句 6
        #100;                                    //延迟语句 7
        #100 q1_out = 10;                        //延迟语句 8
        #50;                                     //延迟语句 9
        #(delay_time - 200) q1_out = 20;         //延迟语句 10
    end
endmodule
```

上述实例在 ModelSim 中的仿真结果如图 9-8 所示。从实例可以看出，在延迟控制语句的延迟表达式中出现 x、z 以及负值后，其延迟值全部按照 0 来对待。

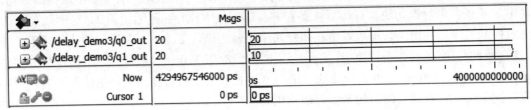

图 9-8　延时控制应用实例 3 的仿真结果

9.4　常用的行为仿真描述语句

虽然所有的 Verilog HDL 语句都可以在仿真代码中使用，但并不是每条语句都高效、易用。本节介绍一些在 Testbench 中经常使用的行为描述语句，基于这些语句，读者可以设计出高效、规范的测试代码。

9.4.1　循环语句

在功能仿真代码中，所有的循环语句都有着非常重要的地位。

1. forever语句

forever 循环语句连续执行过程语句。为跳出这样的循环，中止语句可以与过程语句共同使用。同时，在过程语句中必须使用某种形式的时序控制，否则 forever 循环将永远循环下去。forever 语句必须写在 initial 模块中，主要用于产生周期性波形。forever 循环的语法为：

```
forever
    begin
        ...
    end
```

forever 语句的应用实例如下：

```
initial
    begin
        forever
            begin
                if(d) a = b + c;
                else a= 0;
            end
    end
```

需要说明的一点是，在很多情况下要避免使用 forever 语句，因为只有可控制和有限的事件才是高效的，否则会增加 PC 机的 CPU 和内存资源消耗，从而降低仿真速度。但也有一个特例，就是时钟产生电路。这是因为时钟本身就是周期性的，但由于时钟只是单比特信号，因此不会对仿真速度造成太大影响。

2. 利用循环语句完成遍历

for、while 语句常用于完成遍历测试。当设计代码包含了多个工作模式时，就需要对各种模式都进行遍历测试，如果手动完成每种模式的测试，需要非常大的工作量。利用 for 循环，通过循环下标来传递各种模式的配置，不仅可以有效减少测试工作量，还能保证验证的完备性，不会漏掉任何一种模式。其典型的应用模版如下：

```
parameter mode_num = 5;
//各种模式共同的测试参数
initial
    begin//各种模式不同的参数配置部分
        for (i = 0; i < (mode_num - 1); i = i + 1)
            begin
                case (i)
                    0 : begin
                    ...
                    end
                    1 : begin
                    ...
                    end
                    ...
                endcase
            end
    end
```

由于仿真语句并不追求电路的可综合性，因此推荐在多分枝情况下使用 for 循环来简化代码的编写难度，并降低其出错概率。

3. 利用循环语句实现次数控制

repeat 语句主要用于实现出次数控制的事件，其典型示例如下：

```
initial
    begin
        //初始化
        in_data = 0;
        wr = 0;
        repeat(10)//利用 repeat 语句将下面的代码执行 10 次
            begin
                wr = 1;
                in_data = in_data + 1;
```

```
                            #10;
                            wr = 0;
                            #200;
                    end
        end
```

4. 循环语句的异常处理

通常，循环语句都会有一个"正常"的出口，比如当循环次数达到了循环计数器所指定的次数或 while 表达式不再为真。然后，使用 disable 语句退出任意循环，终止任意 begin…end 块的执行，从紧接这个块的下一条语句继续执行。

disable 语句的典型示例如下：

```
begin:one_branch
    for(i = 0; i < n; i = i +1)
        begin:two_branch
            if (a = = 0) disable one
            disable two_branch;
        end
end
```

9.4.2 force 和 release 语句

force 和 release 语句可以用来跨越进程对一个寄存器或一个电路网络进行赋值。该结构一般用于强制特定的设计的行为。一旦一个强制值被释放，这个信号将保持它的状态直到新的值被进程赋值。

force 语句可为寄存器类型和线网型变量强制赋值。当应用于寄存器时，寄存器当前值被 force 覆盖；当 release 语句应用于寄存器时寄存器当前值保持不变，直到被重新赋值。当应用于线网时，数值立即被 force 覆盖；当 release 语句应用于线网时，线网数值立即恢复到原来的驱动值。下面给出一个 force 与 release 语句的应用实例。

【例 9-6】 force 与 release 语句的应用实例。

```
`timescale 1ns / 1ps
module tb_force;
reg [7:0] q0_out;
wire [7:0] q1_out;
initial
    begin
        q0_out = 0;
        #100;
        force q0_out = 0;
        #100;
        release q0_out;
    end
always #10 q0_out = q0_out + 1;
initial
    begin
        #100;
        force q1_out = 0;
        #100;
        release q1_out;
    end
assign q1_out = 127;
endmodule
```

本实例在 ModelSim 中的仿真结果如图 9-9 所示。

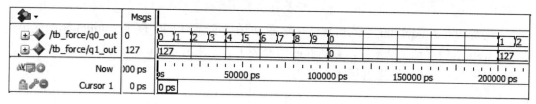

图 9-9　force 与 release 语句应用实例的仿真结果

9.4.3　wait 语句

wait 语句是一种不可综合的电平触发事件控制语句，有如下两种形式。

（1）wait（条件表达式）语句/语句块;

（2）wait（条件表达式）;

对于第一种形式，语句块可以是串行块（begin…end）或并行块（fork…join）。当条件表达式为真（逻辑 1）时，语句块立即得到执行，否则语句块要等到条件表达式为真再开始执行。例如：

```
wait(rst == 0)
    begin
        a = b
    end
```

上例所实现的功能是等待复位信号 rst 变低后，将信号 b 的值赋给 a。如果在仿真进程中 rst 信号不为低，那么就暂停进程并等待。

在第二种形式中，没有包含执行的语句块。当仿真执行到 wait 语句，如果条件表达式为真，那么立即结束该 wait 语句的执行，仿真进程继续往下进行；如果 wait 条件表达式不为真，则仿真进程进入等待状态，直到条件表达式为真。下面给出一个 wait 语句的开发实例。

【例 9-7】　wait 语句的实例。

```
`timescale 1ns / 1ps
module tb_wait;
reg [7:0] q0_out;
reg flag;
initial//initial 初始化语句块1
    begin
        flag = 0;
        #100 flag = 1;
        #100 flag = 0;
    end
initial//initial 初始化语句块2
    begin
        q0_out = 0;
        wait( flag == 1)
            begin //wait 语句
                q0_out = 100;
                #100;
            end
```

```
        q0_out = 255;
    end
endmodule
```

上述实例在 ModelSim 中的仿真结果如图 9-10 所示。实例实现了：initial 初始化语句块 2 的 wait 语句直到 100ns 后，等到 flag 信号为 1 时，才将 q0_out 的数值赋为 100，在此之前一直阻塞 initial 初始化语句块 2 的执行。

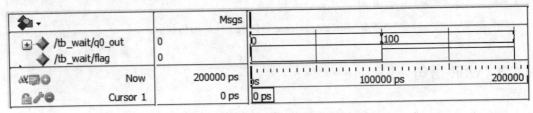

图 9-10   wait 语句实例的仿真结果

9.4.4   事件控制语句

在仿真进程中也存在电平触发和信号跳变沿触发两大类。在仿真程序中还可通过 "@（事件表达式）" 事件来完成单次事件触发，例如下面的示例。

【例 9-8】利用 "@（事件表达式）" 事件来完成单次事件的触发。

```
`timescale 1ns / 1ps
module tb_event;
reg [7:0] cnt0;
reg [7:0] cnt1;
reg clk;
initial
    begin
        forever
            begin
                clk = 0;
                #5;
                clk = 1;
                #5;
            end
    end
initial//捕获信号上升沿
    begin
        cnt0 = 0;
        forever
            begin
            @(posedge clk) //捕获脉冲沿事件
                cnt0 = cnt0 + 1;
            end
    end
initial//捕获信号电平
    begin
        cnt1 = 0;
        forever
            begin
                @(clk) //捕获电平事件
```

```
                    begin
                        if(clk == 1) cnt1 = cnt1 + 1;
                    end
            end
        end
endmodule
```

上述实例在 ModelSim 中的仿真结果如图 9-11 所示,可以看出其正确完成了事件控制。

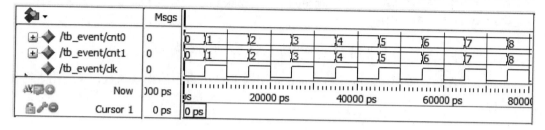

图 9-11　事件控制实例的仿真结果

如前所述,用于综合的语句完全可以用于仿真应用中,因此仿真代码中信号跳变沿的捕获和电平事件捕获方法与面向综合的设计完全一致。

9.4.5　task 和 function 语句

task 语句和 function 语句在仿真程序中发挥着巨大的作用,可以将固定操作封装起来,配合延时控制语句,精确地模拟大多数常用的功能模块,具备良好的可重用性。下面给出一个 task 语句用于 Verilog HDL 仿真代码的演示实例。

【例 9-9】　基于 task 的 3 次方模块演示实例。

```verilog
`timescale 1ns / 1ps
module tb_tri;
parameter bsize = 8;
parameter clk_period = 2;
parameter cac_delay = 6;
reg [(bsize -1):0] din;
reg [(3*bsize -1):0] dout;
task tri_demo;//定义完成 3 次方运算的 task
    input [(bsize -1):0] din;
    output [(3*bsize -1):0] dout;
    #cac_delay  dout = din*din*din;
endtask
initial//在串行语句块中调用完成 3 次方运算的 task
    begin
        din = 0;
    end
    always # clk_period
    begin
        din = din + 10;
        tri_demo(din, dout);//任务调用语句
    end
endmodule
```

上述实例在 ModelSim 中的仿真结果如图 9-12 所示,正确计算出了输入数据的 3 次方,达到了设计要求。

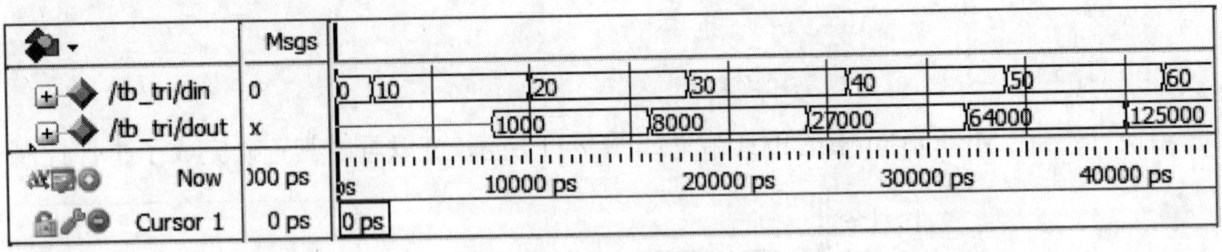

图 9-12　基于 task 的 3 次方模块的仿真结果

实质上,在仿真程序中,task 和 function 相当于 C 语言中的内联函数,主要用于简化代码结构。

9.4.6　串行激励与并行激励语句

与可综合语句一样,begin…end 语句用于启动串行激励,如果希望在仿真的某一时刻同时启动多个任务,可以采用 fork…join 语法结构。fork…join 的语法格式如下:

```
fork
    时间控制1  行为语句1;
    …
    时间控制n  行为语句n;
join
```

其中,fork…join 块内被赋值的语句必须为寄存器型变量。其主要特点如下:

- 并行块内的语句是同时开始执行的,当仿真进程进入到并行块之后,块内各条语句同时且独立地开始执行。
- 并行块语句中指定的延时控制都是相对于程序流程进入并行块的时刻的延时。
- 当并行块所有语句都执行完后,仿真程序进程才跳出并行块。整个并行块的执行时间等于执行时间最长的那条语句所执行的时间。
- 并行块可以和串行块混合嵌套使用。内层语句块可以看成外层语句块中的一条普通语句,内层语句块在什么时候得到执行由外层语句块的规则决定;而在内层语句块开始执行后,其内部各条语句的执行要遵守内层语句块的规则。

例如下面的例子,在仿真进程开始 100 个时间单位后,希望同时启动发送和接收任务,可以采用并行语句块 fork…join,这样可以避免在发送完毕后再启动接收任务,造成数据丢失现象。

```
initial
begin
    #100;
    fork
        send_task;
        receive_task;
    join
    …
end
```

其中，fork…join 块被包含在 begin…end 块之内，其等效于单条赋值语句，在 "#100" 语句之后开始执行；内部的两个 task 语句是并行执行的，等两个任务都执行完毕后，跳出 fork…join 块，顺序执行后续语句。

上述例子将并行块包含在串行块中，同样，也可以将串行块包含在并行块中，其执行分析过程与上述说明类似。

9.5　用户自定义元件

Verilog HDL 语言提供了一种扩展基元的方法，允许用户自己定义元件（User Defined Primitives，UDP）。通过 UDP，设计者可以把一块组合逻辑电路或时序逻辑电路封装在一个 UDP 内，并把这个 UDP 作为一个基本门元件来使用。读者需要注意的是，UDP 是不能综合的，只能用于仿真。

9.5.1　UDP 的定义与调用

1. UDP的定义

在定义语法上，UDP 定义和模块定义类似，但由于 UDP 和模块属于同级设计，所以 UDP 定义不能出现在模块之内。UDP 定义可以单独出现在一个 Verilog 文件中或与模块定义同时处于某个文件中。模块定义使用一对关键词 primitive…endprimitive 封装起来的一段代码，这段代码定义该 UDP 的功能。这种功能的定义是通过表来实现的，即在这段代码中有一段处于关键词 table…endtable 之间的表，用户可以通过设置这个表来规定 UDP 的功能。UDP 的定义格式如下：

```
primitive UDP_name(OutputName, List_of_inputs)
Output_declaration
List_of_input_declarations
[Reg_declaration]
[Initial_statement]
table
List_of_table_entries
endtable
endprimitive
```

和 Verilog HDL 中的模块（module）相比，UDP 具备以下特点：

❑ UDP 的输出端口只能有一个，且必须位于端口列表的第一项。只有输出端口能定义为 reg 类型。

❑ UDP 的输入端口可有多个，一般时序电路 UDP 的输入端口最多有 9 个，组合电路 UDP 的输入端口可多至 10 个。

❑ 所有端口变量的位宽必须是 1 位。

❑ 在 table 表项中，只能出现 0、1、x 三种状态，z 将被视为 x 状态。

根据 UDP 包含的基本逻辑功能，可以将 UDP 分为组合电路 UDP 和时序电路 UDP，这两类 UDP 的差别主要体现在 table 表项的描述上。

2．UDP的调用

UDP 的调用和 Verilog HDL 中模块的调用方法相似，通过位置映射，其语法格式如下：

UDP 名 例化名 (连接端口 1 信号名，连接端口 2 信号名，连接端口 3 信号名,…)；

位置映射法严格按照 UDP 中定义的端口顺序来连接，第一个连接端口为输出端口。

9.5.2 UDP 应用实例

1．组合电路UDP元件

组合逻辑电路的功能列表类似于真值表，就是规定了不同的输入值和对应的输出值，表中每一行的形式是"Output, Input1, Input2, …"，排列顺序和端口列表中的顺序相同。如果某个输入组合没有定义输出，那么就把这种情况的输出置为 x。下面给出一个一位乘法器的 UDP 开发实例。

【例 9-10】 一位乘法器的 UDP 开发实例。

```
primitive MUX2x1 (Z, Hab, Bay, Sel) ;
output Z;
input Hab,Bay, Sel;
table
//Hab Bay Sel : Z 注：本行仅作为注释
0 ? 1 : 0 ;
1 ? 1 : 1 ;
? 0 0 : 0 ;
? 1 0 : 1 ;
0 0 x : 0 ;
1 1 x : 1 ;
endtable
endprimitive
```

其中，字符"?"代表不必关心相应变量的具体值，即它可以是 0、1 或 x。此外，Verilog HDL 语言标准规定，如果 UDP 输入端口出现的 z 值将按照 x 处理。表 9-2 列出了 UDP 原语中的可用选项，可以看出，其直接通过真值表来描述电路功能，和 FPGA 的工作原理是一致的，但遗憾的是，UDP 并不能用于可综合设计。

表 9-2 能够用于UDP原语中表项的可能值

符　号	意　义	符　号	意　义
0	逻辑0	(AB)	由A 变到B
1	逻辑1	*	与(??)相同
x	未知的值	r	上跳变沿，与(01)相同
?	0、1 或x 中的任一个	f	下跳变沿，与(10)相同
b	0 或1 中任选一个	p	(01)、(0x)和(x1)的任一种
-	输出保持	n	(10)、(1x)和(x0)的任一种

2. 时序电路UDP元件

UDP 除了可以描述组合电路外，还可以描述具有电平触发和边沿触发特性的时序电路。时序电路拥有内部状态序列，其内部状态必须用寄存器变量进行建模，该寄存器的值就是时序电路的当前状态，它的下一个状态是由放在基元功能列表中的状态转换表决定的，而且寄存器的下一个状态就是这个时序电路 UDP 的输出值。所以，时序电路 UDP 由两部分组成：状态寄存器和状态列表。定义时序 UDP 的工作也分为两部分：初始化状态寄存器和描述状态列表。

在时序电路的UDP描述中，[01, 0x, x1]代表信号的上升沿。下面给出一个上升沿 D 触发器的 UDP 开发实例。

【例 9-11】　使用 Verilog HDL 语言编写 D 触发器的 UDP 描述，并在模块中调用 UDP 组件，给出仿真结果。

```
primitive D_Edge_FF(Q, Clk, Data) ;
output Q ;
reg Q ;
input Data, Clk;
initial Q = 0;
table
//Clk Data Q (State) Q(next )
(01) 0 : ? : 0 ;
(01) 1 : ? : 1 ;
(0x) 1 : 1 : 1 ;
(0x) 0 : 0 : 0 ;
//忽略时钟负边沿
(?0) ? : ? : - ;
//忽略在稳定时钟上的数据变化
? (??): ? : - ;
endtable
endprimitive
```

表项（01）表示从 0 转换到 1，表项（0x）表示从 0 转换到 x，表项（?0）表示从任意值（0、1 或 x）转换到 0，表项（??）表示任意转换。对任意未定义的转换，输出默认为 x。假定 D_Edge_FF 为 UDP 定义，它现在就能够像基本门一样在模块中使用，下面给出 D_Edge_FF 用户自定义元件的调用实例，来实现 4 位数据的寄存。

```
module Reg4 (Clk, Din, Dout) ;
input Clk ;
input [0:3] Din;
output [0:3] Dout;
//例化调用 UDP
D_Edge_FF DLAB0 (Dout[0],Clk, Din[0]),
DLAB1 (Dout[1],Clk, Din[1]),
DLAB2 (Dout[2],Clk, Din[2]),
DLAB3 (Dout[3],Clk, Din[3]);
endmodule
```

3. 混合电路UDP元件

在同一个表中能够混合电平触发和边沿触发项。在这种情况下，边沿变化在电平触发之前处理，即电平触发项覆盖边沿触发项。下面给出一段带异步清空的 D 触发器的

UDP 描述。

【例 9-12】 利用 Verilog HDL 语言完成异步清零 D 触发器的 UDP 描述。

```
primitive D_Async_FF (Q, Clk, Clr, Data) ;
output Q;
reg Q;
input Clr, Data, Clk;
//定义混合UDP 元件
table
//Clk Clr Data ( SQtate) Q( next )
(01) 0 0 : ? : 0 ;
(01) 0 1 : ? : 1 ;
(0x) 0 1 : 1 : 1 ;
(0x) 0 0 : 0 : 0 ;
//忽略时钟负边沿
(?0) 0 ? : ? : - ;
(??) 1 ? : ? : 0 ;
? 1 ? : ? : 0;
endtable
endprimitive
```

上述代码的功能和例 9-11 类似，这里就不再详细介绍了。

9.6 仿真激励的产生

要充分验证一个设计，需要模拟各种外部可能发生的情况，特别是一些边界情况，因为这里最容易出问题。目前，主要有 3 种产生激励的方法。

（1）直接编辑测试激励波形。

（2）利用 Verilog HDL 测试代码的时序控制功能，产生测试激励。

（3）利用 Verilog HDL 语言的读文件功能，从文本文件中读取数据（该数据可以通过 C/C++、MATLAB 等软件语言生成）。

其中，第一种方法和 EDA 工具有关，最后一种方法涉及到系统任务的调用，本节主要介绍第二种方法。

9.6.1 变量初始化

在 Verilog HDL 语言中，有两种方法可以初始化变量：一种是利用 initial 语句块初始化变量；另一种是在定义变量时直接赋值完成初始化。这两种初始化任务是不可综合的，在硬件平台中没有任何意义，但对于仿真过程却是必须要掌握的。

1. 变量初始化的必要性

由于 Verilog HDL 语言规定了 1、0、x 以及 z 这 4 类逻辑数值，对于 Testbench 中的变量，如果不进行初始化，会按照 x 来对待。这样，基于未初始化信号的累加以及各类判断将全部以 x 来完成，造成仿真错误。下面给出一个计数器设计的实例，该设计由于未初始化而使得仿真失败。

【例 9-13】　通过计数器演示由于未初始化而造成的仿真失败。

```
module counter_demo(
clk, cnt
);
input clk;
output [3:0] cnt;
reg [3:0] temp ;
always @(posedge clk) begin
temp <= temp + 1;
end
assign cnt = temp;
endmodule
```

上述计数器输出全部为 x，但代码在硬件中却可以正确实现计数。出现验证程序不能从功能上验证代码正确性的原因，是因为寄存器变量 temp 没有经过初始化，其数值为不定态 x，"temp <= temp + 1" 操作结果也是不定态，从而无法得到正确的仿真结果。

通过上例可以看出，要想通过验证代码完成设计的功能测试，必须要完成变量的初始化。初始化工作可以在 Testbench 中完成，也可以在面向综合的设计代码中完成。对于后者，所有的初始化在综合时会被忽略，不会影响到代码的综合结果。因此，验证的基本原则为：可综合代码中完成内部变量的初始化，Testbench 中完成可综合代码所需的各类接口信号的初始化。

初始化的方法有两种，一种是通过使用 initial 语句块初始化，另一种是在定义时直接初始化，下面分别介绍。

1）使用 initial 语句块初始化

在大多数情况下，Testbench 中变量初始化的工作通过 initial 语句块来完成，可以产生丰富的仿真激励；此外，也可用于可综合代码中。

initial 语句只执行一次，由设计被模拟执行时开始（0 时刻），专门用于对输入信号进行初始化和产生特定的信号波形。一个 Testbench 可以包含多个 initial 语句块，所有的 initial block 都同时执行。需要注意的是：initial 语句中的变量必须为 reg 类型。

当 initial 语句块中有多条语句时，需要用 begin…end 或者 fork…join 语句将其括起来。begin…end 中的语句为串行执行，而 fork…join 中的为并行执行。由于 fork…join 语句的控制难度较大，因此不推荐使用，建议读者尽量使用 begin…end 语句。如果信号较多，且处理冲突，可以使用多个 initial 语句块。本章会给出很多 initial 块在 Testbench 中的开发实例，下面先给出一个 initial 语句块在可综合代码中的应用。

【例 9-14】　利用 initial 语句完成例 9-11 中代码的初始化。

```
module counter_demo2(
clk, cnt
);
input clk;
output [3:0] cnt;
reg [3:0] temp ;
initial begin
temp = 0;
end
always @(posedge clk) begin
temp <= temp + 1;
end
```

```
assign cnt = temp;
endmodule
```

程序在 ISE 中综合后的 RTL 结构图如图 9-13 所示。可以看出，虽然例 9-12 中的代码添加了

```
initial begin
temp = 0;
end
```

语句段，但并不会改变程序的逻辑结构，没有添加硬件结构上的初始化电路，代码实现的仍然是一个标准的计数器。当然，加上上述语句后，在代码仿真时，才能获得正确的结果。

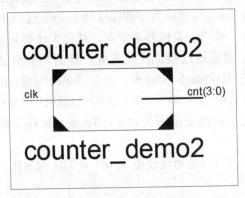

图 9-13　例 9-12 综合结果示意图

2）定义变量时初始化

在定义变量时进行初始化的语法非常简单，直接用"="在变量右端赋初值即可，如：

```
reg [7:0] cnt = 8'b00000000;
```

就将 8 位的寄存器变量 cnt 初始化为全 0。

和 initial 语句比较，定义时初始化变量的方法功能较单一，但使用方便，常用于可综合代码书写中，其目的就是保证设计的硬件实现和软件仿真一致。例如要完成例 9-12 中的变量 temp 的初始化，可将语句"reg [3:0] temp;"修改为下列语句：

```
reg [3:0] temp = 0;
```

2. 硬件系统中的初始化

通过上面的介绍，读者肯定会有疑惑，在硬件平台上，存在变量初始化操作吗？如果存在，那么初始化工作是怎样完成的呢？答案是肯定的，硬件平台上当然存在变量初始化，但该操作必须通过可综合语句来实现，而不能使用上述两种方法来完成。

1）EDA 工具设置

在硬件平台中，当系统上电工作后，信号电平不是"1"就是"0"，不会存在"x"，因此对于例 9-12 所示的计数器，在没有初始化处理（仿真语句的初始化没有实际意义）的情况下，依然会正常工作。但在不同的平台上，其初始状态是不确定的，存在

"0000"或者"1111"两种可能的初始状态。在 Xilinx 公司的 CPLD/FPGA 平台上，默认为"0"。

2）通过外部复位信号

虽然硬件器件具有本身的初始化电平，但不具备通用特征，且完全依赖默认电平，会使得程序不可控。例如例 9-12 中的计数寄存器 temp，其当前数值就是设计人员无法控制的。通过复位信号会达到上述双重目的，既可以完成寄存器初始化，又可以使之可控。下面给出一个应用实例。

【例 9-15】 对例 9-14 添加复位信号，并给出仿真结果。

```
module counter_demo(
clk, reset, cnt
);
input clk, reset;
output [3:0] cnt;
reg [3:0] temp ;
always @(posedge clk) begin
//通过复位信号来初始化计数器
if (!reset)
temp <= 3'b000;
else
temp <= temp + 1;
end
assign cnt = temp;
endmodule
```

这种设计模式从硬件上确保了设计和仿真结果一致，不论在什么平台上，都可以达到预期效果。程序在 ISE 中综合后的 RTL 结构图如图 9-14 所示，可以看出已添加了复位信号。

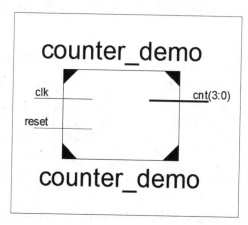

图 9-14 例 9-15 综合结果示意图

通过上例可以发现，通过复位信号，不管有没有变量初始化语句，Testbench 都能够完全控制被测试代码，是一种优秀的代码书写风格。

9.6.2 时钟信号的产生

时钟是时序电路设计最关键的参数，而时序电路又获得了广泛应用，因此本节专门介绍如何产生仿真验证过程所需要的各类时钟信号。

1. 普通时钟信号

所谓普通时钟信号指占空比为 50%的时钟信号，是最常用的时钟信号。

普通时钟信号可通过 initial 语句和 always 语句产生，其方法如下。

1）基于 initial 语句的方法

```
parameter clk_period = 10;
reg clk;
initial begin
  clk = 0;
  forever
    # (clk_period/2) clk = ~clk;
end
```

2）基于 always 语句的方法

```
parameter clk_period = 10;
reg clk;
initial
  clk = 0;
always # (clk_period/2) clk = ~clk;
```

initial 语句用于初始化 clk 信号，否则就会出现对未知信号取反的情况，因而造成 clk 信号在整个仿真阶段都为未知状态。

2. 自定义占空比的时钟信号

自定义占空比信号通过 always 模块可以快速实现。下面给出占空比为 20%的时钟信号实现代码。

```
parameter High_time = 5,
  Low_time = 20;
  //占空比为 High_time/( High_time+ Low_time)
  reg clk;
  always begin
    clk = 1;
    #High_time;
    clk = 0;
    #Low_time;
end
```

这里由于直接对 clk 信号赋值，所以不需要 initial 语句初始化 clk 信号。当然，这种方法可用于产生普通时钟信号，只是代码行数较多而已。

3. 相位偏移的时钟信号

相位偏移是两个时钟信号之间的相对概念，产生相移时钟的代码为：

```
parameter High_time = 5, Low_time = 5, pshift_time = 2;
reg clk_a;
wire clk_b;
always begin
```

```
  clk_a = 1;
  # High_time;
  Clk_b = 0;
  # Low_time;
end
assign # pshift_time clk_b = clk_a;
```

首先通过一个 always 模块产生参考时钟 clk_a，然后通过延迟赋值得到 clk_b 信号，其偏移的相位可通过 360*pshift_time%（High_time+Low_time）来计算，其中%为取模运算。上述代码的相位偏移为 72°。

4．固定数目的时钟信号

上述语句产生的时钟信号都是循环无限个周期的，可以通过 repeat 语句来产生固定周期的时钟脉冲，其代码如下：

```
parameter clk_cnt = 5, clk_period = 2;
reg clk;
initial begin
  clk = 0;
  repeat (clk_cnt)
    # clk_period/2 clk = ~clk;
end
```

上述代码产生了 5 个周期的时钟信号。

9.6.3　复位信号的产生

复位信号不是周期信号，通常通过 initial 语句产生的值序列来描述。下面分别介绍同步和异步复位信号的实现代码。

1．异步复位信号

异步复位信号的实现代码如下：

```
parameter rst_repiod = 100;
reg rst_n;
initial begin
  rst_n = 0;
  # rst_repiod;
  rst_n = 1;
end
```

上述代码将产生低有效的复位信号 rst_n，其复位时间为 100 个仿真时间单位。

2．同步复位信号

同步复位信号的实现代码如下：

```
parameter rst_repiod = 100;
reg rst_n;
initial begin
  rst_n = 1;
```

```
 @( posedge clk);
    rst_n = 0;
 # rst_repiod;
 @( posedge clk);
    rst_n = 1;
end
```

上述代码首先将复位信号 rst_n 初始化为 1，然后等待时钟信号 clk 的上升沿，将 rst_n 拉低，进入有效复位状态；再经过 100 个仿真时间单位，等待下一个上升沿到来后，将复位信号置为 1。仿真代码中是不存在逻辑延迟的，因此在上升沿对 rst_n 的赋值，能在同一个沿送到测试代码逻辑中。

在需要复位时间为时钟周期的整数倍时，可以通过将 rst_repiod 修改为时钟周期的 3 倍来实现，也可以通过下面的代码来实现。

```
parameter rst_num = 5;
initial begin
  rst_n = 1;
  @(posedge clk);
  rst_n = 0;
  repeat(rst_num) @(posedge clk);
  rst_n = 1;
end
```

上述代码在 clk 的第一个上升沿开始复位，经过 5 个时钟上升沿后，在第 5 个时钟上升沿撤销复位信号，进入有效工作状态。

9.6.4 数据信号的产生

如前所述，数据信号既可以通过 Verilog HDL 语言的时序控制功能（#、initial、always 语句）来产生各类验证数据，也可以通过系统任务来读取计算机上已存在的数据文件，本小节主要介绍第一种方法。

数据信号的产生主要有两种形式：一是初始化和产生都在单个 initial 块中实现；二是初始化在 initial 语句中完成，而产生却是在 always 语句块中完成。前者适合不规则数据序列，并且长度较短；后者适合具有一定规律的数据序列，长度不限。下面分别通过实例进行说明。

【例 9-16】 产生位宽为 4 的质数序列{1，2，3，5，7，11，13}，并且重复 2 次，其中样值间隔为 4 个仿真时间单位。

由于该序列无明显规律，因此利用 initial 语句最为合适，代码如下：

```
`timescale 1ns / 1ps
module tb_xulie1;
  reg [3:0] q_out;
  parameter sample_period = 4;
  parameter queue_num = 2;
  initial begin
    q_out = 0;
    repeat(queue_num) begin
    # sample_period q_out = 1;
    # sample_period q_out = 2;
    # sample_period q_out = 3;
```

```
    # sample_period q_out = 5;
    # sample_period q_out = 7;
    # sample_period q_out = 11;
    # sample_period q_out = 13;
  end
 end
endmodule
```

【例 9-17】 产生位宽为 4 的偶数序列，并重复多次。

由于该序列规律明显，因此利用 always 语句最为方便，代码如下：

```
module tb_xulie2;
reg [3:0] q_out;
parameter sample_period = 4;
initial
  q_out = 0;
always # sample_period
  q_out = q_out + 2;
endmodule
```

9.6.5 典型测试平台模块编写实例

下面给出典型测试模块的代码编写实例。

```
timescale 1ns / 1ps
module cmult_v;
 //输入信号向量
 reg clk;
 reg [15:0] ar, ai, br ,bi ;
 //输出信号向量
 wire [31:0] qr, qi;
 //实例化待测的模块单元 (uut)
 cmultip uut (
 .clk(clk), .ar(ar), .ai(ai), .qr(qr), .br(br), .bi(bi), .qi(qi)
 );
initial begin
 //初始化输入向量
 clk = 0; ar = 0; ai = 0; br = 0; bi = 0;
 #100; //等待100ns 后，全局 reset 信号有效
 ar = 20; ai = 10; br = 10; bi = 10;
 end
 always #5 clk = ~clk;
 always # 10 ar = ar + 1;
 always # 10 ai = ai + 1;
 always # 10 br = br + 1;
 always # 10 bi = bi + 1;
endmodule
```

在测试模块中，测试向量的产生是测试问题中的一个重要部分，只有测试向量产生的完备，分析测试结果才有意义。如果有方法产生出了期望的结果，可以用 Verilog 或者其他工具自动比较期望值和实际值。如果没有简易的方法产生期望的结果，那么明智地选择测试向量，可以简化仿真的结果。当然，测试向量的产生本质上是在烦琐中追求特殊的情况，所以需要根据实际情况来选择。

9.6.6 关于仿真效率的说明

和 C/C++等软件语言相比，Verilog HDL 行为级仿真代码的执行时间比较长，其主要原因是要通过串行软件代码完成并行语义的转化。随着代码长度的增加，会使仿真验证过程变得非常漫长，导致仿真效率降低，成为整体设计的瓶颈。即便如此，不同的设计代码其仿真执行效率也是不同的，下面列出几个要点，帮助设计人员提高 Verilog HDL 代码的仿真代码执行效率。

1）减少层次结构

仿真代码的层次越少，执行时间就越短。这主要是由于参数在模块端口之间传递需要消耗仿真器的执行时间。

2）减少门级代码的使用

由于门级建模属于结构级建模，自身参数建模本就已经比较复杂了，还需要通过模块调用的方式来实现，复杂程度就更高。因此建议仿真代码尽量使用行为级语句，这样建模层次越抽象，执行时间就越短。引申一点，在行为级代码中，应尽量使用面向仿真的语句。例如，延迟两个仿真时间单位，最好通过"#2"来实现，而不是通过深度为 2 的移位寄存器来实现。

3）仿真精度越高，效率越低

例如包含`timescale 1ns/1ps 定义的代码执行时间就比包含`timescale 1ns/1ns 定义的代码执行时间长。

4）进程越少，效率越高

代码中的语句块越少仿真效率越高，例如将相同的逻辑功能分布在两个 always 语句块中，其仿真执行时间就比利用一个 always 语句来实现的代码短。这是因为仿真器在不同进程之间进行切换也需要时间。

5）减少仿真器的输出显示

Verilog HDL 语言包含一些系统任务，可以在仿真器的控制台显示窗口输出相关的提示信息，虽然这对于软件调试是非常有用的，但会降低仿真器的执行效率。因此，在代码中这一类系统任务不能随意使用。

本质上来讲，减少代码执行时间并不一定会提高代码的验证效率，因此上述建议需要和仿真代码的可读性、可维护性以及验证覆盖率等多方面因素综合起来考虑。

9.7 思考与练习

1．概念题

（1）代码验证的原理和作用是什么？

（2）简要描述测试平台的架构。

（3）在 Verilog HDL 语言中，有哪几类测试方法？

（4）延迟控制在并行块和串行块中有什么区别？

（5）简要描述 UDP 的使用方法。

（6）常用的仿真激励有哪些？如何生成？

2. 操作题

（1）使用 Verilog HDL 语言设计一个三分频时钟，并对其进行功能仿真。

（2）使用 Verilog HDL 语言设计一个同步 FIFO，并对其进行功能仿真。

第 10 章　系统任务和编译预处理语句

Verilog HDL 语言为常用的屏幕显示、线网值动态监视、暂停和结束仿真等操作提供了标准的系统任务。编译预处理语句的作用在于通知综合器，哪些部分需要编译，哪些部分不需要进行编译。编译预处理语句和系统任务配合起来，通过一套程序就可达到不同参数设定的目的，读取不同的测试输入，并在关键分支上插入显示的系统任务，快速完成大规模测试平台的建立，并有效提高设计效率。同时，为了充分验证代码的性能，必须为设计提供一个仿真激励。本章主要介绍 Verilog HDL 语言中系统任务和编译预处理语句的使用方法，以及仿真激励的常用设计方法。读者只有掌握仿真激励、系统任务和编译预处理语句的含义，才能在设计中灵活运用它们，达到事半功倍的效果。

10.1　系统任务语句

在 Verilog HDL 语言中，"$"字符用于标识系统任务或系统函数。系统任务和函数即在语言中预定义的任务和函数。与用户自定义任务和函数类似，系统任务可以返回 0 个或多个值，且可以带有延迟。系统任务的功能非常强大，主要分为以下几类：

- ❑ 输出显示任务（Display Task）；
- ❑ 文件输入/输出任务（File I/O Task）；
- ❑ 时间标度任务（Timescale Task）；
- ❑ 仿真控制任务（Simulation Control Task）；
- ❑ 时序验证任务（Timing Check Task）；
- ❑ 仿真时间函数（Simulation Time Function）；
- ❑ 实数变换函数（Conversion Functions for Real）；
- ❑ 概率分布函数（Probabilistic Distribution Function）。

10.1.1　输出显示任务

输出显示任务指将各类信息输出到 ISE 信息显示区域以提示设计人员的系统任务，分为显示任务、探测监控任务以及连续监控任务 3 大类，下面分别进行介绍。

1. 显示任务

1）语法说明

显示系统任务用于信息显示和输出。这些系统任务进一步分为显示和写入任务、探测监控任务以及连续监控任务。

显示和写入任务都能将信息显示出来，其区别在于显示任务将特定信息输出到标准输出设备，并且带有行结束字符，即自动换行；而写入任务输出特定信息时，不自动换行。显示任务的语法格式为：

```
task_name (format_specification1, argument_list1,
  format_specification2, argument_list2,
  format_specificationN, argument_listN) ;
```

其中 task_name 是指下列任务的一种：

$display，$displayb，$displayh，$displayo；$write，$writeb，$writeh，$writeo。

其中$display、$displayb、$displayh、$displayo 为显示任务，$write、$writeb、$writeh 以及$writeo 为写入任务；format_specification1 为格式控制参数；argument_list1 为输出列表，包含期望显示的内容，既可以是数据，也可以是表达式。如果没有特定的参数格式说明，各任务的默认值如下：

❑ $display 与$write：十进制数；

❑ $displayb 与$writeb：二进制数；

❑ $displayo 与$writeo：八进制数；

❑ $displayh 与$writeh：十六进制数。

格式控制参数 format_specification1 一般是用双引号括起来的字符串，由"%"+格式字符组成，用于将输出的数据转换成指定的格式输出。表 10-1 给出了常用的输出格式。表10-2 列出了常用的用于输出转换序列和特殊字符。

表 10-1　常用的输出格式

输 出 格 式	简 要 说 明
%h或%H	将数据以十六进制数的形式输出
%d或%D	将数据以十进制数的形式输出
%o或%O	将数据以八进制数的形式输出
%b或%B	将数据以二进制数的形式输出
%c或%C	将数据以ASCII码形式输出
%v或%V	输出网络型数据信号强度
%m或%M	输出等级层次的名字
%s或%S	将数据以字符串的形式输出
%t或%T	将数据以当前的时间格式输出
%e或%E	将实数数据以指数的形式输出
%f或%F	将实数数据以十进制的形式输出
%g或%G	将数据以十进制数或指数的形式输出，无论何种格式都以最短的格式输出

表 10-2　常用的其他输出格式

换 码 序 列	简 要 说 明
\n	换行
\t	横向调格，跳到下一个输出区
\\	反斜杠字符\
\"	反斜杠字符"
\o	1～3位八进制数代表的字符
%%	百分符号%

输出列表中的数据显示位宽是自动根据输出格式进行调整的。这样，在显示输出数据时，经过格式转换后，总是用最小的位宽来显示表达式的当前值。如果输出列表中的表达式含有不确定值，则遵循如下处理原则：

在输出格式为十进制的情况下，若所有位的逻辑数值为不确定或高阻态，则输出为小写的 x、z；若部分位为不确定或高阻态，则其输出为大写的 X 和 Z。如果输出格式为十六进制或八进制，每 4 位（十六进制）或 3 位（八进制）代表一个有效数据，若每位数字中所有位的逻辑数值为不确定或高阻态，则该数字对应的输出为小写的 x、z；若部分位为不确定或高阻态，则其输出为大写的 X、Z。如果输出格式为二进制，则每个位都可以输出 1、0、x、z。

2）应用实例

下面给出一些$display 语句和$write 语句的应用实例来具体说明其使用方法。

【例 10-1】 $display 的应用实例。

```verilog
module system_display;
  initial begin
    $display (" 5 +10 = ", 5 +10);
    $display (" 5- 10 = %d", 5 -10);
    $displayb (" 10 -5 = ", 10 -5);
    $displayo (" 10 *5 = ", 10*5);
    $displayh (" 10 /5 = ", 10/5);
    $display (" 10 /-5 = %d", 10/-5);
    $display (" 10 %%3 = %d", 10%3);
    $display (" +5 = %d", +5);
    $display (" 4'b1001 = %d", 4'b1001);
    $display (" 4'b100x = %d", 4'b100x);
    $display (" 4'bxxxx = %d", 4'bxxxx);
    $display (" 4'b100z = %d", 4'b100z);
    $display (" 4'bzzzz = %d", 4'bzzzz);
  end
endmodule
```

上述程序在 ModelSim 中的仿真结果如图 10-1 所示。可以看出在输出格式为十进制时，如果表达式的所有位为不确定，则输出结果为 x；如果表达式的部分位为不确定，则输出结果为大写的 X；当表达式中的所有位为高阻态时，输出结果为 z；当表达式的部分位为高阻态时，则输出结果为大写的 Z。

```
# Loading work.system_display
VSIM 4> run -all
#  5 +10 =            15
#  5- 10 =            -5
#  10 -5 = 00000000000000000000000000000101
#  10 *5 = 00000000062
#  10 /5 = 00000002
#  10 /-5 =            -2
#  10 %3 =             1
#  +5 =               5
#  4'b1001 =  9
#  4'b100x =  X
#  4'bxxxx =  x
#  4'b100z =  Z
#  4'bzzzz =  z
```

图 10-1 $display 应用实例的仿真结果

在输出格式为二进制时，表达式的每一位都可以显示 1、0、x 和 z。当输出格式为十六进制或八进制时，每 4 位或 3 位二进制数代表一位十六进制数或八进制数；如果一位十六进制数或八进制数所对应的 4 个或 3 个比特中，有一个为不确定或高阻态，则该十六进制数或八进制数的输出为大写的 X、Z；如果都为不确定或高阻态，则其输出为 x、z。

$write 语句和$display 语句最大的区别就在于$write 输出时数据不换行，因此在使用时要注意加入换行符 "\n"，以确保输出内容便于区分。

【例 10-2】　$write 的应用实例。

```
module system_write;
  initial begin
    $write (" 5 +10 = ", 5 +10);
    $writeb (" 5- 10 = %d", 5 -10);
    $write (" 10 -5 = ", 10 -5);
    $write("\n");
    $write (" 5 +10 = %d \n", 5 +10);
    $writeb (" 5- 10 = ", 5 -10, "\n");
    $write (" 10 -5 = ", 10 -5, "\n");
  end
endmodule
```

上述程序在 ModelSim 中的仿真结果如图 10-2 所示。

```
VSIM 6> run -all
#  5 +10 =            15 5- 10 =           -5 10 -5 =          5
#  5 +10 =            15
#  5- 10 = 1111111111111111111111111111011
#  10 -5 =             5
```

图 10-2　$write 应用实例的仿真结果

2．探测监控任务

探测监控任务用于在某时刻所有事件处理完后，在这个时间步的结尾输出一行格式化的文本。常用的系统任务如下：

$strobe，$strobeb，$strobeh，$strobeo

这些系统任务会在指定时间显示模拟数据，但这类任务只在某特定时间步结束时才显示模拟数据。"时间步结束"意味着对于指定时间步内的所有事件都已经处理了。探测监控任务的语法如下：

```
$strobe(<functions_or_signals>);
$strobe ("<string_and/or_variables>", <functions_or_signals>);
```

这些系统任务的参数定义语法和$display 任务一样。注意$strobe 任务在被调用时所有的赋值就完成了，这才输出相应的文字信息。因此$strobe 任务提供了另一种数据显示机制，即可以保证数据只在所有赋值语句被执行完毕后才被显示。

【例 10-3】　$strobe 的应用实例。

```
module strobe_demo;
reg a, b;
//initial 语句块 1
  initial begin
    a = 0;
```

```
    $display("a by dispaly is :", a);        //显示
    $strobe("a by strobe is :", a);          //显示
    a = 1;
  end
//initial 语句块 2
  initial begin
    b <= 0;
    $display("b by dispaly is :", b);        //显示
    $strobe("b by strobe is :",b);           //显示
    #5;
    $display("#5 b by dispaly is :", b);      //显示
    $display("#5 b by strobe is :", b);       //显示
    b <= 1;
  end
endmodule
```

在 ModelSim 中执行上述程序，会得到图 10-3 所示的结果。

```
# Loading work.strobe_demo
VSIM 8> run -all
# a by dispaly is :0
# b by dispaly is :x
# a by strobe is :1
# b by strobe is :0
```

图 10-3 $strobe 应用实例的仿真结果

可以看出，在第一个 initial 语句块中，由于采用阻塞赋值，在 0 时刻，a 的值就为 0，因此$display 语句输出 0；而在 0 时刻还有 a=1 赋值操作，因此$strobe 语句输出为赋值完成后的 1。在第二个 initial 语句块中，赋值操作全部为非阻塞赋值，其赋值操作分为两步执行，因此在 0 时刻刚进入语句块时，b 的值并不是 0，因此$display 语句执行后输出为 x，然后 b 的值变为 0。

3. 连续监控任务

连续监控任务提供了监控和输出参数列表中表达式或变量值的功能，当一个或多个指定的线网或寄存器数值改变时，就输出一行文本。该任务用于在测试设备中监控仿真行为。常用的连续监控任务关键字包括：

$monitor，$monitorb，$monitorh，$monitoro，$monitoron，$monitoroff
其语法格式为：

```
$monitor(
  format_specification1, argument_list1,
  format_specification2, argument_list2,
  ...,
  format_specificationN, argument_listN);
$monitoron;
$monitoroff;
```

其中，format_specification1 和 argument_list1 参数的用法与$display 语句中的一样。只要程序输出列表中的数值有一个发生变化，就会启动$monitor 任务，整个输出列表中的所有变量或者表达式的值都会被显示。如果在同一仿真时刻，有多个（两个或两个以上）参

数表达式的值发生变化，则在该时刻只输出显示一次。典型的示例如下：

```
$monitor("a=%b, b=%b, out=%b\n", a, b, out);
```

$monitoron 和$monitoroff 这两个任务的作用是通过打开和关闭监控标志来控制、监控任务$monitor 的启动和停止，使程序员可以很容易地控制$monitor 的发生时间。在默认情况下，监控任务在仿真的起始时刻就自动打开。在多模块调试的情况下，会有多个模块调用$monitor，但是在任意时刻都只能有一个$monitor 任务被启动，因此就需要使用$monitoron 和$monitoroff 在特定时刻启动需要检测的模块而关闭其他模块，并在检测完毕后及时关闭，以便把$monitor 任务让出给其他模块使用。

需要注意的是，$monitor 语句一旦出现，便会不间断地对被检测信号进行监视输出，不会停止下来，因此最好不要用其来观测循环的周期信号。

此外，$monitor 语句的输出参数还可以是$time 系统函数，其格式如下：

```
$monitor($time,"d=%b", d);
```

其中，$time 会列出当前仿真时间，可位于任何输出列表之前或之后，因此上述示例和下面的语句都可以输出当前仿真时间，只是仿真时间的显示位置不同。

```
$monitor("d=%b", d, $time);
```

下面给出一个$monitor 的应用实例。

【例 10-4】　$monitor 的应用实例。

```
module system_monitor;
reg [3:0] a, b;
reg clk;
  initial begin
    $monitor("Simulation time", $time," ns:", "a=%b, b=%b", a, b);
  end
  initial begin
    a = 0;
    b = 0;
    clk = 0;
  end
always #4 clk = ~clk;
always @(posedge clk)
  begin
    if(a == 15) begin
      b <= b + 1;
      a <= 0;
    end
    else begin
      a <= a + 1;
    end
  end
endmodule
```

在 ModelSim 中完成上述程序的功能仿真，会产生如图 10-4 所示的输出结果。

可以看出，只要 a、b 信号的数值发生变化，$monitor 语句就会在信息显示窗口显示其对应的数值，达到连续监测的目的。

```
# Loading work.system_monitor
VSIM 13> run
# Simulation time          0 ns:a=0000, b=0000
# Simulation time          4 ns:a=0001, b=0000
# Simulation time         12 ns:a=0010, b=0000
# Simulation time         20 ns:a=0011, b=0000
# Simulation time         28 ns:a=0100, b=0000
# Simulation time         36 ns:a=0101, b=0000
# Simulation time         44 ns:a=0110, b=0000
# Simulation time         52 ns:a=0111, b=0000
# Simulation time         60 ns:a=1000, b=0000
# Simulation time         68 ns:a=1001, b=0000
# Simulation time         76 ns:a=1010, b=0000
# Simulation time         84 ns:a=1011, b=0000
# Simulation time         92 ns:a=1100, b=0000
```

图 10-4 $monitor 应用实例的仿真结果

10.1.2 文件输入/输出任务

使用 Verilog HDL 语言读取/写入数据文件主要基于下列 3 个优点：首先，将数据准备和分析的工作从 Testbench 中隔离出来，便于协同工作；其次，可通过其他工具软件 C/C++、MATLAB 等快速产生数据；第三，将数据写入文档后，可通过 C/C++、Excel 以及 MATLAB 工具进行分析。因此，在测试代码中完成文件输入/输出操作，是测试大型设计的必备手段。

1. 文件操作语法

Verilog HDL 语言的文件操作和 C/C++语言类似，首先需要打开文件，然后对文件进行读/写操作，最后关闭文件。

1）文件的打开和关闭

❑ 打开文件

系统函数$fopen 用于打开一个文件，将文件和 integer 指针关联起来，其语法格式如下：

```
integer file_pointer = $fopen(file_name);
//系统函数$fopen 返回一个关于文件的指针(整数)
```

此外，在 IEEE Verilog HDL—2001 标准中，还提供了 3 个独立功能的系统任务：

```
file = $fopenr("filename"); //以只读模式打开数据文件
file = $fopenw("filename"); //以只写模式打开数据文件
file = $fopena("filename"); //以读模式打开数据文件，等效于$fopen
```

❑ 关闭文件

系统任务$fclose 可用于关闭一个文件，格式如下：

```
$fclose(file_pointer);
```

2）输出到文件

显示、写入、探测和监控系统任务都有一个用于向文件输出数据的相应副本。这些系统任务如下：

- ❏ $fdisplay，$fdisplayb，$fdisplayh，$fdisplayo；
- ❏ $fwrite，$fwriteb，$fwriteh，$fwriteo；
- ❏ $fstrobe，$fstrobeb，$fstrobeh，$fstrobeo；
- ❏ $fmonitor，$fmonitorb，$fmonitorh，$fmonitoro。

所有这些任务的第一个参数是文件指针，其余的是带有参数表的格式定义序列，含义和相应的不带字符"f"的系统任务相同。

3）从文件中读取数据

Verilog HDL 语言中从文本读取数据有两大类方法：一类为$fscanf 系统任务；另一类为$readmemb 和$readmemh 系统任务。上述两类任务都可以从文本文件中读取数据，并将数据加载到存储器。被读取的文本文件可以包含空白、注释和二进制（对应于$readmemb）或十六进制（对应于$readmemh）数字，每个数字由空白隔离。

❏ $fscanf 系统任务

$fscanf 系统任务与 C 语言中的 fscanf 函数语法和功能相同，即从一个流中执行格式化输入，在 Verilog HDL 中的用法如下：

```
integer file, count;
count = $fscanf(file, format, args);
```

$fscanf 任务从与 file 关联的文件中接受输入并根据指定的 format 来解释输入，解析后的值会被装入数组 args 返回。如果读写数据错误，则返回值 count 为−1。

❏ $readmemb 和$readmemh 系统任务

$readmemb 和$readmemh 是 Verilog HDL 语言中专门用于读取数据的系统任务，语法格式主要有下面 6 种：

```
$readmemb("<数据文件名>", <存储器名>);
$readmemb("<数据文件名>", <存储器名>, <起始地址>);
$readmemb("<数据文件名>", <存储器名>, <起始地址>, <结束地址>);
$readmemh("<数据文件名>", <存储器名>);
$readmemh("<数据文件名>", <存储器名>, <起始地址>);
$readmemh("<数据文件名>", <存储器名>, <起始地址>, <结束地址>);
```

这两个任务用于从指定文件中读取数据并载入到指定存储器中，可以在仿真时间内任何时刻起执行。被读取的文件只能包含空格、换行符、制表符（Tab 键）、换页标记、注释、二进制或十六进制数字。

对于$readmemb 而言，每个数字都为二进制形式；而对于$readmemh，数字将表示为十六进制。对于未知值（x、X）高阻值（z、Z）以及下画线（_），在 Verilog HDL 语言中都可以用来指定一个数字。空格符和注释可以用来区分这些数字。

当文件被读取时，遇到的每个数字都在存储器中分配到一个连续字单元，可通过在系统任务中设定起始地址或结束地址来进行寻址，也可以在数据文件中设定地址。

如果使用数据文件中的地址，可以在@字符后面跟一个十六进制数，也可以用大小写混合形式表示，但不允许存在空格，例如：

```
@hhh…h
```

如果在系统任务中定义了数据的起始地址和结束地址，则数据文件里的数据按照该起始地址开始存放到存储器中，直到该结束地址，而忽略存储器定义语句的起始地址和结束地址。如果在系统任务中只给出起始地址而没有结束地址，可以从所给定的地址载入数据，将存储器中说明的最右侧作为结束地址。如果在系统任务中没有定义地址，并且在数据文件中没有地址说明，则将存储器生命中的最左侧地址作为默认的起始地址。如果在系统任务和存储器定义中都定义了地址信息，则数据文件里的地址必须在系统任务中地址参数声明的范围之内，否则将提示错误信息，并且装载数据到存储器中的操作会被中断。

下面给出$readmemb 和$readmemh 的应用示例。

```
reg [0:3] Mem_A [0:63];
initial
$readmemb("ones_and_zero.vec ", Mem_A);
//读入的每个数字都被指定给 0～63 的存储器单元
```

显式的地址可以在系统任务调用中可选地指定，例如：

```
$readmemb("rx. vex ", Mem_A, 15, 30 );
//从文件"rx.vex"中读取的第一个数字被存储在地址 15 中，下一个存储在地址 16，以此类推
直到地址 30
```

2. 文件操作实例

下面给出一个利用$fscanf 任务完成文件读取的实例。由于$fscanf 每次只能读取一个数据，因此需要借助循环语句来控制读取。

【例 10-5】 利用$fscanf 任务读取文本，并将读取内容写入输出文本中，文件依次存入了 0～9 这 10 个数据，每个数据通过空格间隔。

```
`timescale 1ns / 1ps
`define NULL 0
module file_scanf;
  integer fp_r, fp_w;
  integer flag;
  reg [3:0] bin;
  reg [15:0] data_in;
  reg [15:0] cnt = 10;
  initial begin : file_fscanf
    fp_r = $fopen("data_in.txt", "r");
    fp_w = $fopen("data_out.txt", "w");
    if (fp_r == `NULL)          //如果文件打开错误
        disable file_fscanf;    //立即退出
    if (fp_w == `NULL)          //如果文件打开错误
        disable file_fscanf;    //立即退出
        while (cnt > 0) begin
            flag = $fscanf(fp_r, "%d", data_in);
            cnt = cnt - 1;
            $write("%d", data_in, " ,");
            $fwrite(fp_w, "%d\n", data_in );
        #5;
        end
        $fclose(fp_r);
        $fclose(fp_w);
    end
endmodule
```

上述程序在 ModelSim 中的仿真结果如图 10-5 所示，信息显示区的输出信息和文本文件中一致，表明程序代码正确。

```
# Loading work.file_scanf
VSIM 18> run -all
     1,      2,      3,      4,      5,      6,      7,      8,      9,      0,
```

图 10-5　$fscanf 应用实例的信息显示区输出结果

利用系统任务读取数据的主要目的是完成代码仿真，因此最重要的是为 Testbench 提供波形激励，此外还需要在波形图中观察测试结果是否正确。图 10-6 给出了代码的波形仿真结果，可以看出 data_in 信号的波形确实是数据文件的 0～9。

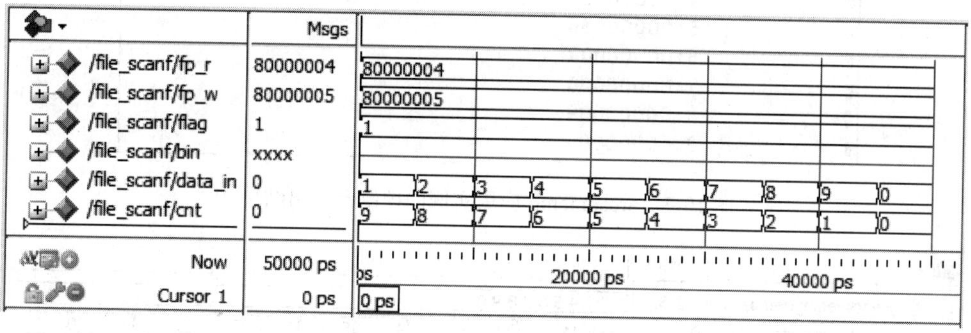

图 10-6　$fscanf 应用实例的仿真波形结果

由于$readmemb 或$readmemh 任务是一次性将所有数据全部读入寄存器中，因此首先需要一个二维数组来存取数据，然后再将数组中的数据依次传递给仿真输入。下面给出一个利用$readmemb 或$readmemh 读取数据的实例。

【例 10-6】　利用$readmemh 任务读取文本，并将读取内容写入输出文本中。

```
`timescale 1ns/1ps
module readmemh_demo;
  parameter data_period = 4;
  parameter data_num = 10;
  //
  reg [31:0] Mem [0:data_num - 1];
  reg [31:0] data;
  //用数据文件中的数据填充内存
  initial $readmemh("data_in.txt",Mem);
  //展示内存的内容
  integer k;
  initial begin
    #data_period;
    $display("Contents of Mem after reading data file:");
    for (k=0; k< data_num; k=k+1) begin
      data = Mem[k];
      #data_period;
      $display("%d:%h",k,Mem[k]);
    end
  end
endmodule
```

上述程序的仿真结果如图 10-7 所示，显示区的输出信息和文本文件一致，表明程序代码正确。

图 10-8 给出了代码的波形仿真结果，可以看出 data_in 信号的波形确实是数据文件 0～9 的数据。

```
# Loading work.readmemh_demo
add wave -position insertpoint sim:/readmemh_demo/*
add wave -position insertpoint  \
sim:/readmemh_demo/Mem
VSIM 25> run -all
# Contents of Mem after reading data file:
#            0:00000001
#            1:00000002
#            2:00000003
#            3:00000004
#            4:00000005
#            5:00000006
#            6:00000007
#            7:00000008
#            8:00000009
#            9:00000000
```

图 10-7 $readmemh 应用实例的控制台输出结果

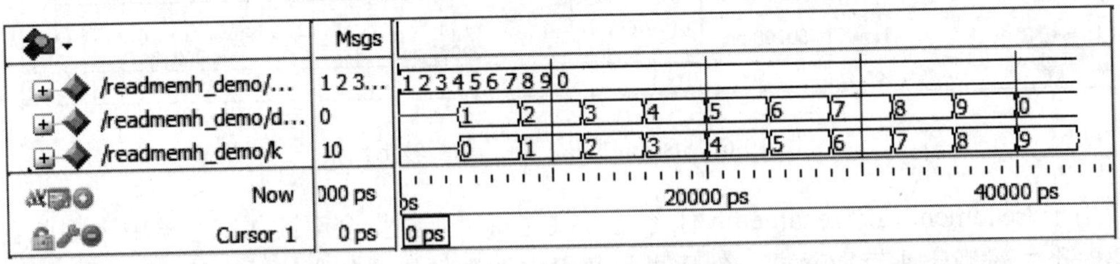

图 10-8 $readmemh 应用实例的仿真波形结果

10.1.3 时间标度任务

时间标度任务包括打印时间标度和设置时间格式这两类操作，分别对应着 $printtimescale 和$timeformat 任务，下面分别进行介绍。

1. 打印时间标度任务

$printtimescale 任务可给出打印仿真代码中的仿真时间单位和仿真时间最小可分辨精度，其语法格式分别如下：

```
$ printtimescale;
$ printtimescale (hier_path_to_module) ;
```

若$printtimescale 任务没有指定参数，则打印包含该任务调用的仿真模块的时间单位和精度，即包含该系统任务的模块。如果指定了模块的层次路径名为参数，则系统任务输出指定模块的时间单位和精度。下面给出$printtimescale 任务的应用实例。

【例 10-7】 $printtimescale 的应用实例。

```
`timescale 1ns / 1ps
module printtimescale_demo;
initial
    begin
        $printtimescale(printtimescale_demo);
    end
endmodule
```

上述代码在 ModelSim 中的仿真结果如图 10-9 所示,可以看出$printtimescale 任务输出了 printtimescale_demo 模块的仿真时间单位和最小分辨间隔。

```
# Loading work.printtimescale_demo
VSIM 27> run -all
# Time scale of (printtimescale_demo) is  1ns /  1ps
```

图 10-9 $printtimescale 应用实例的仿真结果

2. 设置时间格式任务

$timeformat 任务用于设定当前的时间格式信息,使得$time 系统任务能够按照预定格式输出返回值,语法格式如下:

```
$timeformat(units_number, precision, suffix, numeric_field_width) ;
```

其中,units_number 是−15～0 的整数值,表示要显示的时间单位,其含义如表 10-3 所示。

表 10-3 units_number 参数说明

数 值	时间单位	数 值	时间单位
0	1s	−1	100ms
−2	10ms	−3	1ms
−4	100us	−5	10us
−6	1us	−7	100ns
−8	10ns	−9	1ns
−10	100ps	−11	10ps
−12	1ps	−13	100fs
−14	10fs	−15	1fs

precision 表示小数点后面要打印的小数位数;suffix 表示要在时间值后面打印的字符串;numeric_field_width 表示打印的最小数量字符,包括前面的空格,如果指定的字符更多,那么打印的字符也更多。

如果没有指定参数,那么默认使用下面的值 units_number 为−12:仿真精度 precision 为 0;suffix 为空字符串;numeric_field_width 为 20 个字符。下面给出时间表度任务的调用实例。

【例 10-8】 $timeformat 的应用实例。

```
`timescale 1ns/1ps
module tb_test;
  initial begin
    $display("Current simulation time is %t",$time);
    $timeformat(-10, 2, " x100ps", 20); //20.12 x100ps
    $display("Current simulation time is %t",$time);
  end
endmodule
```

在 ModelSim 中执行上述代码,将会在控制台输出窗口显示$display 任务中%t 说明符的值,其结果如图 10-10 所示。如果没有指定$timeformat,%t 按照源代码中所有时间标度的最小精度输出。

```
# Loading work.tb_test
VSIM 29> run -all
# Current simulation time is                    0
# Current simulation time is            0.00 x100ps
```

图 10-10 $timeformat 应用实例的仿真结果

10.1.4   仿真控制任务

仿真控制任务包括仿真完成和暂停这两类操作，分别对应着$finish 和$stop 任务，下面分别进行介绍。

1．仿真完成任务

$finish 任务的作用是退出仿真器，并将控制返回到操作系统，有两种用法：$finish 和 $finish(n)。其中，$finish 可以带参数（0、1、2），根据参数的值输出不同的特征信息，各参数的值如表 10-4 所示。如果不带参数，默认$finish 的参数值为 1。

表 10-4 $finish参数值说明

参数值（n）	功 能 说 明
0	结束任务，不输出任何信息
1	结束任务，输出当前仿真时刻和位置
2	结束任务，输出当前仿真时刻、位置以及仿真过程中所用的内存和CPU 时间统计

2．仿真暂停任务

$stop 任务的作用是将仿真器设置成暂停模式，使仿真进程被挂起。在这一阶段，交互命令可能被发送到模拟器。下面是该任务的应用示例。

```
initial #500 $stop;
//500 个时间单位后，模拟停止
```

下面给出$finish 和$stop 任务的典型应用模板：

```
if (…) begin
$ stop; //在某一条件下中断仿真
end
```

又如：

```
# Ntime $finish; //在某一特定时刻，仿真结束
```

10.1.5   仿真时间函数

在 Verilog HDL 语言中，有两种类型的仿真时间函数：$time 和$realtime，通过这两个系统任务可以输出当前的仿真时刻。$time 表示返回一个 64 位的整数来表示当前的仿真时刻值；$realtime 表示返回实型数来表示当前的仿真时刻值。

1．返回当前的仿真时刻值（64位整数）

$time 任务返回一个 64 位的整型仿真时刻值，其数值由调用模块中的`timescale 语句指

定。下面给出一个$time 任务应用实例。

【例 10-9】 $time 的应用实例。

```
`timescale 10ns /1ns
module time_demo;
  reg tmp;
  parameter p = 1.7;
  initial begin
    $monitor ($time, "tmp= ", tmp);
    #p tmp = 0;
    #p tmp = 1;
    #p tmp = 0;
  end
endmodule
```

在 time_demo 模块中，time_demo 原本要在 17ns（时延单位为 10ns，P=1.7）时刻处将寄存器 tmp 的数值修改为 0，在时刻 34ns 时刻处将 tmp 数值设置为 1，在 51ns 时刻处再将 tmp 设置为 0。程序在 ModelSim 中的仿真结果如图 10-11 所示，可以看出，$time 按模块 time_demo 的时间单位比例返回值和预想存在差异，其原因是$time 输出的时刻总是仿真时间单位的整数倍，所有的小数都需要取整。其中，仿真时间最小分辨率并不影响输出数值的取整操作。

2. 返回当前的仿真时刻值（实型数）

$realtime 任务和$time 任务的作用是一样的，只是$realtime 返回的时间数字是一个实型数，当然该数字也是以时间尺度为基准的。下面给出一个$realtime 的应用实例。

```
# Loading work.time_demo
VSIM 31> run -all
#               0tmp= x
#               2tmp= 0
#               3tmp= 1
#               5tmp= 0
```

图 10-11 $time 应用实例的仿真结果

【例 10-10】 $realtime 的应用实例。

```
`timescale 10ns /1ns
module realtime_demo;
  reg tmp;
  parameter p = 1.7;
  initial begin
    $monitor ($realtime, "tmp= ", tmp);
    #p tmp = 0;
    #p tmp = 1;
    #p tmp = 0;
  end
endmodule
```

上述程序和例 10-8 相比，只是将$time 替换成了$realtime。其在 ModelSim 中的仿真结果如图 10-12 所示，可以看出，$realtime 将仿真时间经过尺度变换后输出，没有取整操作，返回的是一个实数。

```
# Loading work.realtime_demo
VSIM 33> run -all
# 0tmp= x
# 1.7tmp= 0
# 3.4tmp= 1
# 5.1tmp= 0
```

图 10-12 $realtime 应用实例的仿真结果

10.1.6   数字类型变换函数

数字类型变换函数用于完成数字格式的变换，包括$rtoi、$itor、$realtobits 和$bitstoreal。

❏ $rtoi(real_value)：通过截断小数值将实数变换为整数。

❏ $itor(integer_value)：将整数变换为实数。

❏ $realtobits(real_value)：将实数变换为 64 位的实数向量表示法（实数的 IEEE 表示法）。

❏ $bitstoreal(bit_value)：将位模式变换为实数（与$realtobits 相反）。

下面给出一个数字类型变化的应用示例。

【例 10-11】   数字类型变换任务应用示例。

```
module zhuanhuan_demo;
  reg [63:0] a , b, c, d;
  initial begin
    $monitor("a= ", a, "\n", "b= ", b, "\n",
        "c= ", c, "\n","d= ", d, "\n");
    a = $rtoi(3.14);
    b = $itor(a);
    c = $realtobits(3.14);
    d = $bitstoreal(c);
  end
endmodule
```

上述程序在 ModelSim 中的执行结果如图 10-13 所示，可以看出，由于$rtoi 任务有截断操作，因此其输出数据经过$itor 截断后不能恢复；而$realtobits 和$bitstoreal 只是完成了数据类型的转换，因此二者可互逆变换。

```
VSIM 35> run -all
# a=                    3
# b=                    3
# c=   4614253070214989087
# d=                    3
#
```

图 10-13   数据类型转换任务仿真结果

10.1.7   概率分布函数

Verilog HDL 语言提供了随机数的系统函数$random，其语法格式如下：

```
$random[ (seed) ]
```

$random 任务根据种子变量（seed）的取值按 32 位的有符号整数形式返回一个随机数，其中种子变量（必须是寄存器、整数或时间寄存器类型）控制函数的返回值，即不同的种子将产生不同的随机数。如果没有指定种子，则每次$random 函数被调用时根据默认种子产生随机数。$random 任务典型的用法如下：

```
integer seed, Rnum;
wire clk ;
initial  seed = 12;
always @ (clk)
Rnum= $random (seed) ;
```

在 clk 的每个边沿（包括上升沿和下降沿），上述代码中的$random 被调用并返回一个 32 位有符号整型随机数。如果利用运算符产生–10～+10 的数字，则运算符可以表示为：

```
Rnum = $random(Seed) % 11;
```

如果未显式指定$random 任务的种子，则将随机选取任务种子。例如：

```
Rnum = $random ;
```

这就表明种子变量是可选的，注意数字产生的顺序是伪随机排序的，即对于一个初始种子值产生相同的数字序列。

```
Rnum = {$random} % 11
```

将产生 0～10 的一个随机数，其中并置操作符（{ }）将$random 函数返回的有符号整数变换为无符号数。

下列函数根据函数名中指定的概率函数产生伪随机数，这意味着概率分布可通过函数名来鉴别，对于这一点这里就不再深入讨论。所有函数的参数都必须是整数。

```
$dist_uniform (seed, start , end)
$dist_normal (seed , mean , standard_deviation, upper)
$dist_exponential (seed, mean)
$dust_poisson (seed , mean)
$dist_chi_s1are (seed , degree_of_freedom)
$dist_t (seed, degree_of_freedom)
$dist_erland(seed,k_stage,mean)
```

下面给出一个$random 任务的应用实例。

【例 10-12】　利用$random 任务生成随机宽度的脉冲序列。

```
`timescale 1ns / 1ps
module random_demo;
 reg dout;
 integer delay1, delay2, num;
 initial begin
   #10 dout = 0;
   num = 100;
   while (num > 0)
 begin
   num = num - 1;
   delay1 = {$random} % 10;
   delay2 = {$random} % 20;
   dout = 1;
   #delay1;
   dout = 0;
```

```
    #delay2;
    end
end
endmodule
```

上例在 ModelSim 中的仿真结果如图 10-14 所示，可以看出，程序有效地完成了随机宽度的脉冲信号，达到了设计要求。其中，num 为循环的次数，delay1 为每次循环中高电平持续的时间；delay2 为每次循环中低电平持续的时间。

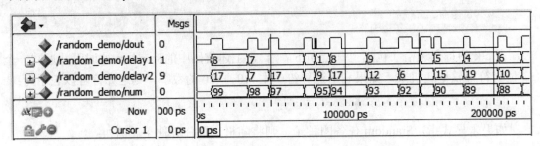

图 10-14　随机位宽脉冲设计仿真结果

10.2　编译预处理语句

编译预处理是指 Verilog HDL 编译系统会对一些特殊命令进行预处理，再将预处理的结果和源程序一起进行通常的编译处理。编译预处理语句的作用在于通知综合器，哪些部分需要编译，哪些部分不需要编译。编译预处理语句和系统任务配合起来，可以通过一套程序达到不同参数设定的目的，读取不同的测试输入，并在关键分支上插入显示的系统任务，快速完成大规模测试平台的建立，并有效提高设计效率。以"`"（反引号）开始的某些标识符是编译预处理语句。Verilog HDL 在编译时，特定的编译器指令在整个编译过程中有效（编译过程可跨越多个文件），直到遇到其他的不同编译程序指令。常用编译预处理语句如下：

- ❑ `define, `undef
- ❑ `ifdef, `else, `endif
- ❑ `default_nettype
- ❑ `include
- ❑ `resetall
- ❑ `timescale
- ❑ `unconnected_drive, `nounconnected_drive
- ❑ `celldefine, `endcelldefine

10.2.1　宏定义`define 语句

1. `define指令说明

`define 指令是一个宏定义命令，通过一个指定的标志符来代表一个字符串，可以增加

Verilog 代码的可读性和可维护性，找出参数或函数不正确或不允许的地方。

`define 指令类似于 C 语言中的#define 指令，可以在模块的内部或外部定义，编译器在编译过程中，遇到该语句将把宏文本替换为宏的名字。`define 的声明语法格式如下：

```
`define <macro_name> <Text>
```

对于已声明的语法，在代码中的应用格式如下，注意不要漏掉宏名称前的"`"。

```
`macro_name
```

例如：

```
`define MAX_BUS_SIZE 32
...
reg [ `MAX_BUS_SIZE - 1:0 ] AddReg;
```

一旦`define 指令被编译，其在整个编译过程中都有效。例如，通过另一个文件中的`define 指令，MAX_BUS_SIZE 能被多个文件使用。`undef 指令用于取消前面定义的宏。例如：

```
`define WORD 16 //建立一个文本宏替代
...
wire [ `WORD : 1] Bus;
...
`undef WORD
//在`undef 编译指令后，WORD 的宏定义不再有效
```

关于宏定义指令，有下面 8 条规则需要注意：

（1）宏定义的名称可以是大写，也可以是小写，但要注意不要和变量名重复。

（2）和所有编译器伪指令一样，宏定义在超过单个文件边界时仍有效（针对工程中的其他源文件），除非被后面的`define、`undef 或`resetall 伪指令覆盖，否则`define 不受范围限制。

（3）当用变量定义宏时，变量可以在宏正文中使用，并且在使用宏的时候，可以用实际的变量表达式代替。

（4）通过用反斜杠"\"转义中间换行符，宏定义可以跨越几行，新的行是宏正文的一部分。

（5）宏定义行末不需要添加分号";"来表示结束。

（6）宏正文不能分离以下语言记号：注释、数字、字符串、保留的关键字、运算符。

（7）编译器伪指令不允许作为宏的名字。

（8）宏定义中的本文也可以是一个表达式，并不仅用于变量名称替换。

2．`define和parameter的区别

`define 和 parameter 都可以用于完成文本替换，但存在本质上的不同，前者是编译之前就预处理，而后者是在正常编译过程中完成替换的。此外，`define 和 parameter 存在下列两点不同。

1）作用域不同

parameter 只作用于声明的那个文件；而`define 可以应用于整个工程，从编译器读到这条指令开始到编译结束都有效，或者遇到`undef 指令使之失效。如果要让 parameter 作用于

整个项目，可以将声明写于单独文件，并用`include 指令让每个文件都包含该声明文件。`define 可以写在代码的任何位置，而 parameter 必须在应用之前定义。通常编译器都可以定义编译顺序，或者从最底层模块开始编译，因此定义写在最底层就可以了。

2）传递功能不同

parameter 可以用于模块例化时的参数传递，实现参数化调用；`define 语句则没有此作用。`define 语句可以定义表达式，而 parameter 只能用于定义变量。

3. `define开发实例

下面给出一个典型的宏定义开发实例。

【例 10-13】 宏定义的应用实例。

```
module define_demo(clk, a, b, c, d, q);
`define bsize 9
`define c a + b
input clk;
input [`bsize:0] a, b, c, d;
output [`bsize:0] q;
reg [`bsize:0] q;
always @(posedge clk)
    begin
        q <= `c + d;
    end
endmodule
```

上述程序在 ISE 中综合后的 RTL 结构图如图 10-15 所示。程序中`c 表示左端是加法器，为表达式的宏定义，故 c[9：0]未接入实际电路；`bsize 定义了位宽，是变量的定义。

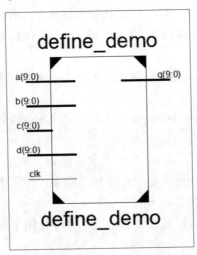

图 10-15　宏定义应用实例的综合后 RTL 结构图

10.2.2　条件编译`if 语句

一般情况下，Verilog HDL 源程序中所有的行都参加编译。但是有时候希望对其中的一部份内容只有在条件满足的时候才进行编译，也就是对这部分内容指定编译的条件，这就是"条件编译"。条件编译也可以是当满足条件时对一组语句进行编译，当条件不满足时对另外一组语句进行编译。条件编译指令包括 `ifdef、`else 和 `endif，应用语法格式有下列两类：

```
`ifdef  MacroName     //第一类
语句块；
`endif                //第一类
`ifdef  MacroName     //第二类
语句块 1；
`else
语句块 2；
`endif                //第二类
```

可以看出，`else 程序指令对于 `ifdef 指令是可选的。条件编译语句可以在程序的任何地方调用，其规则如下：

- ❑ 如果宏的名字已经由 `define 定义那么只编译 Verilog 代码的第一个块。
- ❑ 如果没有定义宏的名字而且出现了 `else 伪指令那么只编译第二个块。
- ❑ 伪指令可以嵌套。
- ❑ 不被编译的代码都应是有效的 Verilog 代码。

条件编译的简单实例如下：

```
`ifdef  WINDOWS
parameter WORD_SIZE = 16
`else
parameter WORD_SIZE = 32
endif
```

上述代码在编译过程中，如果已定义了名字为 WINDOWS 的文本宏，就选择第一种参数声明，否则选择第二种参数说明。

10.2.3　文件包含 `include 语句

`include 编译器指令用于嵌入内嵌文件的内容，即可在一个源文件 A 中将另外一个源文件 B 的全部内容包含进来，使得 A 可以使用 B 中的模块。

这里文件既可以用相对路径名定义，也可以用全路径名定义，例如：

```
`include " .. / .. /primitives.v"
```

编译时，这一行由文件 "../../primitives.v" 的内容替代。在实际开发中，`include 命令是很有用的，可以节省设计人员的重复劳动。关于文件说明，有下面几点需要注意：

- ❑ 一个 `include 指令只能指定一个被包含的文件。如果要完成 N 个文件的包含，则需要调用 N 个 `include 指令。
- ❑ 可以将多个 `include 指令写在同一行，在 `include 命令行只能出现空格和注释。如下面的写法是合格的。

```
`include "a.v" `include "b.v"
```

- ❑ 如果文件 A 包含了文件 B 和文件 C，则文件 C 可以直接利用文件 B 的内容，同样文件 B 也可以直接利用文件 C 的内容。

下面给出一个`include 指令的应用实例。

【例 10-14】 `include 语句的应用实例。

在 D 盘根目录下创建一个.v 文件，并命名为 Onebit_adder，其中包含的内容如下：

```
module Onebit_adder(A,B,Cin,Sum,Cout);
input A,B,Cin;
output Sum,Cout;
wire S1,T1,T2,T3;
xor X1(S1,A,B);
xor X2(Sum,S1,Cin);
and A1(T3,A,B),A2(T2,B,Cin),A3(T1,A,Cin);
or o1(Cout,T1,T2,T3);
endmodule
```

然后在任意目录下，创建一个 Fourbit_adder.v 文件。作者在 D 盘创建了工程，并新建了 Fourbit_adder.v 文件，其内容如下：

```
`include "D:/Onebit_adder.v"
module Fourbit_adder(FA,FB,FCin,FSum,FCout);
parameter size=4;
input [size:1]FA,FB;
output[size:1]FSum;
input FCin;
output FCout;
wire [1:size-1]FTemp;
Onebit_adder
    FA1(.A(FA[1]),.B(FB[1]),.Cin(FCin),.Sum(FSum[1]),.Cout(FTemp[1])),
    FA2(.A(FA[2]),.B(FB[2]),.Cin(FTemp[1]),.Sum(FSum[2]),.Cout(FTemp[2])),
    FA3(FA[3],FB[3],FTemp[2],FSum[3],FTemp[3]),
    FA4(FA[4],FB[4],FTemp[3],FSum[4],FCout);
endmodule
```

如果注释掉第一句`include "D:/Onebit_adder.v"，综合 Fourbit_adder.v 程序，ISE Simulator 会给出错误提示，指出 Onebit_adder 模块对于 Fourbit_adder 来讲是未知的。

添加了`include "D:/Onebit_adder.v"后，在编译时，Fourbit_adder.v 中的内容等效为包含两个模块，如下所示：

```
module Onebit_adder(A,B,Cin,Sum,Cout);
input A,B,Cin;
output Sum,Cout;
wire S1,T1,T2,T3;
xor X1(S1,A,B);
xor X2(Sum,S1,Cin);
and A1(T3,A,B),A2(T2,B,Cin),A3(T1,A,Cin);
or o1(Cout,T1,T2,T3);
endmodule
module Fourbit_adder(FA,FB,FCin,FSum,FCout);
parameter size=4;
input [size:1]FA,FB;
output[size:1]FSum;
input FCin;
output FCout;
wire [1:size-1]FTemp;
Onebit_adder
    FA1(.A(FA[1]),.B(FB[1]),.Cin(FCin),.Sum(FSum[1]),.Cout(FTemp[1])),
    FA2(.A(FA[2]),.B(FB[2]),.Cin(FTemp[1]),.Sum(FSum[2]),.Cout(FTemp[2])),
```

```
    FA3(FA[3],FB[3],FTemp[2],FSum[3],FTemp[3]),
    FA4(FA[4],FB[4],FTemp[3],FSum[4],FCout);
endmodule
```

这样，Onebit_adder 对 Fourbit_adder 模块可见，可作为后者的子模块，完成层次化调用。Fourbit_adder 可以正确实现一个两输入的 4 比特加法器。

10.2.4　时间尺度`timescale 语句

在 Verilog HDL 模型中，所有时延都用单位时间表述。使用`timescale 编译器指令将时间单位与实际时间相关联。该指令用于定义时延的单位和时延精度。`timescale 编译器指令格式为：

```
`timescale time_unit / time_precision
```

其中，time_unit 是一个用于测量的单位时间，time_precision 决定延时应该达到的精度，为仿真设置单位步距。time_unit 和 time_precision 由值 1、10 和 100 以及单位 s、ms、μs、ns、ps、fs 组成。例如：

```
`timescale 1ns/100ps
```

表示时延单位为 1ns，时延精度为 100ps。`timescale 编译器指令在模块说明外部出现，并且影响后面所有的时延值。例如：

```
`timescale 1ns/ 100ps
module AndFunc (Z, A, B);
output Z;
input A, B;
and # (5.22, 6.17 ) Al (Z, A, B);          //规定了上升及下降时延值
endmodule
```

编译器指令定义时延以 ns 为单位，并且时延精度为 1/10ns(100ps)。因此，时延值 5.22 对应 5.2ns，时延 6.17 对应 6.2ns。如果用如下的`timescale 程序指令代替上例中的编译器指令：

```
`timescale 10ns/1ns
```

则 5.22 对应 52ns，6.17 对应 62ns。在编译过程中，`timescale 指令影响编译器指令后面所有模块中的时延值，直至遇到另一个`timescale 指令或`resetall 指令。当一个设计中的多个模块带有自身的`timescale 编译指令时，模拟器总是定位在所有模块的最小时延精度上，并且所有时延都相应地换算为最小时延精度。

【例 10-15】　`timescale 语句的应用实例。

```
`timescale 1ns/ 100ps
module AndFunc (Z, A, B);
output Z;
input A, B;
and # (5.22, 6.17 ) Al (Z, A, B);
endmodule
`timescale 10ns/ 1ns
module TB;
reg PutA, PutB;
wire GetO;
```

```
initialbegin
    PutA = 0;
    PutB = 0;
    #5.21 PutB = 1;
    #10.4 PutA = 1;
    #15 PutB = 0;
end
AndFunc AF1(GetO, PutA, PutB);
endmodule
```

在这个例子中，每个模块都有自己的`timescale 编译器指令。`timescale 编译器指令第一次应用于时延，因此，在第一个模块中，5.22 对应 5.2ns，6.17 对应 6.2ns；在第二个模块中 5.21 对应于 52ns，10.4 对应于 104ns，15 对应于 150ns。如果是仿真模块 TB，设计中的所有模块最小时间精度为 100ps。因此，所有延迟（特别是模块 TB 中的延迟）将换算精度为 100ps，延迟 52ns 现在对应于 520×100ps，104 对应于 1040×100ps，150 对应于 1500 ×100ps。更重要的是，仿真使用 100ps 作为时间精度。仿真模块 AndFunc 中，由于模块 TB 不是模块 AddFunc 的子模块，所以模块 TB 中的`timescale 程序指令将不再有效。

10.2.5 其他语句

除上述常用的编译预处理语句外，Verilog HDL 语言还包括下列预处理语句。由于这些指令应用范围不广，因此只进行简单介绍。

1. `default_nettype语句

`default_nettype 用于为隐式线网指定线网类型，也就是将那些没有被说明的连线定义线网类型。其语法格式如下：

```
`default_nettype wand
```

该实例定义的默认线网为线与类型。因此，如果在此指令后面的任何模块中没有说明的连线，那么该线网被假定为线与类型。

2. `resetall语句

`resetall 编译器指令将所有的编译指令重新设置为默认值。例如：

```
`resetall
```

该指令使得默认连线类型为线网类型。

3. `unconnected_drive语句

在模块实例化中，出现在`unconnected_drive 和`nounconnected_drive 指令间的任何未连接的输入端口或者为正偏电路状态或者为反偏电路状态。例如：

```
`unconnected_drive pull1
...
/*在两个程序指令间的所有未连接的输入端口为正偏电路状态(连接到高电平)*/
`nounconnected_drive
`unconnected_drive pull0
```

```
...
/*在两个程序指令间的所有未连接的输入端口为反偏电路状态(连接到低电平)*/
nounconnected_drive
```

4.`celldefine 语句

`celldefine 和`endcelldefine 指令用于将模块标记为单元模块。它们表示包含模块定义，如下例所示。

```
`celldefine
module FD1S3AX (D, CK, Z) ;
...
endmodule
`endcelldefine
```

10.3　思考与练习

1. 概念题

（1）什么是系统任务？它有什么特征？

（2）什么是编译预处理任务？

（3）简述宏定义`define 语句的使用方法。

2. 操作题

（1）编写 Verilog HDL 代码实现文档数据的转存，从 data_in.txt 文件读取数据，将数据转存到另一个文件 data_out.txt 中。

（2）编写一个四位全加器程序，利用$display 和$fwrite 任务函数对编写代码进行测试，将测试结果显示在 Transcript 文本框内，并存入 log.txt 文本文件。要求遍历四位全加器所有输入可能值。

第 11 章 Verilog HDL 语言基础

本章介绍一些硬件描述语言设计的基础实例，包括 8-3 编码器、3-8 译码器、数据选择器、多位数值比较器、全加器、D 触发器、寄存器、双向移位寄存器、四位二进制加减法计数器、顺序脉冲发生器和序列信号发生器等。通过本章的学习，读者可深入学习并理解面向综合的行为描述语句的设计思想和方法。

11.1 8-3 编码器

在数字系统里，常常需要将某一信息变换为某一特定的代码，即把二进制码按一定的规律编排，如 8421 码、格雷码等。使每组代码具有特定的含义称为编码。具有编码功能的逻辑电路称为编码器。编码器是将 2^n 个分离的信息代码以 n 个二进制码来表示。

【例 11-1】 8-3 编码器。

```
module encode_verilog ( a ,b );
input [7:0] a ;
wire [7:0] a;
output [2:0] b ;
reg [2:0] b;
always @ ( a )
begin
    case ( a )
    8'b0000_0001 : b<=3'b000;
    8'b0000_0010 : b<=3'b001;
    8'b0000_0100 : b<=3'b010;
    8'b0000_1000 : b<=3'b011;
    8'b0001_0000 : b<=3'b100;
    8'b0010_0000 : b<=3'b101;
    8'b0100_0000 : b<=3'b110;
    8'b1000_0000 : b<=3'b111;
    default :
        b<= 3'b000;
        endcase
    end
endmodule
```

8-3 编码器的功能仿真结果如图 11-1 所示。观察波形可知，8 个输入信号中，某一时刻只有一个有效的输入信号，这样才能将输入信号码转换成二进制码。

实例实现了 8-3 编码器的功能，其真值表如表 11-1 所示。

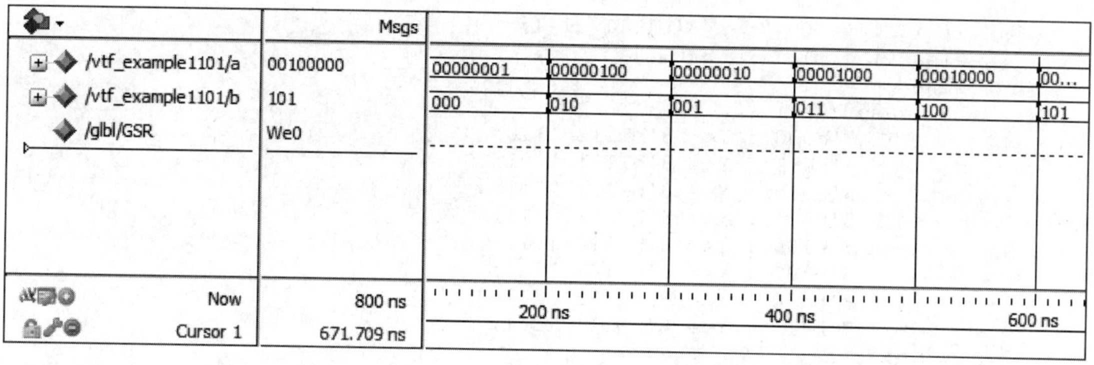

图 11-1　8-3 编码器的功能仿真结果

表 11-1　8-3 编码器的功能真值表

输　　入								输　　出		
a[7]	a[6]	a[5]	a[4]	a[3]	a[2]	a[1]	a[0]	b[2]	b[1]	b[0]
L	L	L	L	L	L	L	H	L	L	L
L	L	L	L	L	L	H	L	L	L	H
L	L	L	L	L	H	L	L	L	H	L
L	L	L	L	H	L	L	L	L	H	H
L	L	L	H	L	L	L	L	H	L	L
L	L	H	L	L	L	L	L	H	L	H
L	H	L	L	L	L	L	L	H	H	L
H	L	L	L	L	L	L	L	H	H	H
其他状态								L	L	L

11.2　3-8 译码器

译码是编码的逆过程，它的功能是辨别具有特定含义的二进制码，并将其转换成控制信号。具有译码功能的逻辑电路称为译码器。如果有 n 个二进制选择线，则最多可译码转换成 2^n 个数据。

【**例 11-2**】　3-8 译码器。

```
module decoder_verilog ( G1 ,Y ,G2 ,A ,G3 );
input G1;
input G2;
input G3;
wire G1;
wire G2;
wire G3;
input [2:0] A ;
wire [2:0] A ;
output [7:0] Y ;
reg [7:0] Y ;
reg s;
always @ ( A ,G1, G2, G3)
begin
    s = G2 | G3 ;
```

```
    if ( G1 == 0) Y <= 8'b1111_1111;
    else if ( s) Y <= 8'b1111_1111;
    else
        case ( A )
            3'b000 : Y<= 8'b1111_1110;
            3'b001 : Y<= 8'b1111_1101;
            3'b010 : Y<= 8'b1111_1011;
            3'b011 : Y<= 8'b1111_0111;
            3'b100 : Y<= 8'b1110_1111;
            3'b101 : Y<= 8'b1101_1111;
            3'b110 : Y<= 8'b1011_1111;
            3'b111 : Y<= 8'b0111_1111;
        endcase
    end
endmodule
```

3-8 译码器的功能仿真结果如图 11-2 所示。观察波形可知，当 G1 为高电平，G2 和 G3 为低电平时，译码器处于工作状态。

表 11-2　3-8 译码器的功能真值表

输　　入					输　　出							
G1	G2 | G3	A[2]	A[1]	A[0]	Y[7]	Y[6]	Y[5]	Y[4]	Y[3]	Y[2]	Y[1]	Y[0]
X	H	X	X	X	H	H	H	H	H	H	H	H
L	X	X	X	X	H	H	H	H	H	H	H	H
H	L	L	L	L	L	H	H	H	H	H	H	H
H	L	L	L	H	H	L	H	H	H	H	H	H
H	L	L	H	L	H	H	L	H	H	H	H	H
H	L	L	H	H	H	H	H	L	H	H	H	H
H	L	H	L	L	H	H	H	H	L	H	H	H
H	L	H	L	H	H	H	H	H	H	L	H	H
H	L	H	H	L	H	H	H	H	H	H	L	H
H	L	H	H	H	H	H	H	H	H	H	H	L

实例实现了 3-8 译码器的功能，其真值表如表 11-2 所示。

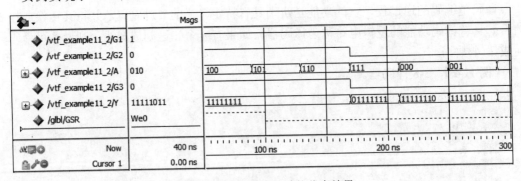

图 11-2　3-8 译码器的功能仿真结果

11.3　数据选择器

数据选择是指经过选择，把多个通道的数据传送到唯一的公共数据通道上。实现数据选择功能的逻辑电路称作数据选择器，它的作用相当于多个输入的单刀多掷开关。

【例 11-3】　8 选 1 数据选择器。

```verilog
module mux8_1_verilog ( Y ,A ,D0, D1, D2, D3, D4, D5, D6, D7 ,G );
input [2:0] A ;
input D0, D1, D2, D3, D4, D5, D6, D7;
input G;
output Y ;
reg Y ;
always @(G or A or D0 or D1 or D2 or D3 or D4 or D5 or D6 or D7)
begin
    if (G  == 1)
        Y  <= 0;
    else
        case (A )
            3'b000 : Y  = D0 ;
            3'b001 : Y  = D1 ;
            3'b010 : Y  = D2 ;
            3'b011 : Y  = D3 ;
            3'b100 : Y  = D4 ;
            3'b101 : Y  = D5;
            3'b110 : Y  = D6 ;
            3'b111 : Y  = D7 ;
            default : Y  = 0;
        endcase
end
endmodule
```

8 选 1 数据选择器功能仿真结果如图 11-3 所示。观察波形可知，对 D0～D7 端口赋予不同频率的时钟信号，当地址信号的取值变化时，输出端 Y 的值也相应改变，从而实现了 8 选 1 数据选择器。

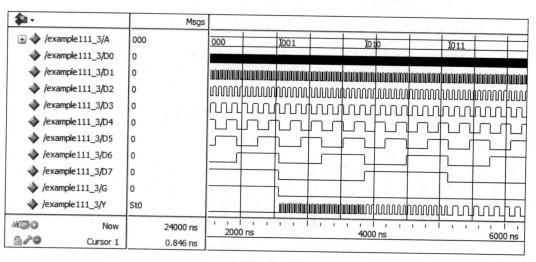

图 11-3　8 选 1 数据选择器功能仿真结果

实例 11-3 实现了数据选择器的功能，其真值表如表 11-3 所示。

表 11-3　8 选 1 数据选择器的功能真值表

输　入												输出
A[2]	A[1]	A[0]	G	D[7]	D[6]	D[5]	D[4]	D[3]	D[2]	D[1]	D[0]	Y
X	X	X	H	X	X	X	X	X	X	X	X	L
L	L	L	L	X	X	X	X	X	X	X	L/H	L/H
L	L	H	L	X	X	X	X	X	X	L/H	X	L/H
L	H	L	L	X	X	X	X	X	L/H	X	X	L/H
L	H	H	L	X	X	X	X	L/H	X	X	X	L/H
H	L	L	L	X	X	X	L/H	X	X	X	X	L/H
H	L	H	L	X	X	L/H	X	X	X	X	X	L/H
H	H	L	L	X	L/H	X	X	X	X	X	X	L/H
H	H	H	L	L/H	X	X	X	X	X	X	X	L/H

11.4　多位数值比较器

在数字系统中，数值比较器是指对两个数 A、B 进行比较，以判断其大小的逻辑电路，比较结果有 A>B、A＝B、A<B 三种情况，这三种情况仅有一种的值为真。下面以 4 位数值比较器为例，介绍数值比较器的设计方法。

【例 11-4】　4 位数值比较器。

```verilog
module compare_verilog ( Y ,A ,B );
input [3:0] A, B ;
wire [3:0] A , B;
output [2:0] Y ;
reg [2:0] Y ;
always @ ( A or B )
begin
    if ( A > B ) Y <= 3'b001;
    else if ( A == B) Y <= 3'b010;
    else Y <= 3'b100;
end
endmodule
```

4 位数值比较器功能仿真结果如图 11-4 所示。观察波形可知，对 A、B 分别取不同的值时，Y 会有相应的比较结果输出。

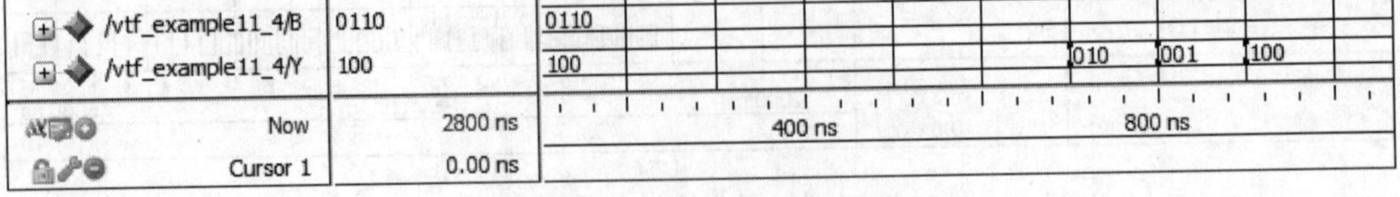

图 11-4　4 位数值比较器功能仿真结果

实例 11-4 实现了 4 位数值比较器的功能，其真值表如 11-4 所示。

表 11-4　4 位数值比较器的功能真值表

输　　　入	输　　　出		
A与B关系	Y[2]	Y[1]	Y[0]
A>B	L	L	H
A=B	L	H	L
A<B	H	L	L

11.5　全　加　器

　　加法器是一种最基本的算术运算电路，其功能是实现两个二进制数的加法运算。在多位二进制数相加时，除最低位外，其他各位都需要考虑来自低位的进位。这种对两个本位二进制数连同来自低位的进位一起进行相加的运算称为全加，实现全加运算的电路称为全加器。

【例 11-5】　全加器。

```
module sum_verilog ( A ,Co ,B ,S ,Ci );
input A ;
input B ;
input Ci ;
output Co ;
reg Co ;
output S ;
reg S ;
always @ ( A or B or Ci)
begin
if ( A== 0 && B == 0 && Ci == 0 )
    begin
        S <= 0;
        Co <= 0;
    end
else if ( A== 1 && B == 0 && Ci == 0 )
    begin
        S <= 1;
        Co <= 0;
    end
else if ( A== 0 && B == 1 && Ci == 0 )
    begin
        S <= 1;
        Co <= 0;
    end
else if ( A==1 && B == 1 && Ci == 0 )
    begin
        S <= 0;
        Co <= 1;
    end
else if ( A== 0 && B == 0 && Ci == 1 )
    begin
        S <= 1;
        Co <= 0;
    end
else if ( A== 1 && B == 0 && Ci == 1 )
    begin
        S <= 0;
```

```
        Co <= 1;
    end
else if ( A== 0 && B == 1 && Ci == 1 )
    begin
        S <= 0;
        Co <= 1;
    end
else
    begin
        S <= 1;
        Co <= 1;
    end
end
endmodule
```

全加器功能仿真结果如图 11-5 所示。观察波形可知，当被加数 A、加数 B 和进位 Ci 分别取不同的值时，执行 A＋B＋Ci 操作后，和数 S 与进位 Co 输出值满足全加器的功能。

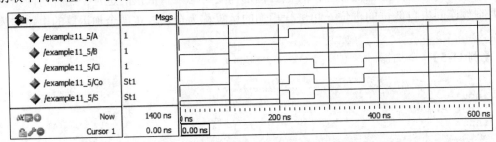

图 11-5　多位数值比较器功能仿真结果

实例 11-5 实现了全加器的功能，其真值表如表 11-5 所示。

表 11-5　全加器的功能真值表

输入			输出	
A	**B**	**Ci**	**Co**	**S**
L	L	L	L	L
L	L	H	L	H
L	H	L	L	H
L	H	H	H	L
H	L	L	L	H
H	L	H	H	L
H	H	L	H	L
H	H	H	H	H

11.6　D 触发器

在 JK 触发器的 K 端前面加上一个非门，再接到 J 端，使得输入端只有一个，在某些场合使用这种电路进行逻辑设计可使电路得到简化。将这种触发器的输入端符号改用"D"表示，就称作 D 触发器。JK 触发器是在 CP 脉冲高电平期间接收信号，如果在 CP 高电平期间输入端出现干扰信号，那么就有可能使触发器产生与逻辑功能表不符合的错误状态。D 触发器的电路结构可使触发器在 CP 脉冲有效触发沿到来前一瞬间接收信号，在有效触发沿到来后产生状态转换，这种电路结构的触发器大大提高了抗干扰能力和电路工作的可靠性。下面介绍 D 触发器的设计方法。

【例 11-6】　D 触发器。

```verilog
module Dflipflop ( Q ,CLK , RESET ,SET ,D ,Qn );
input CLK;
input RESET;
input SET;
input D;
output Q;
output Qn;
reg Q;
assign Qn = ~Q ;
always @ ( posedge CLK)
    begin
        if ( !RESET) Q<= 0 ;
        else if ( ! SET) Q <= 1;
        else Q <= D;
    end
endmodule
```

D 触发器的功能仿真结果如图 11-6 所示。观察波形可知，当 RESET 和 SET 均为高电平时，输出端 Q 在时钟脉冲的作用下输出 D 的数值。

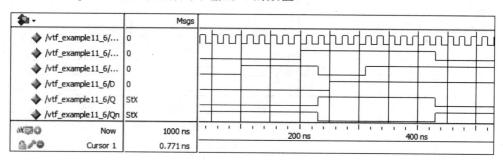

图 11-6　D 触发器的功能仿真结果

实例 11-6 实现了 D 触发器的功能，其真值表如表 11-6 所示。

表 11-6　D触发器的功能真值表

输　　　入				输　　出	
CLK	RESET	SET	D	Q	Qn
X	0	1	X	0	1
X	1	0	X	1	0
0	1	1	X	保持	保持
上升沿	1	1	0	0	1
上升沿	1	1	1	1	0

11.7　寄　存　器

寄存器是数字系统中的基本模块，许多复杂的时序逻辑电路都是由它构成的。在数字系统中,寄存器是一种在某一特定信号的控制下用于存储一组二进制数据的时序逻辑电路。

通常使用触发器构成寄存器，把多个 D 触发器的时钟端连接起来就可以构成存储多位二进制代码的寄存器。本节以 8 位寄存器为例，介绍寄存器的设计方法。

【例 11-7】 8 位寄存器。

```verilog
module reg8 ( clr ,clk ,DOUT ,D );
input clr ;
wire clr;
input  clk ;
wire  clk ;
input [7:0] D ;
wire [7:0] D ;
output [7:0] DOUT ;
reg [7:0] DOUT ;
always @ ( posedge clk)
    begin
        if ( clr == 1'b1) DOUT <= 0;
        else DOUT <= D ;
    end
endmodule
```

寄存器的功能仿真结果如图 11-7 所示。观察波形可知，输出端 DOUT 是由时钟 clk 的上升沿来控制的。

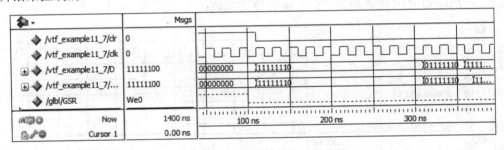

图 11-7 8 位寄存器的功能仿真结果

实例 11-7 实现了寄存器的功能，其真值表如表 11-7 所示。

表 11-7 8 位寄存器的功能真值表

输　　入			输　　出
clr	clk	D[7:0]	DOUT[7:0]
0	上升沿	0/1	0/1
0	0	X	保持
1	X	X	0

11.8　双向移位寄存器

移位寄存器是指寄存器里面存储的二进制数据能够在时钟信号的控制下依次左移或右移的寄存器，在数字电路中通常用于数据的串并转换、并串转换、数值运算等。移位寄存器按照移位方向进行分类，可以分为左移移位寄存器、右移移位寄存器和双向移位寄存器。双向移位寄存器由两个移位输出端，分别为左移输出端和右移输出端，通过时钟脉冲来控制输出。下面以一个串入/串出双向移位寄存器为例，介绍双向移位寄存器的设计方法。

【例 11-8】　双向移位寄存器。

```verilog
module shiftreg(dout_r,dout_l,clk,din,left_right);
output dout_r,dout_l;            //右移输出端，左移输出端
input clk,din,left_right;    //时钟信号、数据输入端、方向控制信号
reg dout_r, dout_l;
reg [7:0] q_temp;
integer i;
always@(posedge clk)
begin
    if(left_right)
        begin
            q_temp[7] <=din;
            for(i=7;i>=1;i=i-1) q_temp[i-1] <= q_temp[i];
        end
    else
        begin
            q_temp[0]<=din;
            for ( i=1;i <=7; i=i+1) q_temp[i] <= q_temp[i-1];
        end
    dout_r<=q_temp[0];
    dout_l<=q_temp[7];
end
endmodule
```

串入/串出双向移位寄存器的功能仿真结果如图 11-8 所示，观察波形可知，当 left_right 为低电平时为左移，当 left_right 为高电平时为右移。

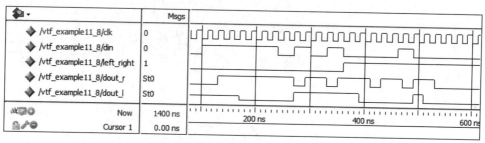

图 11-8　串入/串出双向移位寄存器的功能仿真结果

11.9　四位二进制加减法计数器

计数器的逻辑功能是用于记忆时钟脉冲的具体个数。通常计数器最多能记忆时钟的最大数目 m 称为计数器的模，即计数器的范围为 0～m−1 或 m−1～0。其基本原理是将几个触发器按照一定的顺序连接起来，然后根据触发器的组合状态，按照一定的计数规律随着时钟脉冲的变化来记忆时钟脉冲的个数。计数器按照不同的分类方法划分为不同的类型，按照计数器的计数方向可以分为加法计数器、减法计数器和加减法计数器等。下面介绍四位二进制加减法计数器的设计方法。

【例 11-9】　四位二进制加减法计数器。

```verilog
module counter4 ( load ,clr ,c ,DOUT ,clk, up_down ,DIN);
input load , clk, clr, up_down;
wire load , clk, clr, up_down;
```

```
input [3:0] DIN ;
wire [3:0] DIN ;
output c ;
reg c ;
output [3:0] DOUT ;
wire [3:0] DOUT ;
reg [3:0] data_r;
assign DOUT = data_r;
always @ ( posedge clk or posedge clr or posedge load)
begin
    if ( clr == 1) data_r <= 0;                   //同步清零
    else if ( load == 1) data_r <= DIN;           //同步预置
    else
        begin
            if ( up_down ==1)
                begin
                    if ( data_r == 4'b1111)
                        begin                       //加计数
                            data_r <= 4'b0000;
                            c = 1;                  //出现进位
                        end
                    else
                        begin
                            data_r <= data_r +1;
                            c = 0 ;
                        end
                end
            else
                begin
                    if ( data_r == 4'b0000)
                        begin                       //减计数
                            data_r <= 4'b1111;
                            c = 1;                  //出现借位
                        end
                    else
                        begin
                            data_r <= data_r -1;
                            c = 0 ;
                        end
                end
        end
end
endmodule
```

四位二进制加减法计数器的功能仿真结果如图 11-9 所示。

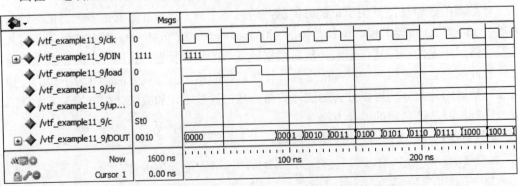

图 11-9　四位二进制加减法计数器的功能仿真结果

观察波形可知，实例 11-9 实现了四位二进制加减法计数器的功能，在 clk、clr 和 load 上升沿时工作。当 clr=1 时，data_r 赋值为 0，实现清零操作；当 load=1 时，data_r 赋值为 DIN，实现置位操作；当 up_down =1 时，实现加法操作，且当 data_r=4'b1111 时，输出进位数据位；当 up_down =0 时，实现减法操作，且当 data_r=4'b0000 时，输出借位数据位。

11.10　顺序脉冲发生器

在数字系统中，能按一定时间、一定顺序轮流输出脉冲波形的电路称为顺序脉冲发生器。该发生器常用来控制某些设备按照事先规定的顺序进行运算或操作。

顺序脉冲发生器一般由计数器和译码器组成，作为时间基准的计数脉冲由计数器的输入端送入，译码器即将计数器状态译成输出端上的顺序脉冲，使输出端上的状态按一定时间、一定顺序轮流为 1，或者轮流为 0。顺序脉冲发生器分为计数器顺序脉冲发生器和移位顺序脉冲发生器。

计数器型顺序脉冲发生器一般由按自然态序计数的二进制计数器和译码器构成。移位型顺序脉冲发生器由移位寄存器型计数器和译码电路构成。环形计数器的输出就是顺序脉冲，故可以不加译码电路直接作为顺序脉冲发生器。

【例 11-10】　顺序脉冲发生器。

```verilog
module pulsegen ( Q ,clr ,clk);
input clr;
wire clr;
input  clk;
wire  clk;
output [7:0] Q;
wire [7:0] Q;
reg [7:0] temp;
reg x;
assign Q =temp;
always @ ( posedge clk or posedge clr )
begin
    if ( clr==1)
        begin
            temp <= 8'b00000001;
            x= 0;
        end
    else
        begin
            x<= temp[7];
            temp <= temp<<1;
            temp[0] <=x;
        end
end
endmodule
```

顺序脉冲发生器的功能仿真结果如图 11-10 所示。观察波形可知，实例 11-10 实现了顺序脉冲发生器的功能，其在 clk 和 clr 上升沿时工作，当 clr=1 时，Q 赋值为 8'b00000001，实现置位操作；其他状态时高位数据移至最低位，其余位左移 1 位，输出顺序脉冲信号。

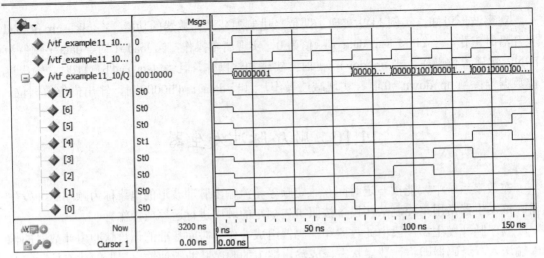

图 11-10　顺序脉冲发生器的功能仿真结果

11.11　序列信号发生器

在数字信号的传输和数字系统的测试中，有时需要用到一组特定的串行数字信号，通常把这种串行数字信号叫做序列信号。产生序列信号的电路称为序列信号发生器。

【例 11-11】　序列信号发生器。

```verilog
module xlgen ( Q ,clk ,res);
input clk, res ;
wire clk, res ;
output Q ;
reg Q ;
reg [7:0] Q_r ;
always @( posedge clk or posedge res)
begin
    if (res ==1)
        begin
        Q <= 1'b0;
        Q_r <= 8'b11100100;
        end
    else
        begin
            Q <= Q_r[7];
            Q_r <= Q_r<<1;
            Q_r[0] <=Q;
        end
end
endmodule
```

序列信号发生器的功能仿真结果如图 11-11 所示。观察波形可知，实例 11-11 实现了序列信号的功能，其在 clk 和 res 上升沿时工作，当 res=1 时，Q 赋值为 8'b11100100，实现置位操作；其他工作状态时，高位数据串行输出，并将高位数据移至最低位，其余位左移1 位，即串行输出一组特定的数字信号。

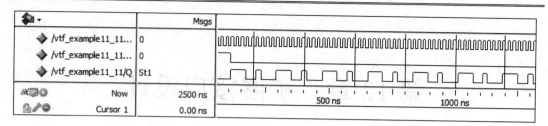

图 11-11　序列信号发生器的功能仿真结果

11.12　思考与练习

1．概念题

（1）简述 8-3 编码器的工作原理。
（2）简述四位二进制加减法计数器的逻辑结构和工作原理。
（3）简述序列信号发生器的工作原理。

2．操作题

（1）利用 Verilog HDL 语言设计一个 T 触发器。
（2）利用 Verilog HDL 语言设计一个四位二进制加法计数器。

第 12 章　扩展接口设计

FPGA 的一个重要的应用领域就是接口逻辑设计。标准的扩展接口协议是开放的，其不具备保密性和安全性；同时，在使用扩展接口时需要用户编写外设驱动程序。因此在使用扩展接口时，设计者需要在标准接口协议的基础上，重新设计接口来驱动扩展接口、提高保密性或改进其他方面的性能。FPGA 芯片灵活的可编程特性可以帮助设计者实现这些驱动和协议。

本章将介绍数字系统的扩展接口设计范例，接口实验包括数码管显示接口、LCD 液晶显示接口、VGA 显示接口、RS-232 串行通信接口和 PS2 键盘接口等实验范例。通过对本章内容的学习，读者可以掌握 FPGA 内部模块之间的接口设计方法，帮助读者深入学习理解 FPGA 的设计思想和方法。

12.1　数码管显示接口实验

本节介绍的设计实例为数码管显示接口实验，学习该实例的目的在于学习复杂数字系统的设计方法，掌握数码管显示接口的设计方法。

12.1.1　数码管显示接口实验内容与实验目的

1. 实验内容

本实验采用动态扫描原理，在八位数码管上实现数字电子钟。要求电子时钟具有 24 小时正常计时功能，以及调时、调分、整点报时和定点闹铃功能。其中，小时、分钟和秒各用两个数码管显示，小时、分钟和秒之间用"-"来显示。

2. 实验目的

❑ 本节旨在设计实现 FPGA 与数码管的接口，帮助读者进一步了解数码管的工作原理和设计方法。

❑ 掌握数字电路中计数、分频、译码、显示及时钟脉冲振荡器等组合逻辑电路与时序逻辑电路的综合应用。

❑ 掌握数字时钟电路设计方法及数字时钟的扩展应用，提升使用 Verilog 语言编程与系统设计的能力。

12.1.2　数码管显示接口设计原理

数码管是一类价格便宜，使用简单，通过对其不同的管脚输入相对的电流，使其发亮，从而显示出数字，能够显示时间、日期、温度等所有可用数字表示的参数器件。在家电领域应用极为广泛，如显示屏、空调、热水器、冰箱等。

数码管可分为共阴极和共阳极两类。如图 12-1 所示，数码管经常用来显示十进制或十六进制的数，所以在数据显示之前，首先要进行二进制到十进制或者十六进制的转换，将它们转换成十进制数或十六进制数。

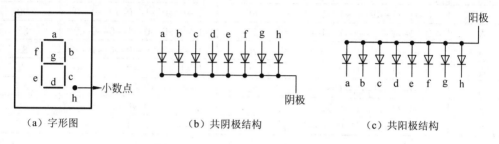

（a）字形图　　　　　　　（b）共阴极结构　　　　　　　（c）共阳极结构

图 12-1　LED 数码管外形及等效电路

数码管实际上是由 7 个发光管组成"日"字形段构成的，加上小数点就是 8 个，这些段分别用字母 a、b、c、d、e、f、g、h 来表示。当给数码管特定的段加上电压后，这些特定的段就会发亮，形成我们眼睛能看到的字样了。共阳极数码管的 8 个发光二极管的阳极（二极管正端）连接在一起。通常，公共阳极接高电平（一般接电源），其他管脚接段驱动电路输出端。当某段驱动电路的输出端为低电平时，则该端所连接的字段导通并点亮。根据发光段的不同组合可显示出各种数字或字符。此时，要求段驱动电路能吸收额定的段导通电流，还需根据外接电源及额定段导通电流来确定相应的限流电阻。共阴极数码管的 8 个发光二极管的阴极（二极管负端）连接在一起。通常，公共阴极接低电平（一般接地），其他管脚接段驱动电路输出端。当某段驱动电路的输出端为高电平时，该端所连接的段导通并点亮，根据发光段的不同组合可显示出各种数字或字符。此时，要求段驱动电路能够提供额定的段导通电流，还需根据外接电源及额定段导通电流来确定相应的限流电阻。

要使数码管显示出相应的数字或字符，必须使段数据口输出相应的字形编码。字形码各位定义为：数据线 D0 与 a 字段对应，D1 与 b 字段对应，依此类推。如使用共阳极数码管，数据为 0 表示对应的段亮，数据为 1 表示对应的段暗；如使用共阴极数码管，数据为 0 表示对应的段暗，数据为 1 表示对应的段亮。如要显示"0"，共阳极数码管的字形编码应为 11000000B（即 C0H）；共阴极数码管的字型编码应为 00111111B（即 3FH）。依此类推，可求得数码管字形编码如表 12-1 所示。

表 12-1　数码管字形编码

显示数字	共阴数码管的字形编码		共阳数码管的字形编码	
	h→g→f→e→d→c→b→a	十六进制	h→g→f→e→d→c→b→a	十六进制
0	0→0→1→1→1→1→1→1	3F	1→1→0→0→0→0→0→0	C0
1	0→0→0→0→0→1→1→0	06	1→1→1→1→1→0→0→1	F9

续表

显示数字	共阴数码管的字形编码		共阳数码管的字形编码	
	h→g→f→e→d→c→b→a	十六进制	h→g→f→e→d→c→b→a	十六进制
2	0→1→0→1→1→0→1→1	5B	1→0→1→0→0→1→0→0	A4
3	0→1→0→0→1→1→1→1	4F	1→0→1→1→0→0→0→0	B0
4	0→1→1→0→0→1→1→0	66	1→0→0→1→1→0→0→1	99
5	0→1→1→0→1→1→0→1	6D	1→0→0→1→0→0→1→0	92
6	0→1→1→1→1→1→0→1	7D	1→0→0→0→0→0→1→0	82
7	0→0→0→0→0→1→1→1	07	1→1→1→1→1→0→0→0	F8
8	0→1→1→1→1→1→1→1	7F	1→0→0→0→0→0→0→0	80
9	0→1→1→0→1→1→1→1	6F	1→0→0→1→0→0→0→0	90
A	0→1→1→1→0→1→1→1	77	1→0→0→0→1→0→0→0	88
B	0→1→1→1→1→1→0→0	7C	1→0→0→0→0→0→1→1	83
C	0→0→1→1→1→0→0→1	39	1→1→0→0→0→1→1→0	C6
D	0→1→0→1→1→1→1→0	5E	1→0→1→0→0→0→0→1	A1
E	0→1→1→1→1→0→0→1	79	1→0→0→0→0→1→1→0	86
F	0→1→1→1→0→0→0→1	71	1→0→0→0→1→1→1→0	8E

　　显示的具体实施是通过编程将需要显示的字形编码存放在程序存储器的固定区域中，构成显示字形编码表。当要显示某字符时，通过查表指令获取该字符所对应的字型编码。

　　数码管动态扫描显示是数码管应用最广的显示方式。动态扫描显示是将所有数码管的8个显示笔画 a、b、c、d、e、f、g、h 的同名端连在一起，另外为每个数码管的公共极 COM 增加位元选通控制电路。位元选通由各自独立的 I/O 线控制。当控制器输出字形编码时，所有数码管都接收到相同的字形编码，但究竟是哪个数码管会显示出字形，取决于控制器对位元选通 COM 端电路的控制。所以我们只要将需要显示的数码管的选通控制打开，该位元就显示出字形，没有选通的数码管就不会亮。通过分时轮流控制各个 LED 数码管的 COM 端，可使各个数码管轮流受控显示，这就是动态扫描显示。在轮流显示过程中，每位元数码管的点亮时间为 1～2ms。由于人的视觉暂留现象及发光二极体的余辉效应，尽管实际上各位数码管并非同时点亮，但只要扫描的速度足够快，给人的印象就是一组稳定的显示资料，不会有闪烁感。

12.1.3　数码管显示接口设计方法

　　采用文本编辑法，利用 Verilog HDL 语言实现多功能电子钟的代码如下。

1. 分频程序divclk.v

　　分频程序是通过对 FPGA 电路板晶振提供的 50MHz 频率进行分频，得到 4Hz、1kHz 两个频率，以便主程序进行计时与数码管扫描时使用。

```
module divclk(
    clk,          //FPGA 电路板晶振 50MHz 输入
    RST_N,        //复位按键输入
    clk_4Hz,      //4Hz 时钟信号输出
    clk_1k        //1kHz 时钟信号输出
```

```
        );
    input clk;
    input RST_N;
    output clk_4Hz,clk_1k;
    reg[22:0] count_n;
    reg[14:0] count_1k;
    reg clk_4Hz,clk_1k;
    always @(posedge clk or negedge RST_N)
      begin
      if (!RST_N)
          begin
              count_n <= 23'b0;
              clk_4Hz <= 0;
          end
      else if (count_n == 23'd6250000)
          begin
              count_n <= 0;
              clk_4Hz <= ~clk_4Hz;  //4Hz 信号产生
          end
      else
          count_n <= count_n +1'b1;
    end
    always @(posedge clk or negedge RST_N)
    begin
      if (!RST_N)
          begin
              count_1k <= 24'b0;
              clk_1k <= 0;
          end
      else if (count_1k == 15'd25000)
          begin
              count_1k <= 0;
              clk_1k <= ~clk_1k;  //1kHz 信号产生
          end
      else
          count_1k <= count_1k +1'b1;
    end
endmodule
```

2. 消抖模块KEY_TEST.v

电子钟通过 4 个按键实现所有功能，按键要加消抖模块。消抖模块通过延时消除按键的抖动，得到平稳的输入。

```
module KEY_TEST(
      clk,              //系统晶振输入
      RST_B,            //复位按键输入
      KEY_B,            //需要消抖的信号输入
      LED_B             //完成消抖的信号输出
      );
    input clk;              //系统时钟
    input RST_B;            //全局复位，低电平有效
    input [2:0] KEY_B;      //按键输入，低电平有效
    output [2:0] LED_B;     //LED 灯输出
    wire clk;
    wire RST_B;
    wire [2:0] KEY_B;
    reg [2:0] LED_B;
    reg [19:0] TIME_CNT;    //计数器，记录按键次数
```

```
reg [2:0] KEY_REG;        //每个周期存储一次输入按键值
reg [2:0] LED_B_N;
wire [19:0] TIME_CNT_N;
wire [2:0] KEY_REG_N;
wire [2:0] PRESS;
assign PRESS = KEY_REG & (~KEY_REG_N);
//当有按键下时,保存按键值
always @ (posedge clk or negedge RST_B)
  begin
   if(!RST_B)
       KEY_REG <= 3'b111;
   else
       KEY_REG <= KEY_REG_N;
end
assign KEY_REG_N = (TIME_CNT == 20'h0) ? KEY_B : KEY_REG;
//记录按键时间
always @ (posedge clk or negedge RST_B)
begin
   if(!RST_B)
       TIME_CNT <= 20'h0;
   else
       TIME_CNT <= TIME_CNT_N;
end
assign TIME_CNT_N = TIME_CNT +1'h1;
always @ (posedge clk or negedge RST_B)
  begin
   if(!RST_B)
       LED_B <= 3'b111;
   else
       LED_B <= LED_B_N;
end
always @ (*)
  begin
   case(PRESS)
       4'b001 : LED_B_N = {LED_B[2:1]  , (~LED_B[0])         };
       4'b010 : LED_B_N = {LED_B[2] ,(~LED_B[1]) , LED_B[0]};
       4'b100 : LED_B_N = { (~LED_B[2]) , LED_B[1:0]         };
       default: LED_B_N = LED_B;
   endcase
 end
endmodule
```

3. 主程序clock.v

主程序实现电子钟的所有功能,电子钟在正常工作状态下对 1Hz 的频率计数,实现秒、分、时的计时和进位。在校时部分:进入校时状态,通过按 3 个键分别对时、分、秒进行校对,按键每按一次加 1。在报时部分:若到整点,于 56s 时开始产生三短一长的整点报时信号;到设定闹铃时间时,从 0s 开始进行 20s 的整点报时。在数码管显示部分:将计时或闹铃的时间显示在 8 段共阳极数码管上,显示形式形如 17-25-33,时分秒各两位,中间用 "-" 连接。显示时间的数码管均用动态扫描显示来实现。

clk:系统晶振 50MHz 输入,产生 1Hz 的时基信号 clk_1Hz 和 1024Hz 的闹铃音、报时音的时钟信号 clk_1k。

key_1:控制按键输入,设置 m 值。为 0 时是计时功能;为 1 时是闹钟功能;为 2 时是手动调时功能。

key_2:选择按键输入,用于在手动调时功能中,选择是调整小时,还是分钟;若长时间按住该键，还可使秒信号清零，用于精确调时。

key_3：调整按键输入，用于在手动调时功能时，每按一次，使计数器加 1；如果长按，则连续快速加 1，以快速调时和定时。

RST_N：全局复位按键输入，用于恢复到出厂设置。

alert：扬声器的信号输出，用于产生闹铃音和报时音。闹铃音为持续 20s 的急促"嘀嘀嘀"音，若按住 change 键，则可取消报时功能；整点报时音为"嘀嘀嘀嘀—嘟"四短一长音。

SEG：数码管段选输出端。

SEL：数码管位选输出端。

LD_alert：LED 灯输出，指示是否设置了闹钟功能。

LD_hour：LED 灯输出，指示当前调整的是小时信号。

LD_min：LED 灯输出，指示当前调整的是分钟信号。

hour,min,sec：中间变量，此 3 信号分别输出并显示时、分、秒信号，皆采用 BCD 码计数，分别驱动 6 个数码管显示时间。

主程序代码如下：

```
module clock(clk,key_1,key_2,key_3,RST_N,alert,SEG,SEL,LD_alert,LD_hour,LD_min);
  input clk,key_1,key_2,key_3;//key_1: mode    key_2: turn    key_3: change
  input RST_N;
  output alert,LD_alert,LD_hour,LD_min;
  output[7:0] SEG,SEL;
  reg[7:0] hour1,min1,sec1,ahour,amin,hour,min,sec;
  reg[1:0] m,fm,num1,num2,num3,num4;
  reg[1:0] loop1,loop2,loop3,loop4,sound;
  reg LD_hour,LD_min;
  reg clk_1Hz,clk_2Hz,minclk,hclk;
  reg alert1,alert2,ear;//ear信号用于产生或屏蔽声音
  reg count1,count2,counta,countb;
  reg[7:0] SEG_REG;
  reg[3:0] SEG_BUF;
  reg[7:0] SEL_REG;
  reg[14:0] DIS_COUNTER;
  reg[3:0] DIS_STATUS;
  wire ct1,ct2,cta,ctb,m_clk,h_clk;
  wire mode,turn,change;
  wire clk_4Hz,clk_1k;
  divclk Q1(.clk(clk),.RST_N(RST_N),.clk_4Hz(clk_4Hz),.clk_1k(clk_1k));
  KEY_TEST Q2(.clk(clk),.RST_B(RST_N),
            .KEY_B({key_3,key_2,key_1}),
            .LED_B({mode,turn,change}) );
  always @(posedge clk_4Hz)
  begin
     clk_2Hz<=~clk_2Hz;
     if(sound==3) begin sound<=0; ear<=1; end
     else begin sound<=sound+1; ear<=0; end
  end
  always @(posedge clk_2Hz)
     clk_1Hz<=~clk_1Hz;          //由4Hz的输入时钟产生1Hz的时基信号
  always @(negedge mode)         //mode信号控制系统在三种功能间转换
     begin
         if(m==2)m<=0;
```

```verilog
            else m<=m+1;
      end
always @(negedge turn)
   fm<=~fm;
always //该进程产生 count1,count2,counta,countb 四个信号
   begin
      case(m)
        2: begin     if(fm)
                   begin count1<=change; {LD_min,LD_hour}<=2; end
             else
                   begin counta<=change; {LD_min,LD_hour}<=1; end
             {count2,countb}<=0;
          end
        1: begin     if(fm)
                   begin count2<=change; {LD_min,LD_hour}<=2; end
             else
                   begin countb<=change; {LD_min,LD_hour}<=1; end
             {count1,counta}<=2'b00;
          end
        default: {count1,count2,counta,countb,LD_min,LD_hour}<=0;
      endcase
end
always @(negedge clk_4Hz)
//如果长时间按下 change 键，则生成 "num1" 信号用于连续快速加 1
   if(count2)  begin
             if(loop1==3) num1<=1;
             else begin loop1<=loop1+1; num1<=0; end
        end
   else       begin loop1<=0; num1<=0; end
always @(negedge clk_4Hz) //产生 num2 信号
   if(countb)  begin
             if(loop2==3) num2<=1;
             else begin loop2<=loop2+1; num2<=0; end
        end
   else       begin loop2<=0; num2<=0; end
always @(negedge clk_4Hz)
   if(count1)  begin
             if(loop3==3) num3<=1;
             else begin loop3<=loop3+1; num3<=0; end
        end
   else       begin loop3<=0; num3<=0; end
always @(negedge clk_4Hz)
   if(counta)  begin
             if(loop4==3) num4<=1;
             else begin loop4<=loop4+1; num4<=0; end
        end
   else       begin loop4<=0; num4<=0; end
assign ct1=(num3&clk_4Hz)|(!num3&m_clk);       //ct1 用于计时、校时中的分钟计数
assign ct2=(num1&clk_4Hz)|(!num1&count2);      //ct2 用于定时状态下调整分钟信号
assign cta=(num4&clk_4Hz)|(!num4&h_clk);       //cta 用于计时、校时中的小时计数
assign ctb=(num2&clk_4Hz)|(!num2&countb);      //ctb 用于定时状态下调整小时信号
always @(posedge clk_1Hz)                       //秒计时和秒调整进程
   if(!(sec1^8'h59)|turn&(!m))
      begin
          sec1<=0;
          if(!(turn&(!m))) minclk<=1;
      end
```

```
//按住 turn 键一段时间，秒信号可清零。该功能用于手动精确调时
    else
        begin
            if(sec1[3:0]==4'b1001)
                begin sec1[3:0]<=4'b0000; sec1[7:4]<=sec1[7:4]+1; end
            else sec1[3:0]<=sec1[3:0]+1;
            minclk<=0;
        end
assign m_clk=minclk||count1;
always @(posedge ct1)                    //分计时和分调整进程
    begin
        if(min1==8'h59)
            begin min1<=0; hclk<=1; end
        else
            begin
                if(min1[3:0]==4'b1001)
                    begin min1[3:0]<=4'b0000; min1[7:4]<=min1[7:4]+1; end
                else min1[3:0]<=min1[3:0]+1;
                hclk<=0;
            end
    end
assign h_clk=hclk||counta;
always @(posedge cta)                    //小时计时和小时调整进程
    if(hour1==8'h23) hour1<=0;
    else if(hour1[3:0]==4'b1001)
        begin
            hour1[7:4]<=hour1[7:4]+1;
            hour1[3:0]<=4'b0000;
        end
    else    hour1[3:0]<=hour1[3:0]+1;
always @(posedge ct2)                    //闹钟定时功能中的分钟调节进程
    if(amin==8'h59)
        amin<=0;
    else if(amin[3:0]==4'b1001)
        begin
            amin[3:0]<=4'b0000;
            amin[7:4]<=amin[7:4]+1;
        end
    else    amin[3:0]<=amin[3:0]+1;
always @(posedge ctb)                    //闹钟定时功能中的小时调节进程
    if(ahour==8'h23)
        ahour<=0;
    else if(ahour[3:0]==4'b1001)
        begin
            ahour[3:0]<=4'b0000;
            ahour[7:4]<=ahour[7:4]+1;
        end
    else ahour[3:0]<=ahour[3:0]+1;
always                                   //闹铃功能
    if((min1==amin)&&(hour1==ahour)&&(amin|ahour)&&(!change))
                                         //若按住 change 键不放，可屏蔽闹铃音
        if(sec1<8'h20) alert1<=1;  //控制闹铃的时间长短
        else                alert1<=0;
    else alert1<=0;
always                                   //时、分、秒的显示控制
    case(m)
        3'b00: begin hour<=hour1; min<=min1; sec<=sec1; end
```

```
                    //计时状态下的时、分、秒显示
        3'b01: begin hour<=ahour; min<=amin; sec<=8'hzz; end
                    //定时状态下的时、分、秒显示
        3'b10: begin hour<=hour1; min<=min1; sec<=8'hzz; end
                    //调时状态下的时、分、秒显示
    endcase
always@(posedge clk)
    begin
        DIS_COUNTER<=DIS_COUNTER+1'b1;
        if(DIS_COUNTER==15'b111111111111111)
            begin
                DIS_STATUS=DIS_STATUS+1'b1;
                if(DIS_STATUS==4'd8) DIS_STATUS=0;
            end
    end
always@(posedge clk)
    begin
        case(DIS_STATUS)
            4'd0:SEG_BUF<=sec[3:0];
            4'd1:SEG_BUF<=sec[7:4];
            4'd2:SEG_BUF<=4'd14;
            4'd3:SEG_BUF<=min[3:0];
            4'd4:SEG_BUF<=min[7:4];
            4'd5:SEG_BUF<=4'd14;
            4'd6:SEG_BUF<=hour[3:0];
            4'd7:SEG_BUF<=hour[7:4];
        endcase
    end
always@(posedge clk)
    begin
        case(SEG_BUF)
            4'd0:SEG_REG<=8'hc0;    //0
            4'd1:SEG_REG<=8'hf9;    //1
            4'd2:SEG_REG<=8'ha4;    //2
            4'd3:SEG_REG<=8'hb0;    //3
            4'd4:SEG_REG<=8'h99;    //4
            4'd5:SEG_REG<=8'h92;    //5
            4'd6:SEG_REG<=8'h82;    //6
            4'd7:SEG_REG<=8'hf8;    //7
            4'd8:SEG_REG<=8'h80;    //8
            4'd9:SEG_REG<=8'h90;    //9
            4'd14:SEG_REG<=8'hbf;
            4'd15:SEG_REG<=8'h92;
            default:SEG_REG<=8'hzz;
        endcase
    end
always@(posedge clk)
    begin
        case(DIS_STATUS)
            4'd0:SEL_REG<=8'b00000001;
            4'd1:SEL_REG<=8'b00000010;
            4'd2:SEL_REG<=8'b00000100;
            4'd3:SEL_REG<=8'b00001000;
            4'd4:SEL_REG<=8'b00010000;
            4'd5:SEL_REG<=8'b00100000;
            4'd6:SEL_REG<=8'b01000000;
            4'd7:SEL_REG<=8'b10000000;
            default:SEL_REG<=6'hzz;
```

```
        endcase
    end
assign SEG=SEG_REG;
assign SEL=SEL_REG;
assign LD_alert=(ahour|amin)?1:0;                    //指示是否进行了闹铃定时
assign alert=((alert1)?clk_1k&clk_4Hz:0)|alert2;    //产生闹铃音或整点报时音
always                                                //产生整点报时信号alert2
    begin
        if((min1==8'h59)&&(sec1>8'h54)||(!(min1|sec1)))
            if(sec1>8'h54)  alert2<=ear&clk_1k;     //产生短音
            else alert2<=!ear&clk_1k;                //产生长音
        else alert2<=0;
    end
endmodule
```

12.2　LCD 液晶显示接口实验

本节介绍的设计实例为实现 LCD 液晶显示接口，读者可学习到复杂数字系统的设计方法，并掌握 LCD 液晶显示接口的设计方法。

12.2.1　LCD 液晶显示接口实验内容与实验目的

1. 实验内容

本实验采用状态机原理，在 LCD1602 液晶屏上实现数字与字符的显示。要求实现在液晶屏的第二行上显示 Welcome to study，液晶屏第一行左侧的第一位显示 0～9 的循环计数，同时设置复位键，在循环过程中按下复位键可从 0 开始重新循环显示。

2. 实验目的

❑ 实现 FPGA 与 LCD 液晶的接口，学习字符型液晶显示器运行机制，帮助读者进一步了解 LCD 液晶的工作原理和设计方法。

❑ 熟练掌握状态机的使用方法。

❑ 掌握利用 FPGA 设计驱动的基本思想与方法，提升使用 Verilog 语言编程与系统设计的能力。

12.2.2　LCD 液晶显示接口设计原理

LCD 是 Liquid Crystal Display（液晶显示器）的简称，LCD 的构造是在两片平行的玻璃当中放置液态的晶体，两片玻璃中间有许多垂直和水平的细小电线，通过通电与否来控制杆状水晶分子改变方向，将光线折射出来产生画面。LCD 通常分为点阵型和字符型两种。字符型的液晶屏相对于数码管来说，可以显示更多的内容和字符，人机界面更为友好，而且操作简单，因此得到了广泛的应用。不同厂家的字符型 LCD 虽然型号不同，但操作方法基本一致。

字符型 LCD 一般会根据显示字符的数量来确定型号，如 LCD1602 表示这个液晶屏可以显示 2 行字符，每行为 16 个。LCD1602 是应用最广泛的字符型液晶屏，下面就以 LCD1602 型为例来介绍字符型 LCD 显示接口的设计方法。

1. 1602液晶的引脚功能介绍

LCD1602 型液晶模块采用 14 针标准接口，各个管脚的定义如表 12-2 所示。

表 12-2　1602 型液晶模块的管脚配置表

管　脚	符　号	说　明
1	VSS	接地端电压
2	VDD	电源正极
3	V0	对比度调整端，接正电源时对比度最弱，接地电源时对比度最高，对比度过高时会产生"鬼影"，使用时可以通过一个10kΩ的电位器调整对比度
4	RS	寄存器选择，高电平时选择数据寄存器，低电平时选择指令寄存器
5	RW	读写信号线，高电平时进行读操作，低电平时进行写操作。当RS和RW同为低电平时可以写入指令或者显示地址；当RS为低电平、RW为高电平时可以读忙信号，当RS为高电平、RW为低电平时可以写入数据
6	E	使能端，当E端由高电平跳变成低电平时，液晶模块执行命令
7～14	D0～D7	8位双向数据线
15	BLA	背光源正极
16	BLK	背光源负极

2. 1602液晶的标准字库

1602 液晶模块内带标准字库，内部的字符发生存储器（CGROM）已经存储了 160 个 5×7 点阵字符，部分 CGROM 中字代码与字符图形对应关系如表 12-3 所示。这些字符包括阿拉伯数字、英文字母的大小写、常用的符号等。每一个字符都有一个固定的代码，比如大写的英文字母"A"的代码是 0101_0001B(41H)。显示的时候，模块把地址 41H 中的点阵字符图形显示出来，我们就能看到字母"A"了。在编程时，只需要输入相应字符的地址，液晶屏就会输出相应的字符。

表 12-3　CGROM中字代码与字符图形对应关系表

低　位	高　位					
	0010	0100	0101	0110	0111	1010
0000		0	θ	P	\	p
0001	!	1	A	Q	a	q
0010	"	2	B	R	b	r
0011	#	3	C	S	c	s
0100	$	4	D	T	d	t
0101	%	5	E	U	e	u
0110	&	6	F	V	f	v
0111	>	7	G	W	g	w
1000	(	8	H	X	h	x
1001	)	9	I	Y	i	y
1010	"	:	J	Z	j	z

续表

低　　位	高　　位					
	0010	**0100**	**0101**	**0110**	**0111**	**1010**
1011	+	;	K	[	k	{
1100	>	<	L	￥	l	|
1101	-	=	M	]	m	}
1110	.	>	N	^	n·	⊑
1111	/	?	O	_	o	→

3．1602液晶模块内部的控制指令

FPGA 对液晶模块的写操作、屏幕和光标的操作都是通过指令编程来实现的。1602 型液晶的操作指令如表 12-4 所示。

表 12-4　1602 型液晶模块的指令表

序号	指　　令	RS	RW	D7	D6	D5	D4	D3	D2	D1	D0
1	清显示	0	0	0	0	0	0	0	0	0	1
2	光标返回	0	0	0	0	0	0	0	0	1	*
3	光标或显示模式	0	0	0	0	0	0	0	1	I/D	S
4	显示开/关控制	0	0	0	0	0	0	1	D	C	B
5	光标或字符移位	0	0	0	0	0	1	S/C	R/L	*	*
6	功能设置命令	0	0	0	0	0	DL	N	F	*	*
7	字符发生器地址设置	0	0	0	1	字符发生器地址(AGG)					
8	DDRAM地址设置	0	0	1	显示数据存储器DDRAM的地址(ADD)						
9	读忙标志或地址	0	1	BF	计数器地址(AC)						
10	写数据到RAM	1	0	要写的数据							
11	从RAM 读数据	1	1	读出的数据							

操作指令的解释如下：

指令 1：清除显示，指令码 01H，光标复位到地址 00H 处。

指令 2：光标复位，光标返回到地址 00H 处。

指令 3：光标或显示模式设置。I/D 指令光标移动方向，高电平右移，低电平左移；S 指令屏幕上所有文字是否左移或者右移。高电平表示有效，低电平则无效。

指令 4：显示开/关控制。D 指令控制整体显示的开与关，高电平表示开显示，低电平表示关显示；C 指令控制光标的开与关，高电平表示有光标，低电平表示无光标；B 指令控制光标是否闪烁，高电平闪烁，低电平不闪烁。

指令 5：光标或字符移位。S/C 指令高电平时移动显示的文字，低电平时移动光标。

指令 6：功能设置命令。DL 指令高电平时为 4 位总线，低电平时为 8 位总线；N 指令低电平时为单行显示，高电平时双行显示；F 指令低电平时显示 5×7 的点阵字符，高电平时显示 5×10 的点阵字符。

指令 7：字符发生器 RAM 地址设置。

指令 8：DDRAM 地址设置。

指令 9：读忙标志和地址。BF 指令为忙标志位，高电平表示忙，此时模块不能接收命令或者数据，如果为低电平表示不忙。

指令 10：写数据。

指令 11：读数据。

4．1602型液晶模块内部的显示地址

液晶显示模块是一个慢显示器件，所以在执行每条指令之前一定要确认模块的忙标志为低电平，表示不忙，否则此指令失效。要显示字符时要先输入显示字符地址，也就是告诉模块在哪里显示字符。表 12-5 是 1602 型液晶模块的内部显示地址。

表 12-5　1602 型液晶模块的内部显示地址

位置	1	2	3	4	5	6	7	8	9	10	11	12	13	14	15	16	行数
地址	00	01	02	03	04	05	06	07	08	09	0A	0B	0C	0D	0E	0F	第一行
地址	40	41	42	43	44	45	46	47	48	49	4A	4B	4C	4D	4E	4F	第二行

第二行第一个字符的地址是 40H，想要将光标定位在第二行第一个字符的位置，由于写入显示地址时要求最高位 D7 恒定为高电平 1，因此实际写入的数据应该是 01000000B(40H)+10000000B(80H)=11000000B(C0H)。

5．1602型液晶模块的一般初始化过程

要想让 LCD1602 型模块正常工作，需要先进行初始化复位工作，其过程为：

（1）延时一段时间。

（2）写指令 38H：显示模式设置。

（3）写指令 08H：显示关闭。

（4）写指令 01H：显示清屏。

（5）写指令 06H：显示光标移动设置。

（6）写指令 0CH：显示开及光标设置。

12.2.3　LCD 液晶显示接口设计方法

LCD1602 液晶接口通过状态机实现，液晶模块的状态转换过程是：IDLE(00H)lcd_rs 为低电平，即写命令状态→DISP_SET(38H)显示模式设置→DISP_OFF(08H)显示关闭→CLR_SCR(01H)显示清屏→CURSOR_SET1(06H)显示光标移动位置→CURSOR_SET2(0CH)显示开关及光标设置→ROW1_ADDR(80H)写第一行起始地址→(XXH)共 16 个字节，lcd_rs 为高电平，即写数据状态→ROW2_ADDR(C0H)写第二行起始地址，lcd_rs 为低电平，即写命令状态→(XXH)共 16 个字节，lcd_rs 为高电平，即写数据状态→返回 ROW1_ADDR(80H)写第一行起始地址，lcd_rs 为低电平，即写命令状态，→(XXH)共 16 个字节，lcd_rs 为高电平，即写数据状态，依次循环。

通过主时钟分频产生 1Hz 信号，用以控制变量 a 累加 1 操作，当 a 值大于 0x39（数字 9 对应的 ASCII 码值）时，a 值赋值回 0x30（数字 0 对应的 ASCII 码值），实现了数字 0～9 的循环变化；a 值实时赋值给液晶第一行存储器的[7:0]，液晶循环显示，实现了液晶屏上 0～9 的变化显示。FPGA 只是对液晶进行写入操作，不进行检忙操作，而 lcd_rw 一直为低电平，处于写状态。

采用文本编辑法，利用 Verilog HDL 语言来描述 LCD 液晶显示，代码如下。

```verilog
module lcd1602_test(
    input CLOCK_50M,                    //板载时钟 50MHz
    input Q_KEY,                        //板载按键 RST
    output [7:0] LCD1602_DATA,          //LCD1602 数据总线
    output LCD1602_E,                   //LCD1602 使能
    output LCD1602_RS,                  //LCD1602 指令数据选择
    output LCD1602_RW                   //LCD1602 读写选择
    );
//1602 型液晶模块每行 16 位，每位 8bit，每行显示存储空间为 0～(8*16-1)=0～127
reg [7:0] a=8'h30;                      //首先赋值为 ASCII 码的 0
reg [32:0] cnt=0;
reg CLOCK_s=0;
reg [127:8] b="                ";      //先将第一行显示为空
wire [127:0] row1_val = "Welcome to study";
wire [127:0] row2_val;
assign row2_val[127:8]= b;
assign row2_val[7:0] = a;              //用 a 值赋值给液晶屏第一行最左侧的第一位
always @ (posedge CLOCK_50M)
    begin
        if(cnt<25000000) cnt<=cnt+1;
        else
            begin
                cnt<=0;
                CLOCK_s=~CLOCK_s;       //产生 1Hz 信号
            end
    end
always @ (posedge CLOCK_s, negedge Q_KEY)
    begin
        if(!Q_KEY)  a <= 8'h30;        //按键按下清零
        else
            begin
                if(a<8'h39) a<= a+8'h01;     //0～9 循环累加
                else        a <= 8'h30;      //大于 9，被置为 0
                //因为采用的是 ASCII 码，所有数字 0 的 ASCII 码是 30H
            end
    end
//例化 LCD1602 驱动
lcd1602_drive u0(
        .clk(CLOCK_50M),
        .rst_n(Q_KEY),
        //LCD1602 Input Value
        .row1_val(row1_val),
        .row2_val(row2_val),
        //LCD1602 Interface
        .lcd_data(LCD1602_DATA),
        .lcd_e(LCD1602_E),
        .lcd_rs(LCD1602_RS),
        .lcd_rw(LCD1602_RW)
);
endmodule
module lcd1602_drive(
    input clk,                         //50MHz 时钟
    input rst_n,                       //复位信号
    //LCD1602 Input Value
    input [127:0] row1_val,            //第一行字符
    input [127:0] row2_val,            //第二行字符
    //LCD1602 Interface
```

```
    output reg [7:0] lcd_data,          //数据总线
    output lcd_e,                        //使能信号
    output reg lcd_rs,                   //指令、数据选择
    output lcd_rw                        //读、写选择
    );
reg [15:0] cnt;                          //分频模块
always @ (posedge clk, negedge rst_n)
    if (!rst_n)
        cnt <= 0;
    else
        cnt <= cnt + 1'b1;
//500KHz ~ 1MHz 皆可
wire lcd_clk = cnt[15]; //(2^15 / 50M) = 1.31ms
//格雷码编码：共40个状态
parameter IDLE= 8'h00;
//写指令，初始化
parameter DISP_SET = 8'h01;             //显示模式设置
parameter DISP_OFF = 8'h03;             //显示关闭
parameter CLR_SCR = 8'h02;              //显示清屏
parameter CURSOR_SET1 = 8'h06;          //显示光标移动设置
parameter CURSOR_SET2 = 8'h07;          //显示开及光标设置
//显示第一行
parameter ROW1_ADDR = 8'h05;            //写第1行起始地址
parameter ROW1_0 = 8'h04;
parameter ROW1_1 = 8'h0C;
parameter ROW1_2 = 8'h0D;
parameter ROW1_3 = 8'h0F;
parameter ROW1_4 = 8'h0E;
parameter ROW1_5 = 8'h0A;
parameter ROW1_6 = 8'h0B;
parameter ROW1_7 = 8'h09;
parameter ROW1_8 = 8'h08;
parameter ROW1_9 = 8'h18;
parameter ROW1_A = 8'h19;
parameter ROW1_B = 8'h1B;
parameter ROW1_C = 8'h1A;
parameter ROW1_D = 8'h1E;
parameter ROW1_E = 8'h1F;
parameter ROW1_F = 8'h1D;
//显示第二行
parameter ROW2_ADDR = 8'h1C;            //写第二行起始地址
parameter ROW2_0 = 8'h14;
parameter ROW2_1 = 8'h15;
parameter ROW2_2 = 8'h17;
parameter ROW2_3 = 8'h16;
parameter ROW2_4 = 8'h12;
parameter ROW2_5 = 8'h13;
parameter ROW2_6 = 8'h11;
parameter ROW2_7 = 8'h10;
parameter ROW2_8 = 8'h30;
parameter ROW2_9 = 8'h31;
parameter ROW2_A = 8'h33;
parameter ROW2_B = 8'h32;
parameter ROW2_C = 8'h36;
parameter ROW2_D = 8'h37;
parameter ROW2_E = 8'h35;
parameter ROW2_F = 8'h34;
    reg [5:0] current_state, next_state;    //现态、次态
```

```verilog
always @ (posedge lcd_clk, negedge rst_n)
    if(!rst_n)  current_state <= IDLE;
    else        current_state <= next_state;
always
    begin
        case(current_state)
            IDLE: next_state = DISP_SET;
            //写指令，初始化
            DISP_SET: next_state = DISP_OFF;
            DISP_OFF: next_state = CLR_SCR;
            CLR_SCR: next_state = CURSOR_SET1;
            CURSOR_SET1 : next_state = CURSOR_SET2;
            CURSOR_SET2 : next_state = ROW1_ADDR;
            //显示第一行
            ROW1_ADDR : next_state = ROW1_0;
            ROW1_0 : next_state = ROW1_1;
            ROW1_1 : next_state = ROW1_2;
            ROW1_2 : next_state = ROW1_3;
            ROW1_3 : next_state = ROW1_4;
            ROW1_4 : next_state = ROW1_5;
            ROW1_5 : next_state = ROW1_6;
            ROW1_6 : next_state = ROW1_7;
            ROW1_7 : next_state = ROW1_8;
            ROW1_8 : next_state = ROW1_9;
            ROW1_9 : next_state = ROW1_A;
            ROW1_A : next_state = ROW1_B;
            ROW1_B : next_state = ROW1_C;
            ROW1_C : next_state = ROW1_D;
            ROW1_D : next_state = ROW1_E;
            ROW1_E : next_state = ROW1_F;
            ROW1_F : next_state = ROW2_ADDR;
            //显示第二行
            ROW2_ADDR : next_state = ROW2_0;
            ROW2_0 : next_state = ROW2_1;
            ROW2_1 : next_state = ROW2_2;
            ROW2_2 : next_state = ROW2_3;
            ROW2_3 : next_state = ROW2_4;
            ROW2_4 : next_state = ROW2_5;
            ROW2_5 : next_state = ROW2_6;
            ROW2_6 : next_state = ROW2_7;
            ROW2_7 : next_state = ROW2_8;
            ROW2_8 : next_state = ROW2_9;
            ROW2_9 : next_state = ROW2_A;
            ROW2_A : next_state = ROW2_B;
            ROW2_B : next_state = ROW2_C;
            ROW2_C : next_state = ROW2_D;
            ROW2_D : next_state = ROW2_E;
            ROW2_E : next_state = ROW2_F;
            ROW2_F : next_state = ROW1_ADDR;
            default : next_state = IDLE ;
        endcase
    end
always @ (posedge lcd_clk, negedge rst_n)
    begin
        if(!rst_n)
            begin
                lcd_rs <= 0;
                lcd_data <= 8'hxx;
            end
        else
            begin
```

```
        case(next_state)//写lcd_rs
            IDLE : lcd_rs <= 0;
            //写指令，初始化
            DISP_SET : lcd_rs <= 0;
            DISP_OFF : lcd_rs <= 0;
            CLR_SCR : lcd_rs <= 0;
            CURSOR_SET1 : lcd_rs <= 0;
            CURSOR_SET2 : lcd_rs <= 0;
            //写数据，显示第一行
            ROW1_ADDR : lcd_rs <= 0;
            ROW1_0 : lcd_rs <= 1;
            ROW1_1 : lcd_rs <= 1;
            ROW1_2 : lcd_rs <= 1;
            ROW1_3 : lcd_rs <= 1;
            ROW1_4 : lcd_rs <= 1;
            ROW1_5 : lcd_rs <= 1;
            ROW1_6 : lcd_rs <= 1;
            ROW1_7 : lcd_rs <= 1;
            ROW1_8 : lcd_rs <= 1;
            ROW1_9 : lcd_rs <= 1;
            ROW1_A : lcd_rs <= 1;
            ROW1_B : lcd_rs <= 1;
            ROW1_C : lcd_rs <= 1;
            ROW1_D : lcd_rs <= 1;
            ROW1_E : lcd_rs <= 1;
            ROW1_F : lcd_rs <= 1;
            //写数据，显示第二行
            ROW2_ADDR : lcd_rs <= 0;
            ROW2_0 : lcd_rs <= 1;
            ROW2_1 : lcd_rs <= 1;
            ROW2_2 : lcd_rs <= 1;
            ROW2_3 : lcd_rs <= 1;
            ROW2_4 : lcd_rs <= 1;
            ROW2_5 : lcd_rs <= 1;
            ROW2_6 : lcd_rs <= 1;
            ROW2_7 : lcd_rs <= 1;
            ROW2_8 : lcd_rs <= 1;
            ROW2_9 : lcd_rs <= 1;
            ROW2_A : lcd_rs <= 1;
            ROW2_B : lcd_rs <= 1;
            ROW2_C : lcd_rs <= 1;
            ROW2_D : lcd_rs <= 1;
            ROW2_E : lcd_rs <= 1;
            ROW2_F : lcd_rs <= 1;
        endcase
        case(next_state)//写lcd_data
            IDLE : lcd_data <= 8'hxx;
            //写指令，初始化
            DISP_SET : lcd_data <= 8'h38;
            DISP_OFF : lcd_data <= 8'h08;
            CLR_SCR : lcd_data <= 8'h01;
            CURSOR_SET1 : lcd_data <= 8'h06;
            CURSOR_SET2 : lcd_data <= 8'h0C;
            //写数据，显示第一行
            ROW1_ADDR : lcd_data <= 8'h80;
            ROW1_0 : lcd_data <= row1_val[127:120];
            ROW1_1 : lcd_data <= row1_val[119:112];
            ROW1_2 : lcd_data <= row1_val[111:104];
            ROW1_3 : lcd_data <= row1_val[103: 96];
            ROW1_4 : lcd_data <= row1_val[ 95: 88];
```

```
                              ROW1_5 : lcd_data <= row1_val[ 87: 80];
                              ROW1_6 : lcd_data <= row1_val[ 79: 72];
                              ROW1_7 : lcd_data <= row1_val[ 71: 64];
                              ROW1_8 : lcd_data <= row1_val[ 63: 56];
                              ROW1_9 : lcd_data <= row1_val[ 55: 48];
                              ROW1_A : lcd_data <= row1_val[ 47: 40];
                              ROW1_B : lcd_data <= row1_val[ 39: 32];
                              ROW1_C : lcd_data <= row1_val[ 31: 24];
                              ROW1_D : lcd_data <= row1_val[ 23: 16];
                              ROW1_E : lcd_data <= row1_val[ 15: 8];
                              ROW1_F : lcd_data <= row1_val[ 7: 0];
                              //写数据，显示第二行
                              ROW2_ADDR : lcd_data <= 8'hC0;
                              ROW2_0 : lcd_data <= row2_val[127:120];
                              ROW2_1 : lcd_data <= row2_val[119:112];
                              ROW2_2 : lcd_data <= row2_val[111:104];
                              ROW2_3 : lcd_data <= row2_val[103: 96];
                              ROW2_4 : lcd_data <= row2_val[ 95: 88];
                              ROW2_5 : lcd_data <= row2_val[ 87: 80];
                              ROW2_6 : lcd_data <= row2_val[ 79: 72];
                              ROW2_7 : lcd_data <= row2_val[ 71: 64];
                              ROW2_8 : lcd_data <= row2_val[ 63: 56];
                              ROW2_9 : lcd_data <= row2_val[ 55: 48];
                              ROW2_A : lcd_data <= row2_val[ 47: 40];
                              ROW2_B : lcd_data <= row2_val[ 39: 32];
                              ROW2_C : lcd_data <= row2_val[ 31: 24];
                              ROW2_D : lcd_data <= row2_val[ 23: 16];
                              ROW2_E : lcd_data <= row2_val[ 15: 8];
                              ROW2_F : lcd_data <= row2_val[ 7: 0];
                    endcase
              end
      end
assign lcd_e = lcd_clk; //数据在时钟高电平时被锁存
assign lcd_rw = 1'b0; //LCD1602 只进行写操作
endmodule
```

12.3 VGA 显示接口实验

本节介绍的设计实例为 VGA 显示接口实验，目的在于让读者学习复杂数字系统的设计方法，掌握 VGA 显示接口的设计方法。

12.3.1 VGA 显示接口实验内容与实验目的

1. 实验内容

本实验通过 FPGA 控制 VGA 接口，在 CRT 显示器上实现彩色框的显示。其中，CRT 显示器背景设置为蓝色，内部矩形框设置为绿色，正中间小矩形设置为红色。

2. 实验目的

❑ 本节旨在设计实现 FPGA 与 VGA 的接口，帮助读者进一步了解 VGA 的工作原理和设计方法。

❑ 熟练掌握时序控制的方法。

❑ 掌握利用 FPGA 设计驱动的基本思想与方法，提升使用 Verilog 语言编程与系统设计的能力。

12.3.2 VGA 显示接口实验设计原理

VGA（Video Graphics Array）视频图形阵列是 IBM 于 1987 年提出的一个使用模拟信号的计算机显示标准。VGA 接口是一种 D 型接口，上面共有 15 个针孔，分成 3 排，每排 5 个。其中，除了 2 根用于传输 NC（Not Connect）信号、3 根显示数据总线和 5 根 GND 信号，比较重要的是 3 根 RGB 彩色分量信号和 2 根扫描同步信号的 HSYNC 与 VSYNC。VGA 接口是显卡上应用最为广泛的接口类型，多数显卡都带有此种接口，接口定义如表 12-6 所示。VGA 接口中彩色分量采用 RS-343 电平标准。RS-343 电平标准的峰值电压为 1V。对于普通的 VGA 显示器，其引出线共含 5 个信号：R、G、B 三基色信号，HS 的行同步信号，以及 VS 的场同步信号。

表 12-6　VGA接口管脚定义

管　脚	定　义	管　脚	定　义	管　脚	定　义
1	红基色R	6	红基色接地端	11	地址码
2	绿基色G	7	绿基色接地端	12	地址码
3	蓝基色B	8	蓝基色接地端	13	行同步HS
4	地址码	9	NC（保留）	14	场同步VS
5	NC（自测试）	10	数字接地端	15	地址码

FPGA 的管脚只有高电平和低电平两种状态，因此对于每个色彩分量信号也仅有两种状态。这样 3 个色彩分量就可以组合出 8 种颜色，如表 12-7 所示。

表 12-7　简化的VGA接口色彩对照表

VGA_R	VGA_G	VGA_B	对应的显示颜色
0	0	0	黑色
0	0	1	绿色
0	1	0	蓝色
0	1	1	蓝绿色
1	0	0	红色
1	0	1	品红色
1	1	0	黄色
1	1	1	白色

显示是用逐行扫描的方式解决的，阴极射线枪发出电子束打在涂有荧光粉的荧光屏上，产生 RGB 三基色，合成一个彩色像素。扫描从屏幕的左上方开始，从左到右，从上到下，逐行扫描，每扫完一行，电子束回到屏幕左边下一行的起始位置。在这期间，CRT 对电子束进行消隐，每行结束时，用行同步信号进行行同步；扫描完所有行，用场同步信号进行场同步，并使扫描回到屏幕的左上方，同时进行场消隐，预备下一场的扫描。

VGA 信号的时序由视频电气标准委员会（VESA）规定。VGA 显示器基于 CRT 使用调幅模式,移动电子束(或阴极射线)在荧光屏上显示信息。在 CRT 显示器中,电流的波形通过蹄形磁铁产生磁场,使得电子束偏转,光栅在显示屏上横向显示:水平方向从左至右,垂直方向从上至下。当电子束向正方向移动时,信息才显示,即从左至右、从上至下。如果电子束从右返回左或顶边,显示屏并不显示任何信息。在消隐周期—电子束重新分配和稳定于新的水平或垂直位时,会丢失许多信息。显示协议定义了电子束的大小以及通过显示屏的频率,该频率是可调的。现在的 VGA 显示屏支持多种显示协议,VGA 控制器通过协议产生时序信号来控制光栅。控制器产生同步脉冲 TTL 电平来设置电流通过偏转磁铁的频率,以确保像素或视频数据在适当的时间送给电子枪。如表 12-8 给出了不同分辨率和刷新率的 VGA 时序关系。

表 12-8　常见分辨率的VGA时序参数表

显示模式及刷新率	像素时钟/MHz	水平方向（以像素计算）				垂直方向（以行计算）			
		有效视频信号	同步前	同步信号	同步后	有效视频信号	同步前	同步信号	同步后
640×480 60Hz	25.175	640	16	96	48	480	10	2	33
800×600 60Hz	50.000	800	67	120	52	600	25	6	56
1024×768 60Hz	65.000	1024	24	136	160	768	3	6	29

其中,像素时钟定义了显示像素信息的有效时间段。VS 信号定义显示的更新频率,或刷新屏幕信息的频率。最小的刷新频率取决于显示器的亮度和电子束的强度,实际频率一般在 50~120Hz 之间。给定的刷新频率的水平线的数量定义了水平折回频率。

12.3.3　VGA 显示接口实验设计方法

VGA 显示为令扫描从左到右(受行同步信号 HSYNC 控制)、从上到下(受场同步信号 VSYNC 控制)做有规律的移动。屏幕从左上角一点开始,从左到右逐点扫描(显示),每扫描完一行,回到屏幕左边下一行起始位置开始扫描。扫描完所有行,形成一帧时,用场同步信号进行行场同步,然后扫描又回到屏幕左上方。完成一行扫描所需的时间称为水平扫描时间,其倒数称为行频率;完成一帧(整屏)扫描所需时间称为垂直扫描时间,其倒数为垂直扫描频率,又称为刷新频率,即刷新一屏的频率,一般采用 60Hz。

因为输出显示模式选取 800×600,刷新率选取 60Hz,对于行同步信号的时序表,前 187 个计数点表示在消影区,即还没开始进入显示区,从第 188 个计算点开始进入显示区,到第 987 个计算点结束,后面的 52 个计数点又在消影区。当行计数器计满一行 1039 个点时清零,场计数器加 1。当计满一行时,行同步信号会拉低一个 120 个时钟周期的低脉冲。

对于场同步信号,同样,前 31 个计数点和后 56 个计数点表示在消影区,是不显示的,第 31~631 个计算点进入显示区。当场计数器计满 687 行时,一帧结束,场计数器清零。计满一个场之后会有 6 个场周期的低脉冲出现,这个低脉冲不是时钟周期,而是相当于场计数器计 6 行的时间。

时序确定好之后就要确定显示区域,即只有在行计数器计到 187~987 个计算点,场计数器计到 31~631 个计算点时才是有效区域,再通过需要显示的图形,确定显示区域内图像对应颜色的基准,定义好红绿蓝三基色就可以得到我们想显示的界面了。

采用文本编辑法，利用 Verilog HDL 语言来描述 VGA 接口显示，代码如下：

```verilog
clk: 板载时钟 50MHz 输入
rst_n: 复位按键输入
hsync: 行同步信号输出
vsync: 场同步信号输出
vga_r: 红基色输出
vga_g: 绿基色输出
vga_b: 蓝基色输出
module vga_dis(clk,rst_n,hsync,vsync,vga_r,vga_g,vga_b);
input clk;              //50MHz
input rst_n;            //低电平复位
output hsync;           //行同步信号
output vsync;           //场同步信号
output vga_r;
output vga_g;
output vga_b;
reg[10:0] x_cnt;        //行坐标
reg[9:0] y_cnt;         //列坐标
always @ (posedge clk or negedge rst_n)
    if(!rst_n) x_cnt <= 11'd0;
    else if(x_cnt == 11'd1039) x_cnt <= 11'd0;
    else x_cnt <= x_cnt+1'b1;
always @ (posedge clk or negedge rst_n)
    if(!rst_n) y_cnt <= 10'd0;
    else if(y_cnt == 10'd665) y_cnt <= 10'd0;
    else if(x_cnt == 11'd1039) y_cnt <= y_cnt+1'b1;
wire valid;             //有效显示区标志
assign valid = (x_cnt >= 11'd187) && (x_cnt < 11'd987)
        && (y_cnt >= 10'd31) && (y_cnt < 10'd631);
wire[9:0] xpos,ypos;    //有效显示区坐标
assign xpos = x_cnt-11'd187;
assign ypos = y_cnt-10'd31;
reg hsync_r,vsync_r;    //同步信号产生
always @ (posedge clk or negedge rst_n)
    if(!rst_n) hsync_r <= 1'b1;
    else if(x_cnt == 11'd0) hsync_r <= 1'b0;      //产生 HSYNC 信号
    else if(x_cnt == 11'd120) hsync_r <= 1'b1;
always @ (posedge clk or negedge rst_n)
    if(!rst_n) vsync_r <= 1'b1;
    else if(y_cnt == 10'd0) vsync_r <= 1'b0;      //产生 VSYNC 信号
    else if(y_cnt == 10'd6) vsync_r <= 1'b1;
assign hsync = hsync_r;
assign vsync = vsync_r;
//显示一个矩形框
wire a_dis,b_dis,c_dis,d_dis;                     //矩形框显示区域定位
assign a_dis = ( (xpos>=200) && (xpos<=220) )
        && ( (ypos>=140) && (ypos<=460) );
assign b_dis = ( (xpos>=580) && (xpos<=600) )
        && ( (ypos>=140) && (ypos<=460) );
assign c_dis = ( (xpos>=220) && (xpos<=580) )
        && ( (ypos>140)  && (ypos<=160) );
assign d_dis = ( (xpos>=220) && (xpos<=580) )
        && ( (ypos>=440) && (ypos<=460) );
//显示一个小矩形
```

```
wire e_rdy;                                        //矩形的显示有效矩形区域
assign e_rdy = ( (xpos>=385) && (xpos<=415) )
             && ( (ypos>=285) && (ypos<=315) );
//r,g,b 控制液晶屏颜色显示，背景显示蓝色，矩形框显示红蓝色
assign vga_r = valid ? e_rdy : 1'b0;       //中间小矩形显示红色
assign vga_g = valid ? (a_dis | b_dis | c_dis | d_dis) : 1'b0;//矩形框显示绿色
assign vga_b = valid ? ~(a_dis | b_dis | c_dis | d_dis) : 1'b0;//背景为蓝色
endmodule
```

12.4 RS-232C 串行通信接口实验

本节介绍 RS-232C 串行通信接口实验，目的在于让读者学习复杂数字系统的设计方法，掌握 RS-232C 串行通信接口的设计方法。

12.4.1 RS-232C 串行通信接口实验内容与实验目的

1. 实验内容

本实例以 FPGA 为 UART 控制器，实现了通过 RS-232C 串行通信接口与 PC 机的通信，亦即 PC 机通过 RS-232C 串行通信接口发送数据到 FPGA，FPGA 再将接收数据通过 RS-232C 串行通信接口转发回 PC 机。

2. 实验目的

❑ 本小节旨在设计实现 FPGA 与 RS-232C 串行通信的接口，帮助读者进一步了解 RS-232C 串行通信的工作原理和设计方法。
❑ 熟悉系统中控制电路的设计。
❑ 掌握利用 FPGA 设计驱动的基本思想与方法，提升读者使用 Verilog 语言编程与系统设计的能力。

12.4.2 RS-232C 串行通信接口设计原理

1. RS-232C接口概述

RS-232C 标准（协议）的全称是 EIA-RS-232C 标准，其中 EIA（Electronic Industry Association）代表美国电子工业协会，RS（Recommended standard）代表推荐标准，232 是标识号，C 代表 RS-232 的最新一次修改（1969 年）。RS-232C 标准最初是为远程通信连接数据终端设备（Data Terminal Equipment，DTE）与数据通信设备（Data Communication Equipment，DCE）而制定的。因此这个标准在制定时，并未考虑计算机系统的应用要求。目前 RS-232C 标准又被广泛地应用于计算机与终端或外设之间的近端连接。显然，这个标准的有些规定和计算机系统是不一致的，甚至是相矛盾的。

RS-232C 标准所提到的"发送"和"接收"，都是站在 DTE 立场上，而不是站在 DCE 的立场来定义的。由于在计算机系统中，往往是在 CPU 和 I/O 设备之间传送信息，而两者

都是 DTE，因此双方都能发送和接收。

2．RS-232C接口的电气标准

RS-232C 标准对电器特性、逻辑电平和各种信号线功能都作了规定。它采用的不是 TTL 电平的接口标准，而是负逻辑，即逻辑"1"为-15V～-3V，逻辑"0"为+3V～+15V。在 TXD 和 RXD 上：逻辑 1(MARK)=-15V～-3V，逻辑 0(SPACE)=+3～+15V；在 RTS、CTS、DSR、DTR 和 DCD 等控制线上：信号有效（接通，ON 状态，正电压）=+3V～+15V，信号无效（断开，OFF 状态，负电压）=-15V～-3V。

由以上定义可以看出，信号无效的电平低于-3V，也就是当传输电平的绝对值大于 3V 时，电路可以有效地检查出来：介于-3～+3V 的电压无意义，低于-15V 或高于+15V 的电压也认为无意义，因此，实际工作时，应保证电平的绝对值是 3～15V。

RS-232C 是用正负电压来表示逻辑状态，与 TTL 以高低电平表示逻辑状态的规定不同。因此，为了能够同计算机接口或终端的 TTL 器件连接，必须在 RS-232C 与 TTL 电路之间进行电平和逻辑关系的变换，常用的设备有 MAX232。

3．RS-232C的通信协议

所谓"串行通信"是指外设和计算机间使用一根数据信号线（另外需要地线，可能还需要控制线）通信。数据在数据信号线上一位一位地进行传输，每一位数据都占据一个固定的时间长度。

这种通信方式使用的数据线少，在远距离通信中可以节约通信成本，但其传输速度比并行传输慢。由于 FPGA 与接口之间按并行方式传输，接口与外设之间按串行方式传输，因此，在串行接口中，必须要有"接收移位寄存器"（串→并）和"发送移位寄存器"（并→串）。典型的串行接口的结构如图 12-2 所示。

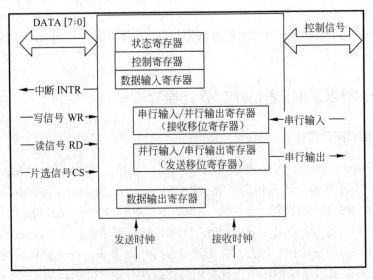

图 12-2　串行接口模块的结构示意图

在数据输入过程中，数据一位一位地从外设进入接口的接收移位寄存器，当接收移位寄存器接收完 1 个字符的各位后，数据就从接收移位寄存器进入数据输入寄存器。FPGA

从数据输入寄存器中读取接收到的字符，并将 D7～D0 读至累加器中；接收移位寄存器的移位速度由接收时钟确定。

在数据输出过程中，FPGA 把要输出的字符并行地送入数据输出寄存器，数据输出寄存器的内容传输到发送移位寄存器，然后由发送移位寄存器移位，把数据一位一位地送到外设。发送移位寄存器的移位速度由发送时钟确定。

接口中的控制寄存器用来容纳 FPGA 传送给此接口的各种控制信息，这些控制信息决定接口的工作方式。能够完成上述串并转换功能的电路，通常称为通用异步收发器（Universal Asynchronous Receiver and Transmitter，UART），包括双缓存发送数据寄存器、并行转串行装置、双缓存输入数据寄存器、串行转并行装置。

RS-232 通信协议基本结构如图 12-3 所示，起始位低，停止位高。波特率范围是 300～115200 b/s；8 位数据位；1 位或 2 位停止位；奇校验、偶校验或无校验位。

起始位　　　　数据位　　　　停止位

图 12-3　RS-232 通信协议基本结构

通常，在传输进行过程中，双方要明确传输的具体方式，否则就没有一套共同的译码方式，从而无法了解对方传来的信息的意义了。因此，为了进行通信，双方必须遵守一定的通信规则，这个共同的规则就是通信端口的初始化。通信端口的初始化必须对以下参数进行设置。

❑　波特率

波特率是一个衡量通信速度的参数。它表示每秒钟传送的 bit 个数。例如 300 波特表示每秒钟发送 300b。当我们提到时钟周期时，就是指波特率，例如如果协议需要波特率为 4800，那么时钟就是 4800Hz。这意味着串口通信在数据线上的采样率为 4800Hz。通常电话线的波特率为 14400、28800 或 36600。波特率可以远远大于这些值，但是波特率和距离成反比。高波特率常常用于放置得很近的仪器间的通信，典型的例子就是 GPIB 设备的通信。

❑　数据位

数据位是设定通信中实际数据位数的参数。当计算机发送一个信息包，标准数据位的值可以是 5、7 和 8 位，如何设置取决于需要传送的信息。比如，标准的 ASCII 码是 0～127（7 位），扩展的 ASCII 码是 0～255（8 位），如果数据使用简单的文本（标准 ASCII 码），那么每个数据包使用 7 位数据。

❑　停止位

停止位用于表示单个包的最后一位，典型的值为 1、1.5 和 2 位。由于数据是在传输线上定时的，并且每一个设备有自己的时钟，这就有可能在通信的两台设备间出现小小的不同步。因此停止位不仅仅表示传输的结束，还提供计算机校正时钟使之同步的机会。停止位的位数越多，不同时钟同步的容忍程度越大，但是数据传输率也就越慢。

❑　奇偶校验位

奇偶校验位是在串口通信中一种简单的检错方式，有 4 种检错方式：偶、奇、高和低，当然没有校验位也是可以的。对于偶和奇校验的情况，串口会设置校验位（数据位后面的一位），用一个值确保传输的数据有偶个或者奇个逻辑高位。例如，如果数据是 011，那么对于偶校验，校验位为 0，保证逻辑高的位数是偶数个；如果是奇校验，则校验位为 1。这样接收设备就能够知道一个位的状态，有机会判断是否有噪声干扰了通信或者是否传输和接收数据不同步。

12.4.3　RS-232C 串行通信接口设计方法

RS-232C 串行通信接口程序可分为 4 个子模块，分别是串口接收模块、串口接收波特率控制模块、串口发送模块、串口发送波特率控制模块。串口接收模块根据串口帧格式将 PC 向 FPGA 发送的串口数据依次读取下来，完成串转并的操作，将串口接收线上的数据存入一个 8 位的寄存器中；并且，串口接收模块会给串口接收波特率控制模块提供相应的使能信号，使得接收波特率控制模块给串口接收模块反馈相应的满足一定时序要求的串口数据采样信号；最后，串口接收模块还会给串口发送模块提供一个发送使能信号（实际上是表示接收完成的信号），使得在 FPGA 在完整地接收到一个单位的数据后，再由串口发送模块将数据送出去，而在其他时间，发送使能信号无效时，串口接收模块将持续发送高电平信号。串口接收波特率控制模块根据串口接收模块提供的使能信号，再根据指定的波特率，输出满足波特率要求的采样信号，将这个采样信号输出给串口接收模块，从而使串口模块能够从串口接收数据线上取得正确的数据锁存起来。串口发送模块在 FPGA 接收到一个完整的单位数据时（串口发送模块通过串口接收模块发出的使能信号知道这一点），再按照串口数据帧格式将这个数据发送出去。和接收模块类似，要使发送模块发送的数据满足串口数据帧格式，需要有一个控制信号，这个信号由串口发送波特率控制模块提供。串口发送模块必须给这个发送波特率控制模块提供相应的使能信号，该使能信号在串口发送时期使能，其余时间均无效。

需要注意的是，上面的串口发送波特率控制模块和串口接收波特率控制模块在具体实现的时候，都是用同一个 Verilog 模块进行例化的。但是，进行例化时，使能信号是不同的，并且它们输出的数据流向也是不同的。所以，实际上，二者是两个完全独立的模块。这种方法称为逻辑复制。

1. 串口接收模块uart_rx.v

```
`timescale 1ns / 1ps
module uart_rx(              //串口接收模块
    clk,rst_n,
    rs232_rx,clk_bps,
    bps_start,rx_int,rx_data
    );
input clk;                  //50MHz 主时钟
input rst_n;                //低电平复位信号
input rs232_rx;             //RS-232 接收数据信号
input clk_bps;              //此时 clk_bps 的高电平为接收数据的中间采样点
output bps_start;           //接收到数据后，波特率时钟启动信号置位
output[7:0] rx_data;        //接收数据寄存器，保存直至下一个数据来到
output rx_int;//接收数据中断信号，接收到数据期间始终为高电平，传送给串口发送模块，使
//得串口正在接收数据的时候，发送模块不工作，避免了一个完整的数据（1 位起始位、8 位数据
```

```
//位、1 位停止位）在还没有接收完全时，发送模块就已经将不正确的数据传送出去
//边沿检测程序，检测 rs232_rx 信号，即串口线上传向 FPGA 信号的下降沿，这个下降沿信号表
//示一个串口数据帧的开始
reg rs232_rx0,rs232_rx1,rs232_rx2,rs232_rx3;        //接收数据寄存器，滤波用
wire neg_rs232_rx;  //表示数据线接收到下降沿
always @ (posedge clk or negedge rst_n) begin
        if(!rst_n)
            begin
                rs232_rx0 <= 1'b0;
                rs232_rx1 <= 1'b0;
                rs232_rx2 <= 1'b0;
                rs232_rx3 <= 1'b0;
            end
        else
            begin
                rs232_rx0 <= rs232_rx;
                rs232_rx1 <= rs232_rx0;
                rs232_rx2 <= rs232_rx1;
                rs232_rx3 <= rs232_rx2;
            end
end
//下面的下降沿检测可以滤掉<20～40ns 的毛刺(包括高脉冲和低脉冲毛刺)，这里用到的概念是
//用资源换稳定(当然有效低脉冲信号肯定是远远大于 40ns 的)
assign neg_rs232_rx = rs232_rx3 & rs232_rx2 & ~rs232_rx1 & ~rs232_rx0;
//接收到下降沿后 neg_rs232_rx 置高一个时钟周期
reg bps_start_r;
assign bps_start = bps_start_r;
reg[3:0] num;    //移位次数
reg rx_int;      //接收数据中断信号，接收到数据期间始终为高电平
always @ (posedge clk or negedge rst_n)
    if(!rst_n)
        begin
            bps_start_r <= 1'b0;
            rx_int <= 1'b0;
        end
    else if(neg_rs232_rx)
        begin        //接收到串口接收线 rs232_rx 的下降沿标志信号
            bps_start_r <= 1'b1;      //启动串口准备接收数据
            rx_int <= 1'b1;           //接收数据中断信号使能
        end
    else if(num==4'd12)
        begin        //接收完有用数据信息
            bps_start_r <= 1'b0;      //数据接收完毕，释放波特率启动信号
            rx_int <= 1'b0;           //接收数据中断信号关闭
        end
reg[7:0] rx_data_r;      //串口接收数据寄存器，保存直至下一个数据来到
assign rx_data = rx_data_r;
reg[7:0] rx_temp_data;   //当前接收数据寄存器
always @ (posedge clk or negedge rst_n)
    if(!rst_n)
        begin
            rx_temp_data <= 8'd0;
            num <= 4'd0;
            rx_data_r <= 8'd0;
        end
    else
        begin    //接收数据处理
            if(clk_bps)
```

```
                begin
        //读取并保存数据，接收数据为一个起始位，8 位数据，1 或 2 个结束位
                    num <= num+1'b1;
                    case (num)
                        4'd1: rx_temp_data[0] <= rs232_rx;    //锁存第 0 位
                        4'd2: rx_temp_data[1] <= rs232_rx;    //锁存第 1 位
                        4'd3: rx_temp_data[2] <= rs232_rx;    //锁存第 2 位
                        4'd4: rx_temp_data[3] <= rs232_rx;    //锁存第 3 位
                        4'd5: rx_temp_data[4] <= rs232_rx;    //锁存第 4 位
                        4'd6: rx_temp_data[5] <= rs232_rx;    //锁存第 5 位
                        4'd7: rx_temp_data[6] <= rs232_rx;    //锁存第 6 位
                        4'd8: rx_temp_data[7] <= rs232_rx;    //锁存第 7 位
                        default: ;
                    endcase
                end
            else if(num == 4'd12)
                begin//此标准接收模式下只有 1+8+1(2)=11bit 的有效数据
                 num <= 4'd0;                    //接收到 STOP 位后结束，num 清零
                 rx_data_r <= rx_temp_data;//把数据锁存到数据寄存器 rx_data 中
                 end
        end
endmodule
```

2. 波特率控制模块 speed_select.v

```
`timescale 1ns / 1ps
module speed_select(
    clk,rst_n,
    bps_start,clk_bps
    );
input clk;              //50MHz 主时钟
input rst_n;            //低电平复位信号
input bps_start;        //接收到数据后，波特率时钟启动信号置位
    //或者开始发送数据时，波特率时钟启动信号置位
output clk_bps;         //clk_bps 的高电平为接收或者发送数据位的中间采样点
//以下波特率分频计数值可参照上面的参数更改计算方法:
//以 9600bit/s 为例，9600bit/s 表示每秒传输 9600bit 数据，则传输 1bit 数据需要
//10^9/9600ns=104166ns，在时钟频率为 50MHz 的前提下，需要104166/20=5208 个时钟周
//期。在 5208 个时钟周期的中间时刻进行取样(接收模块)，或者将中间时刻作为发送数据的数据
//改变点(发送模块)
`define BPS_PARA    5207     //波特率为 9600 时的分频计数值
`define BPS_PARA_2  2603     //波特率为 9600 时的分频计数值的一半，用于数据采样
reg[12:0] cnt;              //分频计数
reg clk_bps_r;             //波特率时钟寄存器
always @ (posedge clk or negedge rst_n)
    if(!rst_n) cnt <= 13'd0;
    else if((cnt == `BPS_PARA) || !bps_start) cnt <= 13'd0;//波特率计数清零
    else cnt <= cnt+1'b1;   //波特率时钟计数启动
always @ (posedge clk or negedge rst_n)
    if(!rst_n) clk_bps_r <= 1'b0;
    else if(cnt == `BPS_PARA_2) clk_bps_r <= 1'b1;
    //clk_bps_r 高电平为接收数据位的中间采样点，同时也作为发送数据的数据改变点
    else clk_bps_r <= 1'b0;
assign clk_bps = clk_bps_r;
endmodule
```

3. 串口发送模块uart_tx.v

```verilog
`timescale 1ns / 1ps
module uart_tx(
    clk,rst_n,
    rx_data,rx_int,rs232_tx,
    clk_bps,bps_start
    );
input clk;                  //50MHz 主时钟
input rst_n;                //低电平复位信号
input clk_bps;              //clk_bps 的高电平作为发送数据的数据改变点
input[7:0] rx_data;         //接收数据寄存器
input rx_int;
output rs232_tx;            //RS-232 发送数据信号
output bps_start;           //接收或者发送数据,波特率时钟启动信号置位
//边沿检测,检测 rx_int 信号的下降沿,rx_int 信号的下降沿表示接收完全
reg rx_int0,rx_int1,rx_int2;    //rx_int 信号寄存器,捕捉下降沿滤波用
wire neg_rx_int;            //rx_int 下降沿标志位
always @ (posedge clk or negedge rst_n)
    begin
        if(!rst_n)
            begin
                rx_int0 <= 1'b0;
                rx_int1 <= 1'b0;
                rx_int2 <= 1'b0;
            end
        else
            begin
                rx_int0 <= rx_int;
                rx_int1 <= rx_int0;
                rx_int2 <= rx_int1;
            end
    end
//捕捉到下降沿后,neg_rx_int 拉高保持一个主时钟周期
assign neg_rx_int =  ~rx_int1 & rx_int2;
reg[7:0] tx_data;           //待发送数据的寄存器
reg bps_start_r;
assign bps_start = bps_start_r;
reg[3:0] num;
always @ (posedge clk or negedge rst_n)
    begin
        if(!rst_n)
            begin
                bps_start_r <= 1'b0;
                tx_data <= 8'd0;
            end
        else if(neg_rx_int)
            begin//接收数据完毕,准备把接收到的数据发送回去
                bps_start_r <= 1'b1;
                tx_data <= rx_data;
                //把接收到的数据存入发送数据寄存器,进入发送数据状态
            end
        else if(num==4'd11)
            begin//数据发送完成,复位
                bps_start_r <= 1'b0;
            end
    end
reg rs232_tx_r;
```

```verilog
assign rs232_tx = rs232_tx_r;
always @ (posedge clk or negedge rst_n)
    begin
        if(!rst_n)
            begin
                num <= 4'd0;
                rs232_tx_r <= 1'b1;
            end
        else
            begin
                if(clk_bps)
                    begin
                        num <= num+1'b1;
                        case(num)
                        4'd0: rs232_tx_r <= 1'b0;            //发送起始位
                        4'd1: rs232_tx_r <= tx_data[0];      //发送 0 位
                        4'd2: rs232_tx_r <= tx_data[1];      //发送 1 位
                        4'd3: rs232_tx_r <= tx_data[2];      //发送 2 位
                        4'd4: rs232_tx_r <= tx_data[3];      //发送 3 位
                        4'd5: rs232_tx_r <= tx_data[4];      //发送 4 位
                        4'd6: rs232_tx_r <= tx_data[5];      //发送 5 位
                        4'd7: rs232_tx_r <= tx_data[6];      //发送 6 位
                        4'd8: rs232_tx_r <= tx_data[7];      //发送 7 位
                        4'd9: rs232_tx_r <= 1'b1;            //发送结束位
                        default: rs232_tx_r <= 1'b1;
                        endcase
                    end
                else if(num==4'd11)
                    num <= 4'd0;     //复位
            end
    end
endmodule
```

4．顶层模块uart_top.v

```verilog
`timescale 1ns / 1ps
module uart_top(clk,rst_n,rs232_rx,rs232_tx);
input clk;           //50MHz 主时钟
input rst_n;         //低电平复位信号
input rs232_rx;      //RS-232 接收数据信号
output rs232_tx;     //RS-232 发送数据信号
wire bps_start1,bps_start2;//接收到数据后，波特率时钟启动信号置位
wire clk_bps1,clk_bps2;    //clk_bps_r 高电平为接收数据位的中间采样点，同时也作
                           //为发送数据的数据改变点
wire[7:0] rx_data; //接收数据寄存器，保存直至下一个数据来到
wire rx_int;         //接收数据中断信号,接收到数据期间始终为高电平
speed_select  speed_rx(
                .clk(clk),   //波特率选择模块
                .rst_n(rst_n),
                .bps_start(bps_start1),
                .clk_bps(clk_bps1)
                );
uart_rx    uart_rx1(
                .clk(clk),   //接收数据模块
                .rst_n(rst_n),
                .rs232_rx(rs232_rx),
                .rx_data(rx_data),
                .rx_int(rx_int),
```

```
                .clk_bps(clk_bps1),
                .bps_start(bps_start1)
                );
speed_select    speed_tx(
                .clk(clk),   //波特率选择模块
                .rst_n(rst_n),
                .bps_start(bps_start2),
                .clk_bps(clk_bps2)
                );
uart_tx         uart_tx2(
                .clk(clk),   //发送数据模块
                .rst_n(rst_n),
                .rx_data(rx_data),
                .rx_int(rx_int),
                .rs232_tx(rs232_tx),
                .clk_bps(clk_bps2),
                .bps_start(bps_start2)
                );
endmodule
```

12.5　思考与练习

1．概念题

（1）简述共阳极数码管与共阴极数码管的区别。

（2）简述 1602 型液晶模块的初始化过程。

（3）RS-232 通信协议基本结构都包括哪些？

2．操作题

（1）利用 Verilog HDL 语言完成并行模数转换器 ADC0804 接口的设计与应用，要求实现用 ADC0804 检测输入的模拟数据，并在数码管上显示出来。

（2）利用 Verilog HDL 语言完成串行数模转换器 TLC5620 接口的设计与应用，要求通过 4 个按键控制 TLC5620 四路通道的模拟输出量，并将各通道的输出量数值显示在数码管上。

第 13 章　系统设计实例

在现代电子系统中，数字系统所占的比例越来越大，而现代电子系统发展的趋势就是数字化和集成化。FPGA 作为可编程器件，在数字系统设计中发挥着重要的作用。本章介绍的系统设计实例包括实时温度采集系统、实时红外采集系统和实时键盘采集系统。通过本章的学习，读者可以了解 FPGA 在设计实现方面的优势，并深入学习和理解使用 FPGA 进行设计的思想和实现方法。

13.1　实时温度采集系统

本节介绍的设计范例为实时温度采集系统，目的在于让读者学习并掌握复杂数字系统的设计方法。

13.1.1　实时温度采集系统实验内容与实验目的

1. 实验内容

本实验设置 FPGA 管脚为双向引脚，通过此管脚控制和采集 DS18B20 数字温度传感器的数字温度信息，并将信息显示在 LCD1602 液晶屏上。同时将提取的温度信息与设定的报警温度进行比较，若大于报警温度，则亮起报警 LED 灯。

2. 实验目的

❏ 实现实时温度采集系统，帮助读者进一步了解温度采集系统和液晶显示器的工作原理和设计方法。
❏ 学习字符型液晶显示器的控制原理，熟练掌握状态机和 task 任务函数的应用。
❏ 掌握利用 FPGA 设计驱动的基本思想和方法。
❏ 掌握数字系统的设计方法与数字系统的扩展应用，提升使用 Verilog 语言编程与系统设计的能力。

13.1.2　实时温度采集系统设计原理

DS18B20 传感器是美国 Dallas 半导体公司继 DS1820 传感器之后最新推出的一种改进型智能温度传感器。与传统的热敏电阻相比，它能够直接读出被测物体的温度并可根据实际要求通过简单的编程实现 9～12 位的数字值读取；可以分别在 93.75ms 和 750ms 内完成

9 位和 12 位的数字量。从 DS18B20 传感器读出的信息或写入 DS18B20 传感器的信息仅需一根口线（单线接口）即可，温度变换功率来源于数据总线，总线本身也可以向所挂接的 DS18B20 传感器供电，而无须额外电源。因而使用 DS18B20 传感器可使温度采集系统结构更趋简单，可靠性更高。在测温精度、转换时间、传输距离、分辨率等方面，DS18B20 传感器较 DS1820 传感器有了很大的改进，使用更方便，效果更令人满意。

DS18B20 传感器测量温度时使用特有的测量技术，其内部的低温度系数振荡器能产生稳定的频率信号，而高温度系数振荡器则将被测对象温度转换成频率信号。当计数门打开时，DS18B20 传感器进行计数，计数门开通时间由高温度系数振荡器决定。其芯片内部还有斜率累加器，可对频率的非线性度加以补偿。测量结果存入温度寄存器中。

DS18B20 传感器共有 3 种形式的存储器资源，它们分别是：

❑ ROM：只读存储器，用于存放 DS18B20ID 编码，其前 8 位是单线系列编码，中间 48 位是芯片唯一的序列号，最后 8 位是以上 56 位的 CRC 码。DS18B20 传感器为 64 位 ROM。

❑ RAM：数据暂存器，数据在掉电后会丢失。RAM 共 9 个字节，每个字节 8 位，第 1、2 个字节是温度转换后的数据值信息。

❑ EEPROM：非易失性记忆体，用于存放需要长期保存的数据，如上下限温度报警值和校验数据。

由于 DS18B20 传感器单线通信功能是分时完成的，有严格的时隙概念，因此读写时序很重要。系统对 DS18B20 传感器的各种操作必须按协议进行。操作协议为：初始化 DS18B20 传感器（发复位脉冲）→发 ROM 功能命令→发存储器操作命令→读取数据与处理数据。

1．初始化

单总线上的所有处理均从初始化序列开始。初始化序列包括总线主机发出一复位脉冲，接着由从属器件送出存在脉冲。存在脉冲让总线控制器知道 DS18B20 传感器在总线上且已准备好操作。

（1）先将数据线置高电平"1"。

（2）延时（该时间要求不是很严，但是尽可能短一点）。

（3）将数据线拉到低电平"0"。

（4）延时 750μs（该时间的时间范围可以为 480～960μs）。

（5）将数据线拉到高电平"1"。

（6）延时等待（如果初始化成功则在 15～60ms 产生一个由 DS18B20 传感器返回的低电平"0"，据该状态可以确定低电平的存在，但是应注意不能无限时等待，不然会使程序进入死循环，所以要进行超时控制）。

（7）若 CPU 读到了数据线上的低电平"0"后，还要进行延时，其延时的时间从发出的高电平算起最少要 480μs。

（8）将数据线再次拉高到高电平"1"后结束。

2．发ROM功能命令

控制器发送 ROM 指令。ROM 指令共 5 条，每一个工作周期只能发一条，这 5 条指令是：读 ROM，符合 ROM，跳过 ROM，搜索 ROM 和报警搜索。

1）Read ROM（读 ROM）[33H]

此命令允许总线主机读取 DS18B20 传感器的 8 位产品系列编码、唯一的 48 位序列号、以及 8 位的 CRC。此命令只能在总线上仅有一个 DS18B20 传感器的情况下使用。如果总线上存在多于一个的从属器件，那么当所有从片试图同时发送时将发生数据冲突的现象（漏极开路会产生线与的结果）。

2）Match ROM（符合 ROM）[55H]

此命令后继以 64 位的 ROM 数据序列，允许总线主机对多点总线上特定的 DS18B20 传感器寻址。只有与 64 位 ROM 序列严格相符的 DS18B20 传感器才能对后继的存储器操作命令作出响应；所有与 64 位 ROM 序列不符的从片将等待复位脉冲。此命令在总线上有单个或多个器件的情况下均可使用。

3）Skip ROM（跳过 ROM）[CCH]

在单点总线系统中，此命令通过允许总线主机不提供 64 位 ROM 编码而访问存储器操作来节省时间。如果在总线上存在多于一个的从属器件而且在 Skip ROM 命令之后发出读命令，那么由于多个从片同时发送数据，会造成总线上数据冲突（漏极开路下拉会产生线与的效果）。

4）Search ROM（搜索 ROM）[F0H]

当系统开始工作时，总线主机可能不知道单线总线上的器件个数或者不知道其 64 位 ROM 编码。搜索 ROM 命令允许总线控制器用排除法识别总线上的所有从机的 64 位编码。

5）Alarm Search（报警搜索）[ECH]

此命令的操作流程与搜索 ROM 命令相同，但仅在最近一次温度测量出现报警的情况下，DS18B20 传感器才对此命令作出响应。报警的条件定义为温度高于 TH 或低于 TL。只要 DS18B20 传感器上电，告警条件就保持在设置状态，直到另一次温度测量显示出非报警值或者改变了 TH 或 TL 的设置，使得测量值再一次位于允许的范围之内。贮存在 EEPROM 内的触发器值用于报警。

一般电路只挂接单个 DS18B20 芯片时，可以使用跳过 ROM 指令[CCH]。

3．发存储器操作命令

ROM 指令后，紧接着就是发送存储器操作指令了。DS18B20 传感器有 6 条存储器操作命令，如表 13-1 所示。

表 13-1　RAM指令表

指　　令	代码	功　　能
温度变换	44H	启动传感器进行温度转换，12位转换时最长为750ms（9位为93.75ms）。结果存入内部9字节RAM中
读暂存器	BEH	读内部RAM中9字节的内容
写暂存器	4EH	发出向内部RAM的3、4字节写上、下限温度数据命令，紧跟该命令之后，是传送两字节的数据
复制暂存器	48H	将RAM中第3、4字节的内容复制到EEPROM中
重调EEPROM	B8H	将EEPROM内容恢复到RAM中的第2、3字节
读供电方式	B4H	读传感器的供电模式。寄生供电时传感器发送"0"，外接电源供电传感器发送"1"

一般电路对 DS18B20 芯片进行存储器操作时，使用温度变换指令[44H]和读暂存器[BEH]。

4．读取数据与处理数据

1）数据读取

若要读出当前的温度数据，需要执行两次工作周期，第一个周期为复位，跳过 ROM 指令，执行温度转换存储器指令等待 500μs 温度转换时间，当温度转换命令发布后，经转换所得的温度值以二字节补码形式存放在高速暂存存储器的第 0 和第 1 个字节。紧接着执行第二个周期为复位，跳过 ROM 指令，执行读 RAM 的存储器，主机可通过单线接口读到该数据，读取时低位在前，高位在后。

DS18B20 传感器在进行读写操作时需要满足一定的时序要求。对于 DS18B20 传感器的写操作，在写数据时间间隙的前 15μs 总线需要被控制器拉置低电平，而后是芯片对总线数据的采样时间，采样时间为 15～60μs，采样时间内如果控制器将总线拉高则表示写 1，如果控制器将总线拉低则表示写 0。每一位的发送都应该有一个至少 15μs 的低电平起始位，随后的数据 0 或 1 应该在 45μs 内完成。整个位的发送时间应该保持在 60～120μs，否则不能保证正常通信。对于 DS18B20 传感器的读操作，读时隙时也是必须先由主机产生至少 1μs 的低电平，表示读时间的起始。随后在总线被释放后的 15μs 中 DS18B20 传感器会发送内部数据位。通信时，字节的读或写是从高位开始的，即由 A7 到 A0。控制器释放总线，也相当于将总线置 1。

2）数据处理

温度的测量以 12 位转化为例，DS18B20 传感器温度采集转化后得到用二进制补码读数形式提供的 12 位数据，以 0.0625℃/LSB 形式表达，存储在 DS18B20 传感器的两个 8 位的 RAM 中。二进制数据中的前面 5 位是符号位，如果测得的温度大于或等于 0，这 5 位为 0，只要将测到的数值乘以 0.0625 即可得到实际温度；如果温度小于 0，这 5 位为 1，测到的数值需要取反加 1 再乘以 0.0625 得到实际温度。温度转换计算方法如下：

当 DS18B20 传感器采集温度，输出为 07D0H 时，则实际温度=07D0H×0.0625=2000×0.0625=125.0℃。

当 DS18B20 传感器采集温度，输出为 FC90H 时，应先将 11 位数据位取反加 1 得到 370H（符号位不变，也不计算），则实际温度=370H×0.0625=880×0.0625=55.0℃。

13.1.3　实时温度采集系统设计方法

对于实时温度采集系统，DS18B20 温度传感器驱动程序主要通过状态机和 task 任务函数来实现。任务函数把所有操作分成复位函数、写操作函数和读操作函数。系统的温度采集过程由状态机来切换，其状态顺序为初始化状态（调用复位函数）→跳过 ROM 指令状态（调用写操作函数，写入指令 CCH）→执行温度转换状态（调用写操作函数，写入指令 44H）→2 个延迟状态（共同组成等待温度转换时间）→复位状态（调用复位函数）→跳过 ROM 指令（调用写操作函数，写入指令 CCH）→执行读 RAM 存储器状态（BEH）→读取高速暂存存储器的第 0 个字节内容状态（调用读操作函数）→数据存储状态（数据放入寄存器 Resultl）→读取高速暂存存储器的第 1 个字节内容状态（调用读操作函数）→数据存储状态（数据放入寄存器 Resulth）→数据处理状态（对 Resultl 和 Resulth 进行处理，获得需要的 12 位数据信息）→返回初始化状态，进行下次温度读取。主程序主要完成 DS18B20 温度传感器驱动程序和 LCD1602 液晶程序的连接，以及产生 DS18B20 温度传感器驱动程序需要的 1MHz 信号，即周期为 1μs，以便驱动程序进行时序控制。采用文本编辑法，利用 Verilog HDL 语言来描述实时温度采集系统，代码如下。

1. 温度传感器驱动DS18B20_Driver.v文件

```verilog
module DS18B20_Driver(
  rst_n,
  Clk_En,
  clk,
  data,
  IC_Data
  );
  input rst_n,Clk_En,clk;      //rst_n 未起作用，Clk_En 时钟使能，clk1MHz
  output [11:0] data;          //数据输出
  inout reg IC_Data;           //DS18B20 传感器信号
  reg[4:0] i,j;                //一个字 4 个位，多出一个位用于判断
parameter NUM_DAS=1;           //DS18B20 传感器的个数
parameter state_0   = 0;
parameter state_1   = 1;
parameter state_2   = 2;
parameter state_3   = 3;
parameter state_4   = 4;
parameter state_5   = 5;
parameter state_6   = 6;
parameter state_7   = 7;
parameter state_8   = 8;
parameter state_9   = 9;
parameter state_10  = 10;
parameter state_11  = 11;
parameter state_12  = 12;
parameter state_13  = 13;
parameter state_14  = 14;
parameter state_15  = 15;
always@(negedge clk or negedge rst_n)
    begin
        if(!rst_n)
            begin
            end
        else
            if(Clk_En)  CmdSETDS18B20;
    end
assign data = Result;                  //结果输出
  reg Flag_Rst;                        //复位完成标志
  reg [4:0] Rststate;                  //复位状态
  reg [10:1] CountRstStep;             //复位计数器
task Rst_DS18B20;
    begin
        case(Rststate)
        state_0 :                      //总线拉高，保持一个周期即 1μs
            begin
                Flag_Rst <= 0;         //复位进行中
                IC_Data <= 1'b1;       //总线拉高
                Rststate <= state_1;
                CountRstStep <= 0;
```

```
               end
      state_1 :
          begin
                IC_Data  <=  1'b0;                        //总线拉低
                if(CountRstStep > 600)                    //拉低时间 600μs
                    begin
                        CountRstStep  <=  0;              //计数器清零
                       . Rststate  <=  state_3;
                    end
                else
                    begin
                        CountRstStep  <=  CountRstStep + 1;
                        Rststate  <=  state_1;            //计时未到
                    end
          end
      state_3 :
          begin
                IC_Data  <=  1'bz;                        //释放总线
                CountRstStep<=0;
                Rststate  <=  state_4;
          end
          state_4 :
          begin
                if(CountRstStep>15)
                    begin
                        CountRstStep<=0;
                        Rststate<=state_5;
                    end
                else
                    begin
                        CountRstStep<=CountRstStep+1;
                        Rststate  <=  state_4;
                    end
          end
      state_5 :
          begin
                if(IC_Data == 1'b0)                       //初始化完成
                    begin
                        CountRstStep  <=  0;
                        Rststate  <=  state_6;            //结束

                    end
                else
                    begin
                        if(CountRstStep > 45)
                        begin
                            CountRstStep  <=  0;
                            Rststate  <=  state_0;        //复位失败
                        end
                        else
                        begin
                            CountRstStep  <=  CountRstStep + 1;
                            Rststate  <=  state_5;
                        end
                    end
          end
      state_6:
          begin
              if(CountRstStep>=60)
                    begin
```

```
                              if(IC_Data==1'b0)
                                  begin
                                      CountRstStep<=0;
                                      Rststate<=state_7;
                                  end
                              else
                                  begin
                                      CountRstStep<=0;
                                      Rststate<=state_0;
                                  end
                          end
                      else
                          begin
                              CountRstStep<=CountRstStep+1;
                              Rststate<=state_6;
                          end
              end
              state_7 :
              begin
                  if(CountRstStep == 420)
                      begin
                          CountRstStep <= 0;
                          Rststate <= state_8;
                      end
                  else
                      begin
                          CountRstStep <= CountRstStep + 1;
                          Rststate <= state_7;
                      end
              end
          state_8 :
              begin
                  Flag_Rst <= 1;                //初始化完成
                  CountRstStep <= 0;
                  Rststate <= state_0;          //回到原点
              end
          default :
              begin
                  Rststate <= state_0;
                  CountRstStep <= 0;
              end
          endcase
      end
endtask
  reg Flag_Write;                              //写命令完成标志与写位
  reg[4:0] Writestate;                         //写命令状态
  task Write_DS18B20;
  input [7:0] dcmd;                            //命令
  reg[7:0] indcmd;
  reg wBit;
      begin
          case(Writestate)
          state_0 :
              begin
                  Flag_Write <= 0;             //写命令过程中
                  Writestate <= state_1;
                  indcmd <= dcmd;
                  i <= 0;
              end
          state_1 :
```

```
                begin
                    if(i < 8)
                        begin
                            wBit_DS18B20(dcmd[i]);
                            if(Flag_wBit)                        //写完 1 位
                                begin
                                    indcmd = indcmd >> 1;     //右移 1 位
                                    i <= i + 1;                //位数加 1
                                end
                            Writestate <= state_1;             //重复加写位
                        end
                    else                                       //写完 8 位
                        begin
                            Writestate <= state_2;
                            i <= 0;
                        end
                end
            state_2 :
                begin
                    Flag_Write <= 1;                          //写命令完毕
                    indcmd <= 0;
                    Writestate <= state_0;
                end
            default :
                begin
                    Flag_Write <= 0;
                    Writestate <= state_0;
                end
            endcase
        end
endtask
    reg Flag_wBit;                     //写位完成标志
    reg[4:0] WriteBitstate;            //写位命令
    reg[8:1] CountWbitStep;            //写位计数器
    task wBit_DS18B20;
    input wiBit;                       //位信息
        begin
            case(WriteBitstate)
            state_0 :
                begin
                    Flag_wBit <= 0;        //写位进行中
                    IC_Data <= 1'b1;
                    WriteBitstate <= state_1;
                    CountWbitStep <= 0;
                end
            state_1 :
                begin
                    IC_Data <= 1'b0;    //总线拉低
                    if(wiBit)    WriteBitstate <= state_2;     //写 1 的命令
                    else          WriteBitstate <= state_4;     //写 0 的命令
                end
            state_2 :
                begin
                    if(CountWbitStep >= 3)                      //维持低电平 3μs
                        begin
                            CountWbitStep <= 0;
                            IC_Data <= 1'b1;
                            WriteBitstate <= state_3;
                        end
```

```
                else
                    begin
                        CountWbitStep <= CountWbitStep + 1;
                        WriteBitstate <= state_2;
                    end
            end
        state_3 :
            begin
                if(CountWbitStep >= 60)        //维持高电平 60μs
                    begin
                        CountWbitStep <= 0;
                        WriteBitstate <= state_6;
                    end
                else
                    begin
                        CountWbitStep <= CountWbitStep + 1;
                        WriteBitstate <= state_3;
                    end
            end
        state_4 :
            begin
                if(CountWbitStep >= 60)        //维持低电平 60μs
                    begin
                        CountWbitStep <= 0;
                        WriteBitstate <= state_5;
                    end
                else
                    begin
                        IC_Data <= 1'b0;
                        CountWbitStep <= CountWbitStep + 1;
                        WriteBitstate <= state_4;
                    end
            end
        state_5 :
            begin
                if(CountWbitStep >= 3)         //拉高总线 3μs
                    begin
                        CountWbitStep <= 0;
                        WriteBitstate <= state_6;
                    end
                else
                    begin
                        IC_Data <= 1'b1;
                        CountWbitStep <= CountWbitStep + 1;
                        WriteBitstate <= state_5;
                    end
            end
        state_6 :
            begin
                Flag_wBit <= 1;                    //写位命令完毕
                CountWbitStep <= 0;
                WriteBitstate <= state_0;
            end
        default :
            begin
                Flag_wBit <= 0;
                CountWbitStep <= 0;
                WriteBitstate <= state_0;
            end
    endcase
end
```

```
endtask
  reg[7:0] ResultDS18B20;
  reg temp[7:0];
  reg Flag_Read;                        //读命令标志
  reg [4:0] Readstate;                  //读命令标志
  reg t;
  task Read_DS18B20;                    //读 1 个字节
    begin
        case(Readstate)
        state_0 :
            begin
                Flag_Read <= 0;         //读命令进行中
                Readstate <= state_1;
                j <= 0;
            end
        state_1 :
            begin
                if( j < 8 )
                    begin
                        rBit_DS18B20;   //temp[j]<=IC_Data;
                        if(Flag_rBit)
                        begin
                            j <= j + 1;
                        end
                    Readstate <= state_1;
                    end
                else
                    begin
                        j <= 0;
                        Readstate <= state_2;
                    end
            end
        state_2 :
            begin
                if(j<8)begin
                    ResultDS18B20[j]<=temp[j];
                    j<=j+1;
                    Readstate <= state_2;
                    end
                else
                    Readstate <= state_3;
            end
        state_3 :
            begin
                Flag_Read <= 1;       //读命令完成
                Readstate <= state_0;
            end
        default:
            begin
                Flag_Read <= 0;
                Readstate <= state_0;
            end
        endcase
    end
endtask
  reg Flag_rBit;                        //读位命令标志
  reg[4:0] ReadBitstate;                //读位命令状态
  reg[6:1] CountRbitStep;               //读位命令计时器
  task rBit_DS18B20;
    begin
```

```verilog
case(ReadBitstate)
state_0 :
    begin
        Flag_rBit <= 0;                    //读位命令进行中
        IC_Data <= 1'b1;
        CountRbitStep <= 0;
        ReadBitstate <= state_1;
    end
state_1 :
    begin
        if(CountRbitStep >= 2)             //保持低电平3μs
            begin
                IC_Data <= 1'bz;           //改为输入
                CountRbitStep <= 0;
                ReadBitstate <= state_2;
            end
        else
            begin
                IC_Data <= 1'b0;           //总线拉低
                CountRbitStep <= CountRbitStep + 1;
                ReadBitstate <= state_1;
            end
    end
state_2 :
    begin
        if(CountRbitStep >= 10)            //维持输入状态10μs
            begin
                temp[j] <= IC_Data;
                CountRbitStep <= 0;
                ReadBitstate <= state_3;
            end
        else
            begin
                CountRbitStep <= CountRbitStep + 1;
                ReadBitstate <= state_2;
            end
    end
state_3 :
    begin
        if(CountRbitStep >= 60)            //维持60μs输入
            begin
                CountRbitStep <= 0;
                ReadBitstate <= state_4;
            end
        else
            begin
                CountRbitStep <= CountRbitStep + 1;
                ReadBitstate <= state_3;
            end
    end
state_4 :
    begin
        Flag_rBit <= 1;                    //读位命令完毕
        CountRbitStep <= 0;
        ReadBitstate <= state_0;
    end
default :
    begin
        Flag_rBit <= 0;
        CountRbitStep <= 0;
```

```
                        ReadBitstate <= state_0;
                    end
                endcase
        end
endtask
    reg Flag_CmdSET;
    reg [4:0] CmdSETstate;
    reg [16:1] Count65535;
    reg [5:1] Count12;
    reg[7:0] Resultl,Resulth;
    reg [15:0]Result;
    task CmdSETDS18B20;
        begin
            case(CmdSETstate)
            state_0 :
                begin
                    Flag_CmdSET <= 0;
                    Rst_DS18B20;
                    if(!Flag_Rst)
                        CmdSETstate <= state_0;
                    else
                        CmdSETstate <= state_1; //fix
                end
            state_1 :
                begin
                    Write_DS18B20(8'hcc);
                    if(!Flag_Write)
                        CmdSETstate <= state_1;
                    else
                        CmdSETstate <= state_2;
                end
            state_2 :
                begin
                    Write_DS18B20(8'h44);//convert t;
                    if(!Flag_Write)CmdSETstate <= state_2;
                    else
                        begin
                            CmdSETstate <= state_3;
                            Count65535<=0;
                            Count12<=0;
                        end
                end
            state_3 :
                begin
                    if(Count65535 == 65535)
                        begin
                            Count65535 <= 0;
                            CmdSETstate <= state_4;//fix
                        end
                    else
                        begin
                            Count65535 <= Count65535 + 1;
                            CmdSETstate <= state_3;
                        end
                end
            state_4 :
                begin
                    if(Count12 == 12)
                        begin
                            Count12 <= 0;
                            CmdSETstate <= state_5;
```

```
                        end
                else
                    begin
                        Count12 <= Count12 + 1;
                        CmdSETstate <= state_3;
                    end
        end
    state_5 :
        begin
            Rst_DS18B20;
            if(!Flag_Rst)
                CmdSETstate <= state_5;
            else
                CmdSETstate <= state_6;
        end
    state_6 :
        begin
            Write_DS18B20(8'hcc);
            if(!Flag_Write)
                CmdSETstate <= state_6;
            else
                CmdSETstate <= state_7;
        end
    state_7 :
        begin
            Write_DS18B20(8'hbe);
            if(!Flag_Write)
                CmdSETstate <= state_7;
            else
                CmdSETstate <= state_8;
        end
    state_8 :
        begin
            Read_DS18B20;
            if(!Flag_Read)
                CmdSETstate <= state_8;
            else
                CmdSETstate <= state_9;
        end
    state_9 :
        begin
            Resultl = ResultDS18B20;
            CmdSETstate <= state_10;
        end
    state_10 :
        begin
            Read_DS18B20;
            if(!Flag_Read)
                CmdSETstate <= state_10;
            else
                CmdSETstate <= state_11;
        end
    state_11 :
        begin
            Resulth = ResultDS18B20;
            CmdSETstate <= state_12;
        end
    state_12 :
        begin
            Result[15:8]=Resulth[3:0];
            Result[7:0]=Resultl[7:0];
```

```
                        CmdSETstate <= state_13;
                end
            state_13 :
                begin
                    Flag_CmdSET <= 1;
                    CmdSETstate <= state_0;
                end
            default :
                begin
                    Flag_CmdSET <= 0;
                    CmdSETstate <= state_0;//fix
                end
        endcase
    end
  endtask
endmodule
```

2. 液晶驱动程序LCD1602_Driver.v文件

```
module LCD1602_Driver(
 clk,
 rst_n,
 data_in,
 lcd_data,
 lcd_e,
 lcd_rs,
 lcd_rw
 );
    input clk;                              //50MHz 时钟频率
    input rst_n;                            //复位信号
    input [11:0] data_in;                   //输入数据
    output reg [7:0] lcd_data;              //数据总线
    output lcd_e;                           //使能信号
    output reg lcd_rs;                      //指令、数据选择
    output lcd_rw;                          //读、写选择
    reg Flag;                               //温度正负判断标志位
    wire [23:0]Data_OUT;                    //数据转换完成后的数据
    reg [127:0]row1_val="The Temperature:"; //1602 第一行显示
    reg [127:0]row2_val;
    wire [7:0]row_temp;
    assign row_temp=Flag? 8'h2D:8'h2B;      //显示温度的正负号
    //数据转换
    integer T,data_reg;
    reg [3:0]Data0,Data1,Data2,Data3,Data4,Data5;
    reg T_reg;
always @(data_in)
    begin
        if(data_in[11]==0)
            begin
                T=data_in;
                Flag=0;
            end
        else
            begin
                T=12'h800-data_in[10:0];
                Flag=1;
            end
    T_reg=T;
    data_reg=(T*1000000)/16;
```

```
    Data5=data_reg/10000000;
    Data4=(data_reg%10000000)/1000000;
    Data3=((data_reg%10000000)%1000000)/100000;
    Data2=(((data_reg%10000000)%1000000)%100000)/10000;
    Data1=((((data_reg%10000000)%1000000)%100000)%10000)/1000;
    Data0=(((((data_reg%10000000)%1000000)%100000)%10000)%1000)/100;
        if(Data1>=5)    Data1<=5;
        else                    Data1<=0;
    end
assign Data_OUT={Data5,Data4,Data3,Data2,Data1,Data0};
  reg [15:0] cnt;    //分频模块计数
always @ (posedge clk, negedge rst_n)
    if(!rst_n)
        cnt <= 0;
    else
        cnt <= cnt + 1'b1;
  wire lcd_clk = cnt[15];//(2×2^15/50M)≈1.31ms≈763KHz，在 500KHz～1MHz 皆可
  //LCD1602驱动模块开始，格雷码编码：共 40 个状态
parameter IDLE          = 8'h00;
//写指令，初始化
parameter DISP_SET      = 8'h01;            //显示模式设置
parameter DISP_OFF      = 8'h03;            //显示关闭
parameter CLR_SCR       = 8'h02;            //显示清屏
parameter CURSOR_SET1   = 8'h06;            //显示光标移动设置
parameter CURSOR_SET2   = 8'h07;            //显示开及光标设置
//显示第一行
parameter ROW1_ADDR     = 8'h05;            //写第一行起始地址
parameter ROW1_0        = 8'h04;
parameter ROW1_1        = 8'h0C;
parameter ROW1_2        = 8'h0D;
parameter ROW1_3        = 8'h0F;
parameter ROW1_4        = 8'h0E;
parameter ROW1_5        = 8'h0A;
parameter ROW1_6        = 8'h0B;
parameter ROW1_7        = 8'h09;
parameter ROW1_8        = 8'h08;
parameter ROW1_9        = 8'h18;
parameter ROW1_A        = 8'h19;
parameter ROW1_B        = 8'h1B;
parameter ROW1_C        = 8'h1A;
parameter ROW1_D        = 8'h1E;
parameter ROW1_E        = 8'h1F;
parameter ROW1_F        = 8'h1D;
//显示第二行
parameter ROW2_ADDR     = 8'h1C;            //写第二行起始地址
parameter ROW2_0        = 8'h14;
parameter ROW2_1        = 8'h15;
parameter ROW2_2        = 8'h17;
parameter ROW2_3        = 8'h16;
parameter ROW2_4        = 8'h12;
parameter ROW2_5        = 8'h13;
parameter ROW2_6        = 8'h11;
parameter ROW2_7        = 8'h10;
parameter ROW2_8        = 8'h30;
parameter ROW2_9        = 8'h31;
parameter ROW2_A        = 8'h33;
parameter ROW2_B        = 8'h32;
parameter ROW2_C        = 8'h36;
parameter ROW2_D        = 8'h37;
```

```verilog
parameter ROW2_E       = 8'h35;
parameter ROW2_F       = 8'h34;
reg [5:0] current_state, next_state;    //现态、次态
always @ (posedge lcd_clk, negedge rst_n)
    if(!rst_n)  current_state <= IDLE;
    else               current_state <= next_state;
always
    begin
        case(current_state)
            IDLE          : next_state = DISP_SET;
            //写指令，初始化
            DISP_SET      : next_state = DISP_OFF;
            DISP_OFF      : next_state = CLR_SCR;
            CLR_SCR       : next_state = CURSOR_SET1;
            CURSOR_SET1   : next_state = CURSOR_SET2;
            CURSOR_SET2   : next_state = ROW1_ADDR;
            //显示第一行
            ROW1_ADDR     : next_state = ROW1_0;
            ROW1_0        : next_state = ROW1_1;
            ROW1_1        : next_state = ROW1_2;
            ROW1_2        : next_state = ROW1_3;
            ROW1_3        : next_state = ROW1_4;
            ROW1_4        : next_state = ROW1_5;
            ROW1_5        : next_state = ROW1_6;
            ROW1_6        : next_state = ROW1_7;
            ROW1_7        : next_state = ROW1_8;
            ROW1_8        : next_state = ROW1_9;
            ROW1_9        : next_state = ROW1_A;
            ROW1_A        : next_state = ROW1_B;
            ROW1_B        : next_state = ROW1_C;
            ROW1_C        : next_state = ROW1_D;
            ROW1_D        : next_state = ROW1_E;
            ROW1_E        : next_state = ROW1_F;
            ROW1_F        : next_state = ROW2_ADDR;
            //显示第二行
            ROW2_ADDR     : next_state = ROW2_0;
            ROW2_0        : next_state = ROW2_1;
            ROW2_1        : next_state = ROW2_2;
            ROW2_2        : next_state = ROW2_3;
            ROW2_3        : next_state = ROW2_4;
            ROW2_4        : next_state = ROW2_5;
            ROW2_5        : next_state = ROW2_6;
            ROW2_6        : next_state = ROW2_7;
            ROW2_7        : next_state = ROW2_8;
            ROW2_8        : next_state = ROW2_9;
            ROW2_9        : next_state = ROW2_A;
            ROW2_A        : next_state = ROW2_B;
            ROW2_B        : next_state = ROW2_C;
            ROW2_C        : next_state = ROW2_D;
            ROW2_D        : next_state = ROW2_E;
            ROW2_E        : next_state = ROW2_F;
            ROW2_F        : next_state = ROW1_ADDR;
            default       : next_state = IDLE ;
        endcase
    end
  reg [3:0]data_0=4'b0;
always @ (posedge lcd_clk, negedge rst_n)
    begin
        row2_val[127:120]=row_temp;
        row2_val[119:112]={data_0,Data_OUT[23:20]}+8'h30;
        row2_val[111:104]={data_0,Data_OUT[19:16]}+8'h30;
```

```
                   row2_val[103:96]=8'h2E;       //小数点
                   row2_val[95:88] ={data_0,Data_OUT[15:12]}+8'h30;
                   row2_val[87:80]={data_0,Data_OUT[11:8]}+8'h30;
                   row2_val[79:72]=8'hDF;         //显示温度标志
                   row2_val[71:64]=8'h43;
                   row2_val[63:0] = "        ";
        . end
always @ (posedge lcd_clk, negedge rst_n)
    begin
        if(!rst_n)
            begin
                lcd_rs    <= 0;
                lcd_data <= 8'hxx;
            end
        else
            begin    //写lcd_rs
                case(next_state)
                    IDLE         : lcd_rs <= 0;
                    //写指令，初始化
                    DISP_SET     : lcd_rs <= 0;
                    DISP_OFF     : lcd_rs <= 0;
                    CLR_SCR      : lcd_rs <= 0;
                    CURSOR_SET1 : lcd_rs <= 0;
                    CURSOR_SET2 : lcd_rs <= 0;
                    //写数据，显示第一行
                    ROW1_ADDR    : lcd_rs <= 0;
                    ROW1_0       : lcd_rs <= 1;
                    ROW1_1       : lcd_rs <= 1;
                    ROW1_2       : lcd_rs <= 1;
                    ROW1_3       : lcd_rs <= 1;
                    ROW1_4       : lcd_rs <= 1;
                    ROW1_5       : lcd_rs <= 1;
                    ROW1_6       : lcd_rs <= 1;
                    ROW1_7       : lcd_rs <= 1;
                    ROW1_8       : lcd_rs <= 1;
                    ROW1_9       : lcd_rs <= 1;
                    ROW1_A       : lcd_rs <= 1;
                    ROW1_B       : lcd_rs <= 1;
                    ROW1_C       : lcd_rs <= 1;
                    ROW1_D       : lcd_rs <= 1;
                    ROW1_E       : lcd_rs <= 1;
                    ROW1_F       : lcd_rs <= 1;
                    //写数据，显示第二行
                    ROW2_ADDR    : lcd_rs <= 0;
                    ROW2_0       : lcd_rs <= 1;
                    ROW2_1       : lcd_rs <= 1;
                    ROW2_2       : lcd_rs <= 1;
                    ROW2_3       : lcd_rs <= 1;
                    ROW2_4       : lcd_rs <= 1;
                    ROW2_5       : lcd_rs <= 1;
                    ROW2_6       : lcd_rs <= 1;
                    ROW2_7       : lcd_rs <= 1;
                    ROW2_8       : lcd_rs <= 1;
                    ROW2_9       : lcd_rs <= 1;
                    ROW2_A       : lcd_rs <= 1;
                    ROW2_B       : lcd_rs <= 1;
                    ROW2_C       : lcd_rs <= 1;
                    ROW2_D       : lcd_rs <= 1;
                    ROW2_E       : lcd_rs <= 1;
                    ROW2_F       : lcd_rs <= 1;
```

```
                    endcase
                    case(next_state)//写 lcd_data
                        IDLE         : lcd_data <= 8'hxx;
                        //写指令，初始化
                        DISP_SET     : lcd_data <= 8'h38;
                        DISP_OFF     : lcd_data <= 8'h08;
                        CLR_SCR      : lcd_data <= 8'h01;
                        CURSOR_SET1  : lcd_data <= 8'h06;
                        CURSOR_SET2  : lcd_data <= 8'h0C;
                        //写数据，显示第一行
                        ROW1_ADDR    : lcd_data <= 8'h80;
                        ROW1_0       : lcd_data <= row1_val[127:120];
                        ROW1_1       : lcd_data <= row1_val[119:112];
                        ROW1_2       : lcd_data <= row1_val[111:104];
                        ROW1_3       : lcd_data <= row1_val[103: 96];
                        ROW1_4       : lcd_data <= row1_val[ 95: 88];
                        ROW1_5       : lcd_data <= row1_val[ 87: 80];
                        ROW1_6       : lcd_data <= row1_val[ 79: 72];
                        ROW1_7       : lcd_data <= row1_val[ 71: 64];
                        ROW1_8       : lcd_data <= row1_val[ 63: 56];
                        ROW1_9       : lcd_data <= row1_val[ 55: 48];
                        ROW1_A       : lcd_data <= row1_val[ 47: 40];
                        ROW1_B       : lcd_data <= row1_val[ 39: 32];
                        ROW1_C       : lcd_data <= row1_val[ 31: 24];
                        ROW1_D       : lcd_data <= row1_val[ 23: 16];
                        ROW1_E       : lcd_data <= row1_val[ 15:  8];
                        ROW1_F       : lcd_data <= row1_val[  7:  0];
                        //写数据，显示第二行
                        ROW2_ADDR    : lcd_data <= 8'hC0;
                        ROW2_0       : lcd_data <= row2_val[127:120];
                        ROW2_1       : lcd_data <= row2_val[119:112];
                        ROW2_2       : lcd_data <= row2_val[111:104];
                        ROW2_3       : lcd_data <= row2_val[103: 96];
                        ROW2_4       : lcd_data <= row2_val[ 95: 88];
                        ROW2_5       : lcd_data <= row2_val[ 87: 80];
                        ROW2_6       : lcd_data <= row2_val[ 79: 72];
                        ROW2_7       : lcd_data <= row2_val[ 71: 64];
                        ROW2_8       : lcd_data <= row2_val[ 63: 56];
                        ROW2_9       : lcd_data <= row2_val[ 55: 48];
                        ROW2_A       : lcd_data <= row2_val[ 47: 40];
                        ROW2_B       : lcd_data <= row2_val[ 39: 32];
                        ROW2_C       : lcd_data <= row2_val[ 31: 24];
                        ROW2_D       : lcd_data <= row2_val[ 23: 16];
                        ROW2_E       : lcd_data <= row2_val[ 15:  8];
                        ROW2_F       : lcd_data <= row2_val[  7:  0];
                    endcase
                end
        end
    assign lcd_e = lcd_clk;                    //数据在时钟高电平被锁存
    assign lcd_rw = 1'b0;                      //只写
endmodule//LCD1602 驱动模块结束
```

3. 主程序ds18b20.v文件

```
module ds18b20(led,
  clk,
  Rst_n,
  CLK_EN,
  DQ_Data,
  LCD_RS,
```

```
   LCD_RW,
   LCD_EN,
   LCD_Data
   );
   output reg led;          //led
parameter a =11'b00101000000;   //320(11'b00101000000)*0.0625=20度
   reg b;
   input Rst_n,CLK_EN,clk;
   output wire LCD_RS;
   output wire LCD_RW;
   output wire LCD_EN;
   output wire   [7:0]   LCD_Data;
   inout DQ_Data;
   wire [11:0]Data_Tmp;//DS18B20传感器测量后的数据，作为一个变量传递给LCD1602并显示
   wire Flag;
   reg [31:0]DCLK_DIV;                    //时钟分频计数
parameter CLK_FREQ = 'D50_000_000;        //系统时钟50MHz
parameter DS18B20_FREQ = 'D2_000_000;  //AD_CLK输出时钟2_000_000/2Hz = 1MHz
reg DS18B20_clk;                          //DS18B20传感器时钟
always@(*)                             //比较用于判断温度是否超限，超限则灯亮，报警
    begin
    if(Data_Tmp[10:0]>a)
            begin
            led=1'b1;
            end
    else    begin
            led=1'b0;
            end
    end
initial
    begin
        DCLK_DIV<=1'b0;
        DS18B20_clk<=1'b0;
    end
always @(posedge clk)
    begin
        if(DCLK_DIV < (CLK_FREQ / DS18B20_FREQ))
            DCLK_DIV <= DCLK_DIV+1'b1;
        else
            begin
                DCLK_DIV <= 0;
                DS18B20_clk <= ~DS18B20_clk;      //二分频，输出1MHz
            end
    end
//DS18B20传感器实例化
DS18B20_Driver  DS18B20(
                .rst_n(Rst_n),
                .Clk_En(CLK_EN),
                .clk(DS18B20_clk),
                .data(Data_Tmp),
                .IC_Data(DQ_Data)
                );
LCD1602_Driver LCD1602(
                .clk(clk),                //50MHz时钟
                .rst_n(Rst_n),            //复位信号
                .data_in(Data_Tmp),       //输入数据
```

```
            .lcd_data(LCD_Data),        //数据总线
            .lcd_e(LCD_EN),             //使能信号
            .lcd_rs(LCD_RS),            //指令、数据选择
            .lcd_rw(LCD_RW)             //读、写选择
            );
endmodule
```

13.2　实时红外采集系统

本节介绍的设计实例为实时红外采集系统，目的在于让读者学习复杂数字系统的设计方法。

13.2.1　实时红外采集系统实验内容与实验目的

1. 实验内容

本实验通过红外一体化接收头接收遥控器按键信息，通过 FPGA 控制器识别此信息，并将遥控器按键编号显示在数码管上。

2. 实验目的

❑ 实现实时红外采集系统，帮助读者进一步了解红外采集系统和数码管的工作原理和设计方法。

❑ 学习数码管的控制原理，熟练掌握遥控器编码机制。

❑ 掌握利用状态机设计采集时序的基本思想和方法。

❑ 掌握数字系统的设计方法与数字系统的扩展应用，提升使用 Verilog 语言编程与系统设计的能力。

13.2.2　实时红外采集系统设计原理

人的眼睛能看到的可见光按波长从长到短排列，依次为红、橙、黄、绿、青、蓝、紫。其中红光的波长范围为 0.62～0.76μm；紫光的波长范围为 0.38～0.46μm。比紫光波长还短的光叫紫外线，比红光波长还长的光叫红外线。红外线遥控就是利用波长为 0.76～1.5μm 之间的近红外线来传送控制信号的。

红外线遥控是目前使用最广泛的一种通信和遥控手段。工业设备中，在高压、辐射、有毒气体、粉尘等环境下，采用红外线遥控不仅完全可靠而且能有效地隔离电气干扰。

通用红外遥控系统由发射和接收两大部分组成，使用编解码专用集成芯片来进行控制操作。发射部分包括键盘矩阵、编码调制、LED 红外发射器；接收部分包括光电转化放大器、解调、解码部分电路。

发射部分的主要元件为红外发光二极管。它实际上是一只特殊的发光二极管，由于其内部材料不同于普通发光二极管，因而在其两端施加一定电压时，便发出红外线而不是可

见光。大量使用的红外发光二极管发出的红外线波长为 940nm 左右，外形与普通发光二极管相同，只是颜色不同。

红外遥控以调制的方式发射数据，即是把数据和一定频率的载波进行"与"操作，这样既可以提高发射效率又可以降低电源功耗。

调制载波频率一般为 30～60kHz，大多数使用的是 38kHz，占空比 1/3 的矩形波，这是由发射端所使用的 455kHz 晶振决定的。在发射端要对晶振进行整数分频，分频系数一般取 12，所以调制载波频率为 455kHz/12≈37.9 kHz≈38kHz。

发射端的命令码必须通过调制才能被发射管以红外线的形式释放到开放空间。脉冲个数编码可以很方便地实现对载波频率的幅度调制，其原理如图 13-1 所示。命令码与载波信号的乘积便是可以用于发射的已调信号。

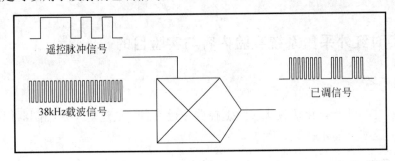

图 13-1　发射原理

为了提高发射效率，达到降低电源功耗的目的，红外遥控发射系统一般采用带有专用集成发射芯片的电视遥控器来发射遥控编码信号。通常彩电遥控信号的发射，就是将某个按键所对应的控制指令和系统码（由 0 和 1 组成的序列），调制在 38KHz 的载波上，然后经放大、驱动红外发射管将信号发射出去。不同公司的遥控芯片，采用的遥控码格式也不一样。较普遍的有两种，一种是 NEC 标准，一种是 PHILIPS 标准。下面以由 NEC 的 uPD6121G 组成的发射电路为例说明编码原理。

遥控载波的频率为 38kHz（占空比为 1：3）；当某个按键按下时，系统首先发射一个完整的全码，如果键按下超过 108ms 仍未松开，接下来发射的代码（连发代码）将仅由起始码（9ms）和结束码（2.5ms）组成。其中，一个完整的全码由引导码、32 位串行二进制码和停止码共同构成。引导码由 9ms 高电平和 4.5ms 低电平组成；停止码由 0.56ms 高电平和持续的低电平组成；32 位串行二进制码的前 16 位为用户识别码，由两组一样的 8 位用户码构成，不随按键的不同而变化。它是为了表示特定用户而设置的一个辨识标志以区别不同机种和不同用户发射的遥控信号，防止误操作。后 16 位码随着按键的不同而改变，是按键的识别码。前 8 位为键码的正码，后 8 位为键码的反码，用于核对数据是否接收准确。连发代码是在持续按键时发送的码。它告知接收端，某键是在被连续地按着。

遥控信号不是用高电平或低电平来表示"1"或"0"，而是通过脉宽来表示的，对于二进制信号"0"用 0.56ms 高电平＋0.565ms 低电平=1.125ms 表示；对于二进制信号"1"用 0.56ms 高电平＋1.69ms 低电平=2.25ms 表示。

遥控器的型号不同其按键对应键值也不同，本设计遥控器对应用户码为 00H，按键对应的数据码如表 13-2 所示。

表 13-2 遥控器按键与数据码对照表

按 键	数 据 码	按 键	数 据 码	按 键	数 据 码
关机键	45H	ENTER键	46H	播放键	47H
RPT键	44H	定时键	40H	BACK键	43H
EQ键	07H	VOL-键	15H	VOL+键	09H
0键	16H	后退键	19H	快进键	0DH
1键	0CH	2键	18H	3键	5EH
4键	08H	5键	1CH	6键	5AH
7键	42H	8键	52H	9键	4AH

红外接收电路通常被厂家集成在一个元件中,成为一体化红外接收头。内部电路包括红外监测二极管、放大器、限幅器、带通滤波器、积分电路和比较器等。红外监测二极管监测到红外信号,然后把信号传送到放大器和限幅器,限幅器把脉冲幅度控制在一定的水平,而不论红外发射器和接收器的距离远近。交流信号进入带通滤波器,带通滤波器以 30～60kHz 的负载波,通过解调电路和积分电路进入比较器,比较器输出高低电平,还原出发射端的信号波形。

红外接收头的种类很多,引脚定义也不相同,一般都有 3 个引脚,包括供电脚、接地和信号输出脚。根据发射端调制载波的不同应选用相应解调频率的接收头。红外接收头内部放大器的增益很大,很容易引起干扰,因此在接收头的供电脚上需加滤波电容,一般在 22uF 以上。同时,厂家建议在供电脚和电源之间接入 330Ω 电阻,进一步降低电源干扰。

13.2.3 实时红外采集系统设计方法

对于时钟分频和计数部分,从 NEC 规范可知最小的电平持续 0.56ms,而我们在进行采样时,一般都会对最小电平采样 16 次。也就是说要对 0.56ms 最少采样 16 次。0.56ms/16=35μs,而板载主时钟为 50MHz,即时钟周期为 20ns,所以需要的分频次数为 35000/20=1750。在设计中我们利用了两个计数器,一个计数器用于计 1750 次时钟主频;另一个计数器用于计算分频之后,同一种电平所扫描到的点数,这个点数最后会用来判断是数据的 0 还是 1。

对于主体部分,FPGA 检测红外接收一体化探头,采用状态机来检测和获取红外数据。当有红外数据信息进入系统后,先判断是否为一个完整的全码,若不是则重新检测红外信息,若是则进行正确处理,开始接收数据信息。数据信息是串行发送的,寄存器采用每接收一位信息向左移位一次的方法,判断出是否超过 32 位数据或者接收到结束位信息,将数据码从寄存器中取出,显示在数码管上。程序中使用的变量说明如下:

clk:FPGA 电路板晶振 50MHz 输入。

rst_n:复位按键输入。

IR:红外(HS0038)信号输入。

led_cs:数码管位选输出。

led_db:数码管段选输出。

采用文本编辑法,利用 Verilog HDL 语言来描述实时温度采集系统,代码如下。

```verilog
module ir(clk,rst_n,IR,led_cs,led_db);
  input clk;
  input rst_n;
  input IR;
  output [7:0] led_cs;
  output [7:0] led_db;
  reg [3:0] led_cs;
  reg [7:0] led_db;
  reg [7:0] led1,led2,led3,led4;
  reg [15:0] irda_data;
  reg [31:0] get_data;          //用于存放红外 32 位信息
  reg [5:0]  data_cnt;          //32 位红外数据计数器
  reg [2:0]  cs,ns;
  reg error_flag;                   //红外数据错误标志
  reg irda_reg0;    //为了避免亚稳态，避免驱动多个寄存器，不使用这一中间存储状态
  reg irda_reg1;       //这个才可以使用，以下程序中代表 irda 的状态
  reg irda_reg2;//为了确定 irda 的边沿，再存一次寄存器，利用所存值代表 irda 的前一状态
  wire irda_neg_pulse;    //确定 irda 的下降沿
  wire irda_pos_pulse;    //确定 irda 的上升沿
  wire irda_chang;           //确定 irda 的跳变沿
always @ (posedge clk)      //在此采用跟随寄存器
    if(rst_n==0)
        begin
            irda_reg0 <= 1'b0;
            irda_reg1 <= 1'b0;
            irda_reg2 <= 1'b0;
        end
    else
        begin
            irda_reg0 <= IR;
            irda_reg1 <= irda_reg0;
            irda_reg2 <= irda_reg1;
        end
  assign irda_chang = irda_neg_pulse | irda_pos_pulse;//IR 接收信号的改变，
上升或者下降
  assign irda_neg_pulse = irda_reg2 & (~irda_reg1);//IR 接收信号 irda 下降沿
  assign irda_pos_pulse = (~irda_reg2) & irda_reg1;//IR 接收信号 irda 上升沿
  reg [10:0] counter;          //分频 1750 次
  reg [8:0] counter2;          //计数分频后的点数
  wire check_9ms;               //处于引导码 9ms 高电平时长状态
  wire check_4ms;               //处于引导码 5ms 低电平时长状态
  wire low;                        //处于引数据码低电平时长状态
  wire high;                       //处于引数据码高电平时长状态
always @ (posedge clk)         //分频 1750 计数
    if (rst_n==0)
        counter <= 11'd0;
    else if (irda_chang)      //irda 电平跳变了，就重新开始计数
        counter <= 11'd0;
    else if (counter == 11'd1750)
        counter <= 11'd0;
    else
        counter <= counter + 1'b1;
always @ (posedge clk)
    if (rst_n==0)
        counter2 <= 9'd0;
    else if (irda_chang)        //irda 电平跳变了，就重新开始计点
        counter2 <= 9'd0;
    else if (counter == 11'd1750)
```

```
                   counter2 <= counter2 +1'b1;
    assign check_9ms = ((217 < counter2) & (counter2 < 297));
            //采样时间为 35us，引导码为 9ms 高电平，9ms/35us=257, 217<257<297
    assign check_4ms = ((88 < counter2) & (counter2 < 168));
            //采样时间为 35us，引导码为 4ms，低电平，4ms/35us=114，88<114<168
    assign low = ((6 < counter2) & (counter2 < 26));
            //采样时间为 35us，数据码低电平持续 0.56ms，0.56ms/35us=16，6<16<26
    assign high = ((38 < counter2) & (counter2 < 58));
            //采样时间为 35us，数据码高电平持续 1.38ms，1.68ms/35us=48，38<48<58
    //generate statemachine 状态机参量
        parameter           IDLE        = 3'b000,    //初始状态
        parameter           LEADER_9    = 3'b001,    //引导码高电平 9ms 状态
        parameter           LEADER_4    = 3'b010,    //引导码低电平 4ms 状态
        parameter           DATA_STATE  = 3'b100;    //传输数据
always @ (posedge clk)
    if (rst_n==0)
        cs <= IDLE;
    else
        cs <= ns; //状态位
always @ ( * )
        case(cs)
            IDLE:
                if (~irda_reg1)
                    ns = LEADER_9;
                else
                    ns = IDLE;
            LEADER_9:
                if (irda_pos_pulse)         //判断引导码 9ms 高电平状态
                    begin
                        if (check_9ms)
                            ns = LEADER_4;
                        else
                            ns = IDLE;
                    end
                else                         //完备的 if…else，防止生成死锁状体
                    ns =LEADER_9;
            LEADER_4:
                if (irda_neg_pulse)         //判断引导码 4.5ms 低电平状态
                    begin
                        if (check_4ms)
                            ns = DATA_STATE;
                        else
                            ns = IDLE;
                    end
                else
                    ns = LEADER_4;
            DATA_STATE:
                if ((data_cnt == 6'd32) & irda_reg2 & irda_reg1)
                    ns = IDLE;
                else if (error_flag)
                    ns = IDLE;
                else
                    ns = DATA_STATE;
            default:ns = IDLE;
        endcase
always @ (posedge clk)                       //状态机中的输出，用时序电路来描述
    if (rst_n==0)
        begin
```

```
                    data_cnt <= 6'd0;
                    get_data <= 32'd0;
                    error_flag <= 1'b0;
                end
        else if (cs == IDLE)
            begin
                    data_cnt <= 6'd0;
                    get_data <= 32'd0;
                    error_flag <= 1'b0;
            end
        else if (cs == DATA_STATE)
            begin
                    if (irda_pos_pulse)              //判断数据码低电平状态
                        begin
                            if (!low)                //错误
                                error_flag <= 1'b1;
                        end
                    else if (irda_neg_pulse)      //判断数据码高电平状态
                        begin
                            if (low)
                                get_data[0] <= 1'b0;
                            else if (high)
                                get_data[0] <= 1'b1;
                            else
                                error_flag <= 1'b1;
                            get_data[31:1] <= get_data[30:0];
                            data_cnt <= data_cnt + 1'b1;
                        end
            end
always @ (posedge clk)
    if (rst_n==0)
        irda_data <= 16'd0;
    else if ((data_cnt ==6'd32) & irda_reg1)
        begin//提取数据码，其他的低8位为数据反码，最高8位为用户码，次高8位为用户反码
        led2[7]<=get_data[8];
        led2[6]<=get_data[9];
        led2[5]<=get_data[10];
        led2[4]<=get_data[11];
        led2[3]<=get_data[12];
        led2[2]<=get_data[13];
        led2[1]<=get_data[14];
        led2[0]<=get_data[15];
        end
    //4个数码管共用一个8位数据线，所以采用4个数码管快速轮流显示的方法
    //initial led_cs = 4'b0001;
    integer i="0";
always @(posedge clk)
    begin
        if(rst_n==0)
            begin
            led_cs <= 4'b0001;
            end
        else if(i==2000)
            begin
                if (led_cs==4'b1000)
                    begin
                        led_cs<=4'b0001;
                        i<=0;
                    end
        end
```

```
                        else
                            begin
                                led_cs<=led_cs <<1;
                                i<=0;
                            end
                    end
            else i<=i+1;
        end
always @(posedge clk)
    if(rst_n==0)
        begin
        led_db = 8'hff;//共阳数码管复位
        end
    else
        begin
        case(led2)
            8'h16: led_db=8'b11000000;//0C=0
            8'h0c: led_db=8'b11111001;//F9=1
            8'h18: led_db=8'b10100100;//A4=2
            8'h5e: led_db=8'b10110000;//B0=3
            8'h08: led_db=8'b10011001;//99=4
            8'h1c: led_db=8'b10010010;//92=5
            8'h5a: led_db=8'b10000010;//82=6
            8'h42: led_db=8'b11111000;//F8=7
            8'h52: led_db=8'b10000000;//80=8
            8'h4a: led_db=8'b10010000;//90=9
            8'h45: led_db=8'b00000000;//全亮
        endcase
        end
endmodule
```

13.3　实时键盘采集系统

本节介绍的设计实例为实时键盘采集系统，目的在于让读者学习复杂数字系统的设计方法。

13.3.1　实时键盘采集系统实验内容与实验目的

1. 实验内容

本实验以通用的 PS2 键盘为输入设备，设计一个能够识别 PS2 键盘输入编码的电路，并将键值显示在 LCD1602 型液晶屏上，并且当同时按下 Shift 键和其他按键时，可在液晶屏上实现大小写的切换显示。

2. 实验目的

❑ 实现实时键盘采集系统，帮助读者进一步了解 PS2 键盘和采集系统的工作原理和设计方法。
❑ 学习字符型液晶显示器的控制原理，熟练掌握状态机的使用。
❑ 掌握利用 FPGA 设计驱动的基本思想和方法。

❑ 掌握数字系统的设计方法与数字系统的扩展应用，提升使用 Verilog 语言编程与系统设计的能力。

13.3.2 实时键盘采集系统设计原理

1. 键盘基本概念

PS2 的命名来自于 1987 年 IBM 所推出的个人计算机 Personal System 2 系列。PS2 接口主要用于主机和键盘及鼠标的连接。PS2 接口是一种 6 针的圆形接口，如图 13-2 所示。这 6 个接脚分别是 Clock（时钟脚）、Data（数据脚）、+5V（电源脚）、Ground（电源地）和 NC（保留），其信号定义如表 13-3 所示。在 PS2 设备与 PC 机的物理连接上只要保证前 4 根线与接脚一一对应就可以了。PS2 设备依靠 PC 的 PS2 端口提供+5V 电源，Clock 和 Data 两个脚都是集电极开路的，所以必须接大阻值的上拉电阻，它们平时保持高电平，有输出时才被拉到低电平，之后自动上浮到高电平。

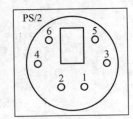

图 13-2　PS2 接口示意图

表 13-3　PS2 接口信号定义

管　脚	定　义	管　脚	定　义
1	数据线	4	电源+5V
2	保留	5	时钟
3	电源地线	6	保留

PS2 通信协议是一种双向同步串行通信协议。通信的两端通过 Clock 同步，并通过 Data 交换数据。任何一方如果想抑制另外一方通信时，只需要把 Clock 拉到低电平即可。一般两设备间传输数据的最大时钟频率是 33kHz，大多数 PS2 设备工作在 10~20kHz。推荐值是 15kHz 左右，也就是说，Clock 高、低电平的持续时间都为 40μs。每一数据帧包含 12 个位，具体含义如表 13-4 所示。

表 13-4　数据帧格式说明

数据帧的位	说　明
1个起始位	总是逻辑0
8个数据位	低位（LSB）在前
1个奇偶校验位	奇校验
1个停止位	总是逻辑1
1个应答位	仅用在主机对设备的通讯中

其中，如果数据位中 1 的个数为偶数，校验位就为 1；如果数据位中 1 的个数为奇数，校验位就为 0。总之，数据位中 1 的个数加上校验位中 1 的个数应总为奇数，因此总需进行奇校验。

2. PS2设备发送数据到PC的通信时序

当 PS2 设备要发送数据时，需要将发送的数据事先写入数据缓冲区，一般 PS2 键盘有

16 个字节的缓冲区，而 PS2 鼠标的缓冲区只存储最后一个要发送的数据包。之后，检查时钟脚 Clock，判断其逻辑电平的高低。如果 Clock 是低电平，则说明 PC 禁止通信，PS2 设备需要等待重新获得总线的控制权。如果 Clock 为高电平，PS2 设备便开始将数据发送到PC 上。发送时一般都是按照数据帧格式顺序发送的，数据位在 Clock 为高电平时准备好，在 Clock 的下降沿被 PC 读入。从 PS2 设备向 PC 机发送 1 个字节可按照下面的步骤进行。

（1）检测时钟线电平，如果时钟线为低，则延时 50ms。

（2）检测判断时钟信号是否为高电平，为高电平，则向下执行，为低电平，则返回上一步操作。

（3）检测数据线是否为高电平，如果为高电平则继续执行，如果为低电平则放弃发送（此时 PC 机在向 PS2 设备发送数据，所以 PS2 设备要转移到接收程序处接收数据）。

（4）延时 20μs（如果此时正在发送起始位，则应延时 40μs）。

（5）输出起始位"0"到数据线上。这里要注意的是：在送出每一位后都要检测时钟线，以确保 PC 机没有抑制 PS2 设备，如果有则中止发送。

（6）输出 8 个数据位到数据线上。

（7）输出校验位。

（8）输出停止位"1"。

（9）延时 30ms（如果在发送停止位时释放时钟信号则应延时 50μs）。

通过以下步骤可发送单个位。

（1）准备数据位（将需要发送的数据位传送到数据线上）。

（2）延时 20μs。

（3）把时钟线拉低。

（4）延时 40μs。

（5）释放时钟线。

（6）延时 20μs。

3．PC机发送数据到PS2设备的通信时序

PC 机要发送数据到 PS2 设备，则 PC 机要先把时钟线和数据线置为请求发送状态。PC机通过下拉时钟线大于 100μs 来抑制通信，并且通过下拉数据线发出请求发送数据的信号，然后释放时钟。当 PS2 设备检测到需要接收数据时，会产生时钟信号并记录下面 8 个数据位和 1 个停止位。主机此时在时钟线变为低时准备数据到数据线，并在时钟上升沿锁存数据，而 PS2 设备则要配合 PC 机才能读到准确的数据。具体连接步骤如下。

（1）等待时钟线为高电平。

（2）判断数据线是否为低，为低则继续执行，否则退出。

（3）读地址线上的数据内容，共 8 位，每读完一个位，都应检测时钟线是否被 PC 机拉低，如果被拉低则要中止接收。

（4）读地址线上的校验位内容，1 位。

（5）读停止位。

（6）如果数据线上为"0"（即还是低电平），PS2 设备继续产生时钟，直到接收到"1"且产生出错信号为止（因为停止位是"1"，如果 PS2 设备没有读到停止位，则表明此次传

输出错）。

（7）输出应答位。

（8）检测奇偶校验位，如果校验失败，则产生错误信号以表明此次传输出现错误。

（9）延时 45us，以便 PC 机进行下一次传输。

4．PS2键盘的编码

PS2 键盘上包含了一个大型的按键矩阵，它们是由安装在键盘电路板上的处理器，也叫"键盘编码器"来监视的。不同键盘其键盘编码器是不同的，但是它们的作用都是监视哪些按键被按下或释放，并传送按键的扫描码数据到主机。如果有必要，处理器处理按键抖动并在它的 16 字节缓冲区里缓冲数据。主机一般有一个键盘控制器，负责解码所有来自键盘的数据。最初 IBM 使用 Intel 的 8042 微控制器作为它的键盘控制器，现在已经被兼容设备取代并整合到主板的芯片组中。本节使用 FPGA 实现键盘控制器功能。

按键扫描码分为通码（Make Code）和断码（Break Code），当一个按键被按下时，键盘会将该键的通码发送给主机，当持续按住该按键，键盘将持续发送该键的通码；当一个按键释放时，键盘将该键的断码发送给主机。每个按键被分配了唯一的通码和断码，这样主机通过查找唯一的扫描码就可以测定是哪个按键。每个键盘都有一整套的通断码组成了"扫描码集"。有三套标准的扫描码集，分别是第一套、第二套和第三套。现在常用的键盘默认使用第二套扫描码集。键盘各个按键的第二套扫描码集的通码和断码，如表 13-5 所示。

根据扫描码的不同，将按键分为以下三类（扫描码用十六进制数表示）。

❑ 第一类按键，通码为 1 个字节，其断码为 0xF0+通码，比如，A 键通码为 0x1C，断码为 0xF0+0x1C。

❑ 第二类按键，通码为 2 个字节格式为 0xE0+0xXX，其断码格式为 0xE0+0xF0+0xXX，比如右边的 Ctrl 键通码为 0xE0+0x14，断码为 0xE0+0xF0+0x14。

❑ 第三类只包括两个特殊按键，PrtSrc 键的通码为 0xE0+0x12+0xE0+0x7C，断码为 0xE0+0xF0+0x7C+0xE0+0xF0+0x12；Pause 键的通码为 0xE1+0x14+0x77+0xE1+0xF0 +0x14+0xF0+0x77，没有断码。

13.3.3　实时键盘采集系统设计方法

为了简化设计，FPGA 控制器只接收键盘数据而不发送任何命令给键盘，接收到的键盘扫描码将在 LCD 液晶屏上显示，此情况下我们就可以设置 PS2 的 Clock 和 Data 都为输入端口。同时，为了进一步简化设计，由于通码比断码要简单，且同样可以区分出键盘键值，因此设计采用通码来检测键盘值，并通过状态机构成的 LCD 液晶显示程序，在 LCD1602 型液晶屏上显示出键盘按键码。采用文本编辑法，利用 Verilog HDL 语言来描述 PS2 键盘接口显示，代码如下。

1．PS2扫描码检测程序ps2_scan.v

本程序通过 FPGA 控制器对 PS2 键盘输出的通码进行读取，提取出 PS2 键盘传输数据和传输数据完毕状态信息，以便接下来主程序读取键盘值在 LCD 液晶屏上显示使用。

表 13-5　第二套键盘扫描码对照表

按钮	通码	断码	按　钮	通　码	断码	按钮	通码	断码
A	1C	F0,1C	9	46	F0,46	[	54	F0,54
B	32	F0,32	`	0E	F0,0E	Insert	E0,70	E0,F0,70
C	21	F0,21	-	4E	F0,4E	Home	E0,6C	E0,F0,6C
D	23	F0,23	=	55	F0,55	PG UP	E0,7D	E0,F0,7D
E	24	F0,24	\	5D	F0,5D	Delete	E0,71	E0,F0,71
F	2B	F0,2B	Backspace	66	F0,66	End	E0,69	E0,F0,69
G	34	F0,34	Space	29	F0,29	PG DN	E0,7A	E0,F0,7A
H	33	F0,33	Tab	0D	F0,0D	U Arrow	E0,75	E0,F0,75
I	43	F0,43	Caps	58	F0,58	L Arrow	E0,6B	E0,F0,6B
J	3B	F0,3B	L Shift	12	F0,12	D Arrow	E0,72	E0,F0,72
K	42	F0,42	L Ctrl	14	F0,14	R Arrow	E0,74	E0,F0,74
L	4B	F0,4B	L GUI	E0,1F	E0,F0,1F	NumLock	77	F0,77
M	3A	F0,3A	L Alt	11	F0,11	KP /	E0,4A	E0,F0,4A
N	31	F0,31	R Shift	59	F0,59	KP *	7C	F0,7C
O	44	F0,44	R Ctrl	E0,14	E0,F0,14	KP -	7B	F0,7B
P	4D	F0,4D	R GUI	E0,27	E0,F0,27	KP +	79	F0,79
Q	15	F0,15	R Alt	E0,11	E0,F0,11	KP Enter	E0,5A	E0,F0,5A
R	2D	F0,2D	APPS	E0,2F	E0,F0,2F	KP .	71	F0,71
S	1B	F0,1B	Enter	5A	F0,5A	KP 0	70	F0,70
T	2C	F0,2C	Esc	76	F0,76	KP 1	69	F0,69
U	3C	F0,3C	F1	05	F0,05	KP 2	72	F0,72
V	2A	F0,2A	F2	06	F0,06	KP 3	7A	F0,7A
W	1D	F0,1D	F3	04	F0,04	KP 4	6B	F0,6B
X	22	F0,22	F4	0C	F0,0C	KP 5	73	F0,73
Y	35	F0,35	F5	03	F0,03	KP 6	74	F0,74
Z	1A	F0,1A	F6	0B	F0,0B	KP 7	6C	F0,6C
0	45	F0,45	F7	83	F0,83	KP 8	75	F0,75
1	16	F0,16	F8	0A	F0,0A	KP 9	7D	F0,7D
2	1E	F0,1E	F9	01	F0,01	]	5B	F0,5B
3	26	F0,26	F10	09	F0,09	;	4C	F0,4C
4	25	F0,25	F11	78	F0,78	'	52	F0,52
5	2E	F0,2E	F12	07	F0,07	,	41	F0,41
6	36	F0,36	PrtScrSysRg	E0,12, E0,7C	E0,F0,7C, E0,F0,12	.	49	F0,49
7	3D	F0,3D	ScrollLock	7E	F0,7E	/	4A	F0,4A
8	3E	F0,3E	PauseBreak	E1,14,77,E1,F0,14,F0,77				

```
module ps2_scan(clk,
rst_n,
PS2_CLK,
PS2_DAT,
ps2_state,
```

```
ps2_byte
);
input clk;                    //FPGA 电路板晶振 50MHz 输入
input rst_n;                  //复位按键输入, 低电平有效
input PS2_CLK;                //PS2 键盘时钟输入
input PS2_DAT;                //PS2 键盘数据输入
output ps2_state;             //传输数据完毕状态信息输出
output [7:0] ps2_byte;  //PS2 键盘传输数据输出
//当 50MHz 时钟信号至上升沿一次, 判断一次是否有复位信号
//有复位信号就赋值 ps2_clk0 和 ps2_clk1 为 0
//如果没有就赋值 ps2_clk0 和 ps2_clk1 为键盘时钟信号 (下降沿接收相应数据)
reg ps2_clk0,ps2_clk1;
wire ps2_clk_neg;
always@(posedge clk or negedge rst_n)
    begin
        if(!rst_n)
            begin
                ps2_clk0 <= 1'b0;
                ps2_clk1 <= 1'b0;
            end
        else
            begin
                ps2_clk0 <= PS2_CLK;
                ps2_clk1 <= ps2_clk0;
            end
    end
assign ps2_clk_neg = ~ps2_clk0 & ps2_clk1;
//ps2_clk_neg 即为 PS2 时钟信号下降沿的有效信号
//然后, 利用一个寄存器和计数器, 存储 8 位有效数据帧
//接受来自 PS2 键盘的数据存储器, 上升沿接收
//1 位起始位, 8 位数据位, 1 位奇偶校验位, 1 位停止位, 1 位应答位
reg [7:0] ps2_key_data;             //来自 PS2 的数据寄存器
reg [4:0] num;                      //寄存器
reg [7:0] temp_data;                //接收断码
//当前接受数据寄存器
always@(posedge clk or negedge rst_n)
    begin
        if(!rst_n)                  //复位
            begin
                ps2_key_data <= 8'd0;
                temp_data <= 8'd0;
                num <= 5'd0;
            end
        else if(ps2_clk_neg)        //ps2_clk_neg 下降沿信号
            begin
                case(num)
                //按时序写入状态机, 接收到键盘数据 (通码)
                    5'd0 :   num <= num + 1'b1;              //起始位
                    //8 位数据位
                    5'd1 : begin
                        ps2_key_data[0] <= PS2_DAT;     //bit0
                        num <= num + 1'b1;
                    end
                    5'd2 : begin
                        ps2_key_data[1] <= PS2_DAT;     //bit1
```

```verilog
                        num <= num + 1'b1;
                    end
            5'd3 : begin
                        ps2_key_data[2] <= PS2_DAT;        //bit2
                        num <= num + 1'b1;
                    end
            5'd4 : begin
                        ps2_key_data[3] <= PS2_DAT;        //bit3
                        num <= num + 1'b1;
                    end
            5'd5 : begin
                        ps2_key_data[4] <= PS2_DAT;        //bit4
                        num <= num + 1'b1;
                    end
            5'd6 : begin
                        ps2_key_data[5] <= PS2_DAT;        //bit5
                        num <= num + 1'b1;
                    end
            5'd7 : begin
                        ps2_key_data[6] <= PS2_DAT;        //bit6
                        num <= num + 1'b1;
                    end
            5'd8 : begin
                        ps2_key_data[7] <= PS2_DAT;        //bit7
                        num <= num + 1'b1;
                    end
            5'd9 : num <= num + 1'b1;                      //奇偶校验位
            5'd10: begin
                        if(ps2_key_data == 8'hf0)
                        //有键放开，断码出现，准备发送
                            num <= num + 1'b1;             //接收断码
                        else
                            num <= 5'd0;                   //停止位
                    end
                        //receive break code，收到断码
            5'd11:          num <= num + 1'b1;             //起始位
            5'd12: begin
                        temp_data[0] <= PS2_DAT;           //bit0
                        num <= num + 1'b1;
                    end
            5'd13: begin
                        temp_data[1] <= PS2_DAT;           //bit1
                        num <= num + 1'b1;
                    end
            5'd14: begin
                        temp_data[2] <= PS2_DAT;           //bit2
                        num <= num + 1'b1;
                    end
            5'd15: begin
                        temp_data[3] <= PS2_DAT;           //bit3
                        num <= num + 1'b1;
                    end
            5'd16: begin
                        temp_data[4] <= PS2_DAT;           //bit4
                        num <= num + 1'b1;
                    end
```

```
                    5'd17: begin
                            temp_data[5] <= PS2_DAT;              //bit5
                            num <= num + 1'b1;
                        end
                    5'd18: begin
                            temp_data[6] <= PS2_DAT;              //bit6
                            num <= num + 1'b1;
                        end
                    5'd19: begin
                            temp_data[7] <= PS2_DAT;              //bit7
                            num <= num + 1'b1;
                        end
                    5'd20: num <= num + 1'b1;                     //奇偶校验位
                    5'd21: num <= 5'd0;                           //停止位
                    default :  num <= 5'd0;                       //停止位
                endcase
            end
    end
//Shift 键为上档键，按住该键可以切换大小写字母和字符、数字
reg shift; //shift 标志位
always@(posedge clk or negedge rst_n)
    begin
        if(!rst_n)
            shift <= 1'b0;                           //Shift 为 0 表示小写字母
        else if(ps2_key_data == 8'h12)
            shift <= 1'b1;                           //Shift 位 1 表示大写字母
        else if(temp_data == 8'h12)
            shift <= 1'b0;
    end
reg ps2_state;                                       //传输数据完毕信息输出
reg key_valid;                                       //断码标志位
reg [7:0] ps2_temp_data;                             //保存当前转换的数据
always@(posedge clk or negedge rst_n)
    begin
        if(!rst_n)
            begin
                ps2_state <= 1'b0;
                key_valid <= 1'b0;
            end
        else if(num == 5'd10)
            begin
                if(ps2_key_data == 8'hf0 | ps2_key_data == 8'h12)
                                    //判断是否为 Shift 键的通码或者断码
                //Shift 键的通码 "8'h12"，Shift 键的断码 "8'hf08'h12"
                    key_valid <= 1'b1;          //Shift 按键无效
                else
                    begin
                        if(!key_valid)
                            begin
                                ps2_temp_data <= ps2_key_data;
                                //将键盘数据赋给当前转换的数据
                                ps2_state <= 1'b1;   //传输数据信息上拉输出
                            end
                        else
                            begin
                                key_valid <= 1'b0;
```

```
                                        ps2_state <= 1'b0;    //传输数据信息下拉输出
                            end
                    end
            end
        else if(num == 5'd0)
            ps2_state <= 1'b0;                                //传输数据信息完毕下拉输出
    end                                                       //转换 ASCII 码
reg [7:0] ps2_ascii;
always@({shift,ps2_temp_data})                                //只要有键按下就进行转换
    begin
        case({shift,ps2_temp_data})
            9'h115: ps2_ascii <= 8'h51;        //~Q
            9'h11d: ps2_ascii <= 8'h57;        //~W
            9'h124: ps2_ascii <= 8'h45;        //~E
            9'h12d: ps2_ascii <= 8'h52;        //~R
            9'h12c: ps2_ascii <= 8'h54;        //~T
            9'h135: ps2_ascii <= 8'h59;        //~Y
            9'h13c: ps2_ascii <= 8'h55;        //~U
            9'h143: ps2_ascii <= 8'h49;        //~I
            9'h144: ps2_ascii <= 8'h4f;        //~O
            9'h14d: ps2_ascii <= 8'h50;        //~P
            9'h11c: ps2_ascii <= 8'h41;        //~A
            9'h11b: ps2_ascii <= 8'h53;        //~S
            9'h123: ps2_ascii <= 8'h44;        //~D
            9'h12b: ps2_ascii <= 8'h46;        //~F
            9'h134: ps2_ascii <= 8'h47;        //~G
            9'h133: ps2_ascii <= 8'h48;        //~H
            9'h13b: ps2_ascii <= 8'h4a;        //~J
            9'h142: ps2_ascii <= 8'h4b;        //~K
            9'h14b: ps2_ascii <= 8'h4c;        //~L
            9'h11a: ps2_ascii <= 8'h5a;        //~Z
            9'h122: ps2_ascii <= 8'h58;        //~X
            9'h121: ps2_ascii <= 8'h43;        //~C
            9'h12a: ps2_ascii <= 8'h56;        //~V
            9'h132: ps2_ascii <= 8'h42;        //~B
            9'h131: ps2_ascii <= 8'h4e;        //~N
            9'h13a: ps2_ascii <= 8'h4d;        //~M
            9'h015: ps2_ascii <= 8'h71;        //~q
            9'h01d: ps2_ascii <= 8'h77;        //~w
            9'h024: ps2_ascii <= 8'h65;        //~e
            9'h02d: ps2_ascii <= 8'h72;        //~r
            9'h02c: ps2_ascii <= 8'h74;        //~t
            9'h035: ps2_ascii <= 8'h79;        //~y
            9'h03c: ps2_ascii <= 8'h75;        //~u
            9'h043: ps2_ascii <= 8'h69;        //~i
            9'h044: ps2_ascii <= 8'h6f;        //~o
            9'h04d: ps2_ascii <= 8'h70;        //~p
            9'h01c: ps2_ascii <= 8'h61;        //~a
            9'h01b: ps2_ascii <= 8'h73;        //~s
            9'h023: ps2_ascii <= 8'h64;        //~d
            9'h02b: ps2_ascii <= 8'h66;        //~f
            9'h034: ps2_ascii <= 8'h67;        //~g
            9'h033: ps2_ascii <= 8'h68;        //~h
            9'h03b: ps2_ascii <= 8'h6a;        //~j
            9'h042: ps2_ascii <= 8'h6b;        //~k
            9'h04b: ps2_ascii <= 8'h6c;        //~l
```

```
            9'h01a: ps2_ascii <= 8'h7a;        //~z
            9'h022: ps2_ascii <= 8'h78;        //~x
            9'h021: ps2_ascii <= 8'h63;        //~c
            9'h02a: ps2_ascii <= 8'h76;        //~v
            9'h032: ps2_ascii <= 8'h62;        //~b
            9'h031: ps2_ascii <= 8'h6e;        //~n
            9'h03a: ps2_ascii <= 8'h6d;        //~m
            9'h016: ps2_ascii <= 8'h31;        //~1
            9'h01e: ps2_ascii <= 8'h32;        //~2
            9'h026: ps2_ascii <= 8'h33;        //~3
            9'h025: ps2_ascii <= 8'h34;        //~4
            9'h02e: ps2_ascii <= 8'h35;        //~5
            9'h036: ps2_ascii <= 8'h36;        //~6
            9'h03d: ps2_ascii <= 8'h37;        //~7
            9'h03e: ps2_ascii <= 8'h38;        //~8
            9'h046: ps2_ascii <= 8'h39;        //~9
            9'h045: ps2_ascii <= 8'h30;        //~0
            9'h116: ps2_ascii <= 8'h21;        //~!
            9'h11e: ps2_ascii <= 8'h40;        //~@
            9'h126: ps2_ascii <= 8'h23;        //~#
            9'h125: ps2_ascii <= 8'h24;        //~$
            9'h12e: ps2_ascii <= 8'h25;        //~%
            9'h136: ps2_ascii <= 8'h5e;        //~^
            9'h13d: ps2_ascii <= 8'h26;        //~&
            9'h13e: ps2_ascii <= 8'h2a;        //~*
            9'h146: ps2_ascii <= 8'h28;        //~(
            9'h145: ps2_ascii <= 8'h29;        //~)
            9'h04e: ps2_ascii <= 8'h2d;        //~-
            9'h055: ps2_ascii <= 8'h3d;        //~=
            9'h054: ps2_ascii <= 8'h5b;        //~[
            9'h05b: ps2_ascii <= 8'h5d;        //~]
            9'h05d: ps2_ascii <= 8'h5c;        //~"\"
            9'h04c: ps2_ascii <= 8'h3b;        //~;
            9'h052: ps2_ascii <= 8'h27;        //~'
            9'h041: ps2_ascii <= 8'h2c;        //~,
            9'h049: ps2_ascii <= 8'h2e;        //~.
            9'h04a: ps2_ascii <= 8'h2f;        //~/
            9'h00e: ps2_ascii <= 8'h60;        //~`
            9'h14e: ps2_ascii <= 8'h5f;        //~_
            9'h155: ps2_ascii <= 8'h2d;        //~+
            9'h154: ps2_ascii <= 8'h7b;        //~"{"
            9'h15b: ps2_ascii <= 8'h7d;        //~}
            9'h15d: ps2_ascii <= 8'h7c;        //~|
            9'h14c: ps2_ascii <= 8'h3a;        //~:
            9'h152: ps2_ascii <= 8'h22;        //~"
            9'h141: ps2_ascii <= 8'h3c;        //~<
            9'h149: ps2_ascii <= 8'h3e;        //~>
            9'h14a: ps2_ascii <= 8'h3f;        //~?
            9'h10e: ps2_ascii <= 8'h7e;        //~
            9'h066,9'h166: ps2_ascii <= 8'h08; //BackSpace
            9'h05a,9'h15a: ps2_ascii <= 8'h0d; //Enter
            9'h029,9'h129: ps2_ascii <= 8'h20; //Caps Lock
            default: ps2_ascii <= 8'h00;        //空
        endcase
    end
assign ps2_byte = ps2_ascii;  //转换的结果最后赋给 ps2_byte 输出
endmodule
```

2. LCD1602型液晶模块驱动显示程序lcd1602_drive.v

```verilog
module lcd1602_drive(
input clk,                                  //50MHz 时钟
input rst_n,                                //复位信号
input[7:0] data_in,                         //输入数据
//LCD1602 Interface
output reg [7:0] lcd_data,                   //数据总线
output lcd_e,                               //使能信号
output reg lcd_rs,                          //指令、数据选择
output lcd_rw                               //读、写选择
);
reg[127:0]   row1_val = "                ";   //LCD 第一行数据
wire[127:0]  row2_val = "Welcome to study";   //LCD 第二行数据
reg [15:0] cnt;                              //分频模块计数
always @ (posedge clk, negedge rst_n)
    if (!rst_n)
        cnt <= 0;
    else
        cnt <= cnt + 1'b1;
wire lcd_clk = cnt[15];
parameter CLK_FREQ = 'D50_000_000; //系统时钟 50MHz
parameter CLK_out_FREQ1 = 'd2;        //1s 频率对应值
reg [31:0] DCLK_DIV1;                        //时针分频计数,用于液晶字符循环显示用
reg clkout1;
always @ (posedge clk)
    begin
        if(DCLK_DIV1 < (CLK_FREQ / CLK_out_FREQ1))
            DCLK_DIV1 <= DCLK_DIV1+1'b1;
        else
            begin
                DCLK_DIV1 <= 0;
                clkout1 <= ~clkout1;
            end
    end//分频模块。结束
//LCD1602 型液晶屏驱动模块开始格雷码编码:共 40 个状态
parameter IDLE            = 8'h00;          //写指令,初始化
parameter DISP_SET        = 8'h01;          //显示模式设置
parameter DISP_OFF        = 8'h03;          //显示关闭
parameter CLR_SCR         = 8'h02;          //显示清屏
parameter CURSOR_SET1     = 8'h06;          //显示光标移动设置
parameter CURSOR_SET2     = 8'h07;          //显示开及光标设置
//显示第一行
parameter ROW1_ADDR       = 8'h05;          //写第一行起始地址
parameter ROW1_0          = 8'h04;
parameter ROW1_1          = 8'h0C;
parameter ROW1_2          = 8'h0D;
parameter ROW1_3          = 8'h0F;
parameter ROW1_4          = 8'h0E;
parameter ROW1_5          = 8'h0A;
parameter ROW1_6          = 8'h0B;
parameter ROW1_7          = 8'h09;
parameter ROW1_8          = 8'h08;
parameter ROW1_9          = 8'h18;
```

```
parameter ROW1_A        = 8'h19;
parameter ROW1_B        = 8'h1B;
parameter ROW1_C        = 8'h1A;
parameter ROW1_D        = 8'h1E;
parameter ROW1_E        = 8'h1F;
parameter ROW1_F        = 8'h1D;
//显示第二行
parameter ROW2_ADDR     = 8'h1C;            //写第二行起始地址
parameter ROW2_0        = 8'h14;
parameter ROW2_1        = 8'h15;
parameter ROW2_2        = 8'h17;
parameter ROW2_3        = 8'h16;
parameter ROW2_4        = 8'h12;
parameter ROW2_5        = 8'h13;
parameter ROW2_6        = 8'h11;
parameter ROW2_7        = 8'h10;
parameter ROW2_8        = 8'h30;
parameter ROW2_9        = 8'h31;
parameter ROW2_A        = 8'h33;
parameter ROW2_B        = 8'h32;
parameter ROW2_C        = 8'h36;
parameter ROW2_D        = 8'h37;
parameter ROW2_E        = 8'h35;
parameter ROW2_F        = 8'h34;
reg [5:0] current_state, next_state;    //现态、次态
always @ (posedge lcd_clk, negedge rst_n)
    if(!rst_n) current_state <= IDLE;
    else       current_state <= next_state;
always
    begin
        case(current_state)
            IDLE         : next_state = DISP_SET;
            //写指令, 初始化
            DISP_SET     : next_state = DISP_OFF;
            DISP_OFF     : next_state = CLR_SCR;
            CLR_SCR      : next_state = CURSOR_SET1;
            CURSOR_SET1  : next_state = CURSOR_SET2;
            CURSOR_SET2  : next_state = ROW1_ADDR;
            //显示第一行
            ROW1_ADDR    : next_state = ROW1_0;
            ROW1_0       : next_state = ROW1_1;
            ROW1_1       : next_state = ROW1_2;
            ROW1_2       : next_state = ROW1_3;
            ROW1_3       : next_state = ROW1_4;
            ROW1_4       : next_state = ROW1_5;
            ROW1_5       : next_state = ROW1_6;
            ROW1_6       : next_state = ROW1_7;
            ROW1_7       : next_state = ROW1_8;
            ROW1_8       : next_state = ROW1_9;
            ROW1_9       : next_state = ROW1_A;
            ROW1_A       : next_state = ROW1_B;
            ROW1_B       : next_state = ROW1_C;
            ROW1_C       : next_state = ROW1_D;
            ROW1_D       : next_state = ROW1_E;
            ROW1_E       : next_state = ROW1_F;
            ROW1_F       : next_state = ROW2_ADDR;
```

```
                    //显示第二行
            ROW2_ADDR    : next_state = ROW2_0;
            ROW2_0       : next_state = ROW2_1;
            ROW2_1       : next_state = ROW2_2;
            ROW2_2       : next_state = ROW2_3;
            ROW2_3       : next_state = ROW2_4;
            ROW2_4       : next_state = ROW2_5;
            ROW2_5       : next_state = ROW2_6;
            ROW2_6       : next_state = ROW2_7;
            ROW2_7       : next_state = ROW2_8;
            ROW2_8       : next_state = ROW2_9;
            ROW2_9       : next_state = ROW2_A;
            ROW2_A       : next_state = ROW2_B;
            ROW2_B       : next_state = ROW2_C;
            ROW2_C       : next_state = ROW2_D;
            ROW2_D       : next_state = ROW2_E;
            ROW2_E       : next_state = ROW2_F;
            ROW2_F       : next_state = ROW1_ADDR;
            default      : next_state = IDLE ;
        endcase
    end
always @ (posedge lcd_clk, negedge rst_n)
    begin
        if(!rst_n)
            begin
                lcd_rs   <= 0;
                lcd_data <= 8'hxx;
            end
        else
            begin
                case(next_state)//写 lcd_rs
                    IDLE        : lcd_rs <= 0;
                    //写指令，初始化
                    DISP_SET    : lcd_rs <= 0;
                    DISP_OFF    : lcd_rs <= 0;
                    CLR_SCR     : lcd_rs <= 0;
                    CURSOR_SET1 : lcd_rs <= 0;
                    CURSOR_SET2 : lcd_rs <= 0;
                    //写数据，显示第一行
                    ROW1_ADDR   : lcd_rs <= 0;
                    ROW1_0      : lcd_rs <= 1;
                    ROW1_1      : lcd_rs <= 1;
                    ROW1_2      : lcd_rs <= 1;
                    ROW1_3      : lcd_rs <= 1;
                    ROW1_4      : lcd_rs <= 1;
                    ROW1_5      : lcd_rs <= 1;
                    ROW1_6      : lcd_rs <= 1;
                    ROW1_7      : lcd_rs <= 1;
                    ROW1_8      : lcd_rs <= 1;
                    ROW1_9      : lcd_rs <= 1;
                    ROW1_A      : lcd_rs <= 1;
                    ROW1_B      : lcd_rs <= 1;
                    ROW1_C      : lcd_rs <= 1;
                    ROW1_D      : lcd_rs <= 1;
                    ROW1_E      : lcd_rs <= 1;
                    ROW1_F      : lcd_rs <= 1;
```

```
        //写数据，显示第二行
        ROW2_ADDR    : lcd_rs <= 0;
        ROW2_0       : lcd_rs <= 1;
        ROW2_1       : lcd_rs <= 1;
        ROW2_2       : lcd_rs <= 1;
        ROW2_3       : lcd_rs <= 1;
        ROW2_4       : lcd_rs <= 1;
        ROW2_5       : lcd_rs <= 1;
        ROW2_6       : lcd_rs <= 1;
        ROW2_7       : lcd_rs <= 1;
        ROW2_8       : lcd_rs <= 1;
        ROW2_9       : lcd_rs <= 1;
        ROW2_A       : lcd_rs <= 1;
        ROW2_B       : lcd_rs <= 1;
        ROW2_C       : lcd_rs <= 1;
        ROW2_D       : lcd_rs <= 1;
        ROW2_E       : lcd_rs <= 1;
        ROW2_F       : lcd_rs <= 1;
    endcase
    case(next_state)//写 lcd_data
        IDLE         : lcd_data <= 8'hxx;
        //写指令，初始化
        DISP_SET     : lcd_data <= 8'h38;
        DISP_OFF     : lcd_data <= 8'h08;
        CLR_SCR      : lcd_data <= 8'h01;
        CURSOR_SET1  : lcd_data <= 8'h06;
        CURSOR_SET2  : lcd_data <= 8'h0C;
        //写数据，显示第一行
        ROW1_ADDR    : lcd_data <= 8'h80;
        ROW1_0       : lcd_data <= data_in;
        ROW1_1       : lcd_data <= row1_val[119:112];
        ROW1_2       : lcd_data <= row1_val[111:104];
        ROW1_3       : lcd_data <= row1_val[103: 96];
        ROW1_4       : lcd_data <= row1_val[ 95: 88];
        ROW1_5       : lcd_data <= row1_val[ 87: 80];
        ROW1_6       : lcd_data <= row1_val[ 79: 72];
        ROW1_7       : lcd_data <= row1_val[ 71: 64];
        ROW1_8       : lcd_data <= row1_val[ 63: 56];
        ROW1_9       : lcd_data <= row1_val[ 55: 48];
        ROW1_A       : lcd_data <= row1_val[ 47: 40];
        ROW1_B       : lcd_data <= row1_val[ 39: 32];
        ROW1_C       : lcd_data <= row1_val[ 31: 24];
        ROW1_D       : lcd_data <= row1_val[ 23: 16];
        ROW1_E       : lcd_data <= row1_val[ 15:  8];
        ROW1_F       : lcd_data <= row1_val[  7:  0];
        //写数据，显示第二行
        ROW2_ADDR    : lcd_data <= 8'hC0;
        ROW2_0       : lcd_data <= row2_val[127:120];
        ROW2_1       : lcd_data <= row2_val[119:112];
        ROW2_2       : lcd_data <= row2_val[111:104];
        ROW2_3       : lcd_data <= row2_val[103: 96];
        ROW2_4       : lcd_data <= row2_val[ 95: 88];
        ROW2_5       : lcd_data <= row2_val[ 87: 80];
        ROW2_6       : lcd_data <= row2_val[ 79: 72];
        ROW2_7       : lcd_data <= row2_val[ 71: 64];
        ROW2_8       : lcd_data <= row2_val[ 63: 56];
```

```
                        ROW2_9    : lcd_data <= row2_val[ 55: 48];
                        ROW2_A    : lcd_data <= row2_val[ 47: 40];
                        ROW2_B    : lcd_data <= row2_val[ 39: 32];
                        ROW2_C    : lcd_data <= row2_val[ 31: 24];
                        ROW2_D    : lcd_data <= row2_val[ 23: 16];
                        ROW2_E    : lcd_data <= row2_val[ 15:  8];
                        ROW2_F    : lcd_data <= row2_val[  7:  0];
               endcase
          end
     end
assign lcd_e = lcd_clk;                //数据在时钟高电平被锁存
assign lcd_rw = 1'b0;                  //只写
endmodule//LCD1602 型液晶屏驱动模块代码结束
```

3. 主程序PS2.v

本程序例化 PS2 扫描码检测程序 ps2_scan.v 和 LCD1602 型液晶屏驱动显示程序 lcd1602_drive.v，通过 FPGA 实现键盘控制器功能，以通用的 PS2 键盘为输入，当 PS2 键盘按下按键时，在 LCD 液晶屏上显示其按键键值，当同时按下 Shift 键和其他按键时，可在液晶屏上实现大小写的切换显示。本程序变量说明如下。

clk：板载时钟频率 50MHz 输入。

rst_n：复位按键输入，低电平有效。

PS2_LKC：键盘的输入时钟，输入管脚，下降沿有效。

PS2_DAT：键盘输送数据的端口，输入管脚，其按位传输数据，一帧共 11 位，1 位起始位，8 位数据位，1 位奇偶校验位，1 位停止位，无应答位。

LCD1602_DATA：LCD1602 模块数据总线，输出 8 位数据。

LCD1602_E：LCD1602 模块使能端，输出管脚，数据在时钟高电平被锁存。

LCD1602_RS：LCD1602 模块指令数据选择，输出管脚，0 为写指令，1 为写数据。

LCD1602_RW：LCD1602 模块读写选择，输出管脚，值为 0 时，LCD 为只写模式。

```
module PS2(
input CLOCK_50M,      //板载时钟 50MHz
input Q_KEY,          //板载按键 RST
//LCD1602 模块接口
output [7:0] LCD1602_DATA, //LCD1602 模块数据总线
output LCD1602_E,     //LCD1602 模块使能
output LCD1602_RS,    //LCD1602 模块指令数据选择
output LCD1602_RW,    //LCD1602 模块读写选择
//PS2 的读写接口
input rst_n,          //PS2 复位端
input PS2_CLK,        //PS2 时钟端
input PS2_DAT         //PS2 数据端
);
wire ps2_state;       //state transmit data
wire[7:0] ps2_byte;   //ps2 按键按下的结果存储区
//例化 LCD1602 模块驱动
lcd1602_drive u0(
          .clk(CLOCK_50M),
          .rst_n(Q_KEY),
```

```
                   //PS2 按键输入数据
                   .data_in(ps2_byte),
                   //LCD1602 Interface
                   .lcd_data(LCD1602_DATA),
                   .lcd_e(LCD1602_E),
                   .lcd_rs(LCD1602_RS),
                   .lcd_rw(LCD1602_RW)
                   );
//PS2 扫描数据模块
 ps2_scan scan(
                   .clk(CLOCK_50M),
                   .rst_n(rst_n),
                   .PS2_CLK(PS2_CLK),
                   .PS2_DAT(PS2_DAT),
                   .ps2_state(ps2_state),
                   .ps2_byte(ps2_byte)
                   );
endmodule
```

13.4　思考与练习

1. 概念题

（1）简述温度传感器 DS18B20 的初始化过程。

（2）简述红外发光二极管与普通发光二极管的区别。

（3）PS2 通信协议的数据帧格式包括哪些？

2. 操作题

利用 Verilog HDL 语言完成汉字点阵显示系统，要求通过按键实现在 16×16 点阵屏上，沿上、下、左和右四方向显示滚动汉字。